高等学校通识教育系列教材

计算机系统维护技术
（第2版）

马汉达 编著

清华大学出版社
北京

内 容 简 介

本书从实用的角度介绍了微型计算机系统维护技术。主要内容包括：微型计算机概述、微型计算机的主要部件、计算机硬件的组装与 BIOS 设置、微型计算机的软件安装、Windows 系统维护与优化方法及相关软件的使用、微型计算机故障的诊断方法及常见故障实例、注册表及策略编辑器在计算机系统维护中的应用、计算机系统的安全维护、微型计算机系统维护实验等。

本书除详细介绍了台式机的组装和维护方法外，还介绍了笔记本电脑的安装和维护技术。通过对本书的学习，读者可以全面地了解微型计算机系统的维护技术，迅速排除计算机常见故障，提高计算机维护技能。

本书既可作为高等院校计算机及相关专业的教材，又可作为计算机维护人员、计算机管理人员及计算机爱好者的参考用书。

图书在版编目(CIP)数据

计算机系统维护技术/马汉达编著. —2 版. —北京：清华大学出版社，2020.3
高等学校通识教育系列教材
ISBN 978-7-302-54793-8

Ⅰ.①计…　Ⅱ.①马…　Ⅲ.①计算机维护－高等学校－教材　Ⅳ.①TP307

中国版本图书馆 CIP 数据核字(2020)第 001646 号

责任编辑：刘向威
封面设计：文　静
责任校对：徐俊伟
责任印制：丛怀宇

出版发行：清华大学出版社
　　　　网　　址：http://www.tup.com.cn，http://www.wqbook.com
　　　　地　　址：北京清华大学学研大厦 A 座　　　　**邮　　编：**100084
　　　　社 总 机：010-62770175　　　　**邮　　购：**010-62786544
　　　　投稿与读者服务：010-62776969，c-service@tup.tsinghua.edu.cn
　　　　质量反馈：010-62772015，zhiliang@tup.tsinghua.edu.cn
　　　　课件下载：http://www.tup.com.cn，010-83470236
印 装 者：北京鑫丰华彩印有限公司
经　　销：全国新华书店
开　　本：185mm×260mm　　**印　张：**15　　　　**字　　数：**365 千字
版　　次：2013 年 7 月第 1 版　2020 年 4 月第 2 版　　**印　　次：**2020 年 4 月第 1 次印刷
印　　数：1～1500
定　　价：49.00 元

产品编号：083414-01

前　言

随着计算机技术的飞速发展,微型计算机已经进入人们日常生活的各个领域,人们越来越依赖使用微型计算机来完成日常的工作和学习任务。虽然很多人能熟练地操作微型计算机,但面对一些常见的故障时,却总是束手无策。

目前,市场上同类的书籍大概可分为两类:一类是微型计算机组装类图书,内容以介绍微型计算机的组装为主,而对于维护方面的内容介绍得较少;另一类是微型计算机维修(护)技术类图书,主要介绍微型计算机硬件的维修(护),而对于软件维护介绍得较少,事实上,在微型计算机实际的维修(护)工作中,软件的维护占有相当大的比重。为了适应微型计算机技术的迅速发展与人们希望掌握微型计算机维修(护)技术的要求,本书从实用的角度详细介绍了微型计算机的硬件结构、软件安装与维护等知识,内容更加全面。本书主要内容包括:微型计算机主要部件的工作原理、计算机的组装与 BIOS 设置、微型计算机软件安装与配置、系统维护与优化方法、微型计算机故障维护的基本理论和技术、注册表与策略编辑器的使用、微型计算机的安全维护、计算机系统维护实验等内容。本书既讲解了台式机的组装与维护方法,又讲解了笔记本电脑的拆装与维护技术。全书内容理论与实践相结合,适合各种层次的读者阅读。

本书是《计算机系统维护技术》的第 2 版。与第 1 版相比,主要是增加了自 2013 年以来最新的硬件、软件、技术的介绍,紧跟微机技术的发展潮流。本书对第 1 版的全部内容进行了修订,修订量达 70%。通过学习本书,读者可以对微机的常见故障及相应的处理方法有一个较为完整的了解,并借助于本书介绍的计算机系统维护(修)技术和实际操作训练来提高计算机系统的维护技能,从而可以自己动手解决计算机使用过程中的常见故障。

根据二十多年的工作实践与教学经验,作者积累了丰富的计算机维护经验。同时在本书修订过程中收集了大量互联网上的最新技术资料,这些技术资料给了作者极大的帮助。在此,对提供这些资料的作者表示衷心的感谢。

由于作者水平有限,加之计算机技术的快速发展,书中疏漏与不足之处在所难免,恳请广大读者批评指正。

马汉达

于江苏大学

2020 年 1 月

目 录

第1章　微型计算机概述

计算机是 20 世纪最重要的发明之一,它的发明对后世产生了极为深远的影响。随着计算机技术在工业上的应用越来越广泛,其技术的发展也给工业生产带来了巨大变革。计算机的出现给人们的生活带来了前所未有的改变,不论是在生产上,还是在生活中,计算机的应用无处不在。计算机技术的应用提高了生产力,为社会的进步做出了巨大的贡献。进入 21 世纪,计算机的应用已渗透到了各行各业,计算机已成为人们生活中不可或缺的重要工具。

1946 年 2 月 15 日,在美国宾夕法尼亚大学诞生了世界上第一台计算机——ENIAC (Electronic Numerical Integrator and Computer)。这台计算机耗用 18 800 个电子管,70 000 个电阻器,占地 $170m^2$,质量 30t,耗电 150kW,运算速度为 5000 次/秒,只能存储 20 个数据,没有软件,需要通过改变硬件的连接方式来实现不同的运算,价值高达 40 万美元。ENIAC 的研制成功是计算机发展史上的一个重要里程碑,它的问世标志着人类社会从此迈进了计算机时代。此后计算机按其使用的电子元件不同,先后经历了电子管、晶体管、中小规模集成电路和大规模集成电路 4 个发展时代。其集成度越来越高,性能越来越强,运算速度越来越快。

按照计算机的运算速度、存储容量、硬件配套规模不同,可将计算机分为超级计算机、微型计算机、网络计算机(工作站和服务器)等几类。下面将简要介绍超级计算机和微型计算机的发展。

1.1　超级计算机的发展概况

超级计算机(Super Computers)通常是指计算机中功能最强、运算速度最快、存储容量最大的一类计算机。它由成百上千乃至数量更多的处理器组成,具有强大的并行计算能力,可以完成大型、复杂的数据处理任务。主要应用于气象、军事、能源、航天、探矿等领域。超级计算机的发展水平是国家科技发展水平和综合国力的重要体现。

超级计算机的界定具有显著的时代特征,与当时的计算机技术和应用的发展水平紧密相关。以峰值速度指标为例:在 2000 年前后,具有每秒万亿、十万亿次双精度浮点运算能力是超级计算机的标志;而在 2010 年前后,千万亿次以上的运算能力成为超级计算机的新标志;当前万万亿次的运算能力已成为超级计算机的新高峰。

超级计算机的发展经历了单处理器系统、向量处理系统、大规模并行处理系统、共享内存处理系统和机群系统等5个阶段。现在的超级计算机大都使用机群式结构，只是在具体采用的节点机型、拓扑结构及互联技术上会有所不同。机群式超级计算机系统具有结构灵活、通用性强、安全性高、易于扩展、高可用性和高性价比等诸多优点。

1.1.1 国内超级计算机的发展概况

1983年，中国第一台被命名为"银河"的亿次超级计算机，历经5年研制在国防科技大学诞生。它的研制成功向全世界宣布：中国成为继美、日等国之后，能够独立设计和制造超级机的国家。1992年，国防科技大学又研制出"银河-II"通用并行超级机，峰值速度达每秒10亿次。1993年，北京曙光计算机公司研制的"曙光一号"全对称共享存储多处理机，是国内首次基于超大规模集成电路的通用微处理器芯片，和标准UNIX操作系统设计开发的并行计算机。1995年，曙光公司又推出了"曙光1000"，峰值速度达每秒25亿次浮点运算。1997年，国防科技大学研制成功"银河-III"百亿次并行巨型计算机，峰值性能为每秒130亿次浮点运算。1997—1999年，曙光公司先后在市场上推出"曙光1000A""曙光2000-I""曙光2000-II"超级计算机，峰值计算速度突破每秒1000亿次浮点运算。1999年，国家并行计算机工程技术研究中心研制的"神威I"计算机，峰值运算速度达每秒3840亿次浮点运算，在国家气象中心投入使用。2004年，由中科院计算所、曙光公司、上海超级计算中心三方共同研发制造的"曙光4000A"，实现了每秒10万亿次浮点运算速度。

2008年，联想集团研制的"深腾7000"是当时国内第一个实际性能突破每秒百万亿次的异构机群系统，LINPACK性能突破每秒106.5万亿次。2008年9月16日，"曙光5000A"实现峰值速度230万亿次、LINPACK值180万亿次。作为面向国民经济建设和社会发展的重大需求的网格超级服务器，"曙光5000A"可以完成各种大规模科学工程计算、商务计算。2009年6月"曙光5000A"正式落户上海超算中心。

2009年10月29日，中国首台千万亿次超级计算机"天河一号"诞生，这台计算机每秒1206万亿次的峰值速度和每秒563.1万亿次的LINPACK实测性能，使中国成为继美国之后世界上第二个能够研制千万亿次超级计算机的国家。2010年5月，具有自主知识产权的我国第一台实测性能超千万亿次、曙光公司的"星云"以LINPACK值1271万亿次的运算速度，在2010年6月的全球超级计算机五百强排名中位列第二。2010年10月28日，国防科学技术大学在"天河一号"的基础上，对加速节点进行了扩充与升级。新的"天河一号A"，将理论运算能力提升至每秒4701万亿次、实测运算能力提升至每秒2507万亿次的高度，荣登世界超级计算机排行榜榜首，成为当时世界上最快的超级计算机。"天河一号A"的速度到底有多快呢？如果用"天河一号A"来进行为期一天的计算，其在这一天时间所产生的计算量，用一个双核的台式PC来算的话，要算620年。图1-1是"天河一号"超级计算机，图1-2是"星云"超级计算机。

2013年6月17日，国际TOP500组织公布了当时全球超级计算机500强排行榜榜单，中国国防科学技术大学研制的"天河二号"以峰值计算速度每秒5.49亿亿次、持续计算速度每秒3.39亿亿次双精度浮点运算的优异性能位居榜首，成为全球最快的超级计算机。这是继"天河一号"之后，中国超级计算机再次夺冠。"天河二号"在2013年6月—2015年12月的排行榜中，连续六次蝉联冠军。图1-3为"天河二号"超级计算机。

图 1-1 "天河一号"超级计算机

图 1-2 "星云"超级计算机

2016 年 6 月 20 日,国际 TOP500 组织在法兰克福召开发布,由中国国家并行计算机工程和技术研究中心(NRCPC)研发,安装在无锡国家超级计算中心的"神威·太湖之光"以 LINPACK 基准测试,测得其运行速度达到每秒 93 千万亿次浮点运算,成为新的全球第一快系统。"神威·太湖之光"拥有 10 649 600 个计算核心,包括 40 960 个节点,速度比"天河二号"快 2 倍,效率更是其 3 倍。"天河二号"的 LINPACK 性能是每秒 33.86 千万亿次浮点运算。负载状态下的峰值功耗(运行 HPL 基准测试)是 15.37 兆瓦,即每秒 60 亿次浮点运算。这让"神威·太湖之光"系统得以在性能/功耗这个指标方面在 Green500 榜单上位居前列。2017 年 11 月,全球超级计算机 500 强榜单公布,中国"神威·太湖之光"和"天河二号"第四次携手夺得冠亚军。图 1-4 为"神威·太湖之光"超级计算机。

图 1-3 "天河二号"超级计算机

图 1-4 "神威·太湖之光"超级计算机

1.1.2 国外超级计算机的发展概况

美国超级计算机一直位于世界的前列,世界第一台超级计算机是由美国制造。2008 年 6 月的 TOP 500 排行榜,名列首位的是坐落于美国 Los Alamos 实验室的 Roadrunner 超级计算机,它是全球第一个运算能力超过每秒 1000 万亿次的超级计算机系统。2010 年 6 月位于排行榜榜首的是来自美国能源部"美洲豹"(Jaguar)超级计算机,它凭借每秒 1750 万亿次的实测计算能力傲视群雄,如图 1-5 所示。2012 年 6 月 18 日,国际超级计算机组织公布了最新的全球超级计算机 500 强名单。美国的超级计算机技术在过去两年中突飞猛进,由美国国际商业机器公司(IBM)最新研制的超级计算机"红杉"(Sequoia),摘得了全球最快超级计算机桂冠。"红杉"的持续运算测试达到每秒16 324万亿次运算,其峰值指令周期高达每秒20 132万亿次,其速度之快令其他超级计算机望尘莫及,图1-6所示为美"红杉"超级计算机。IBM研制开发的另一台超级计算机"米拉"以每秒8162万亿次的速度名列第三。2012年11月发布全球500强超级计算机榜单中,美国能源部对"美洲豹"进行改造而研制出的"泰坦"超级计算机,以每秒17.59千万亿次的实测运算速度登上榜首。"泰坦"占地面积与标准篮球场相当,消耗的电力足以供应一个小型城镇。它拥有56万多个处理器,理论运算速度峰值可达每秒27千万亿次,将用于气候变化、可再生能源以及核能研究的计算机模拟,图1-7所示为"泰坦"超级计算机。

图1-5 "美洲豹"超级计算机

图1-6 "红杉"超级计算机

2018年6月25日,根据国际TOP 500组织公布的最新超级计算机排行榜显示,IBM和美国能源部橡树岭国家实验室(ORNL)联合推出的超级计算机Summit排名第一。它有2 282 544个处理器,峰值速度接近每秒18.77亿亿次,浮点运算能力为每秒12.23亿亿次,比"神威·太湖之光"快60%,图1-8为Summit超级计算机。

图1-7 "泰坦"超级计算机

图1-8 Summit超级计算机

2018年11月,根据世界TOP 500超级计算机榜单最新报告,Summit的浮点运算能力从每秒12.23亿亿次提高到每秒14.35亿亿次,蝉联冠军。它是IBM公司为美国能源部的橡树岭国家实验室研发制造的、拥有2 282 544个IBM Power9核心和2 090 880个Nvidia Volta GV100核心。

日本属于超级计算机研发起步较早的国家之一。自20世纪90年代起,日本意识到超级计算机研发是提高其国际竞争力的重要一环,因此不断推出和更新超级计算机的研发计划。在 2011 年 6 月，由日本富士通公司研发、日本理化学研究所组装的超级计算机"京"(K Computer)，以每秒 8162 万亿次运算速度成为全球最快的超级计算机。在 2011 年 11 月 2 日，这款新型超级计算机成为全球首款运算速度越过 1 万万亿次大关的"超级运算机器"，图 1-9 所示为"京"(K Computer)超级计算机。

图 1-9 "京"超级计算机

超级计算机排名每年进行两次，名次波动较大。2010 年 6 月，美国计算机排第一；2010 年 11 月，中国占据了第一；2011 年 6 月份，富士通公司开发的超级计算机"京"位居第一；2012 年 6 月，美国 IBM 公司新研制的超级计算机"红杉"(Sequoia)排名第一；2012 年 11 月，美国能源部的"泰坦"超级计算机位列第一。2012 年 6 月，全球超级计算机系统 500 强榜单中，按国家来看，美国拥有 252 个超级计算机系统，超过一半，显示出明显的优势；位列第二的中国有 68 个系统入榜，占 13.6%；后面依次是日本、英国、法国和德国。

全球超级计算机的发展已经取得了瞩目的成就，但是仍有很多问题需要解决。比如超级计算机的耗能问题：一台只配置中央处理器处理核心的亿亿级超级计算机耗能约为 20 亿瓦，相当于一个中等规模的原子能核工厂的耗能，降低能耗将成为研究人员考虑的要点；同时软件设计也需要提高。由此看来，全球超级计算机的发展还有很长的路要走。超级计算机主要应用于气象预报、地震预报、生命科学、纳米材料设计、汽车设计、探索地球及宇宙秘密等尖端领域。

在 2018 年 11 月发布的超级计算机排行榜中，世界上最快的 10 台超级计算机中，美国的 Summit 和 Sierra 占据前两位；中国的"神威·太湖之光"和"天河-2A"分列第三、四位；瑞士的"Piz Daint"列第五位；美国的 Trinity 列第六位；日本的 AI Bridging Cloud Infrastructure 列第七位；德国的 SuperMUC-NG 列第八位；美国的 Titan(泰坦)列第九位；美国的 Sequoia(红杉)列第十位。前十位中，美国占有五席，中国占两席，德国、瑞士、日本各占一席。

1.2 微型计算机的发展概况

微型计算机(以下简称微机)的发展是从 20 世纪 70 年代开始的，经过 30 多年的发展，微机的性能得到了极大的提高，其功能越来越强大，应用涉及各个领域。

1.2.1 第一台微机的诞生

爱德华·罗伯茨(E. Roberts)是一个业余计算机爱好者，他开了一家"微型仪器与自动测量系统"公司，简称 MITS 公司，专门制作使用集成电路组装的计算器。1975 年，他将 Intel 8080 处理器和一些存储器结合在一起，装配了一种专供计算机爱好者试验的计算机，1975 年 4 月，MITS 公司正式发布第一个通用型微机 Altair 8800(牛郎星)，它包括一个 Intel 8080 处理器、256 字节的存储器(后来增加为 4KB)、一个电源、一个机箱和有大量开关与显示灯的面板,如图 1-10 所示。正是这台微机掀起了一场改变整个计算机世界的革命,它的一些设计思想,直到今天仍具有十分重要的指导意义。

图 1-10　Altair 8800 微机

1. 微型化的设计方法

Altair 8800 打破了计算机只能放在配有空调的玻璃房中,且由受过良好训练的技术人员进行操作的思想。它将复杂的大型计算机进行简化,使其能够摆放在桌子上。这种小型化的设计理念直到今天也是微机设计的重要指导思想。

2. OEM 的生产方式

Altair 8800 与当时的大型机不同,它只是为计算机爱好者准备了基本配件,然后由计算机爱好者自己动手组装成一台微机。这种自由配置和组装的思想一直伴随着微机的发展历程,直到今天也有相当多的用户乐于采用这种方式。更加重要的是,它奠定了微机的 OEM 生产方式。OEM 是 Original Equipment Manufacturer 的缩写,意为原始设备制造商。它指的是一种代工生产方式,其含义是生产者不直接生产产品,而是利用自己掌握的核心技术,主要负责设计、开发和控制销售渠道,将具体的制造加工委托给其他企业去做。这种方式是在电子产业蓬勃发展起来之后,在世界范围内逐步形成的一种生产模式。例如微软、IBM 等国际化企业均采用这种方式。

3. 开放式的设计思想

Altair 8800 设计了一个开放式的系统总线 S-100,任何人都可以为该总线设计功能,这种思想鼓励了许多厂商为微机开发各种接口和外设。

4. 微机软件的开发

Altair 8800 由于缺乏软件的支持,在当时并没有太大的实际用途。在哈佛大学学习的比尔·盖茨(Bill Gates)与保罗·艾伦(Paul Allen)敏锐地注意到了个人微机的前途,自告奋勇地为 Altair 微机开发软件。1975 年,他们成功地将 BASIC 语言引入到 Altair 8800 微机中,以后两人一起创立了微软公司。BASIC 语言的引入大大增强了微机的功能,另一方面也带动了微机软件产业的兴起。

1.2.2　个人计算机的发展

1976 年 3 月,史蒂夫·沃兹尼亚克(Steve Wozniak)和史蒂夫·乔布斯(Steve Jobs)成立了苹果电脑公司,同年推出了 Apple I,但只生产了少量。1977 年又推出了 Apple II,该产品在市场上取得了巨大成功,并获得了巨大的经济效益,它制定了几乎所有重要微型计算机都要遵守的标准。这使得 IBM 公司"坐立不安"。1980 年 7 月,IBM 公司开始进行一项"跳棋计划",其内容是开发新一代的微机产品。1981 年 8 月 12 日,IBM 公司在纽约宣布 IBM PC(IBM PC 5150)面世,这是第一台个人计算机(Personal Computer,PC)。它采用了 Intel 4.77MHz 的 8088 芯片,低分辨率彩色显示器,单面 160KB 软盘,而且还配置了微软公司的 MS-DOS 1.0 操作系统软件。

1982 年,康柏电脑公司推出了第一台可以"提着走"的计算机—便携式 PC Portable。

1985 年 6 月,我国也研制出第一台 PC—长城 0520CH,开始了我国批量生产微型计算机的历程。

1989 年,戴尔公司依托直销 486 芯片的个人计算机迅速成为计算机市场上的新秀,同时多媒体设备也开始成为个人计算机的重要配置；CD-ROM 光盘、声卡和视频显示器的出现使个人计算机的发展迈上了一个新台阶。

2000 年 11 月，Intel 发布"奔腾 4"芯片，从此奔腾 4 计算机进入市场。个人计算机在网络、图像、语音和视频信号处理等方面的功能有了很大的提升。

2003 年 9 月，AMD 公司发布了面向台式机的 64 位处理器：Athlon 64 和 Athlon 64 FX，标志着 64 位微机的到来。

2005 年，Intel 推出的双核心处理器、酷睿（Core）系列微处理器。此后微机的发展进入多核心处理器的时代。性能也越来越强大。

1.2.3 个人计算机的分类

个人计算机是属于微型机的一种，市场上个人计算机主要分为台式机、笔记本电脑、一体机和平板电脑。

1. 台式机

台式机是最早出现的个人计算机，它由主机、显示器、键盘、鼠标等设备组成。主机和显示器相对独立，在家庭和办公场所比较常见。机箱空间较大，具有良好的散热性，且各部件独立性较强，扩展性好，升级方便；其缺点是比较笨重，不便携带。

2. 笔记本电脑

笔记本电脑的结构和功能与台式机相同，但笔记本电脑体积小、重量轻且便于携带，深受学生欢迎。

3. 一体机

一体机是一种将主机和显示器集成在一起的新形态计算机，它只要连接上键盘和鼠标就可以使用。与台式机和笔记本相比，其创新在于其内部原件高度集成，构造简约，节省空间。但由于其原件高度集成，因此散热不好，而且维护维修不便，使用寿命较短。

4. 平板电脑

平板电脑是一款方便携带的小型个人计算机，他的构造与笔记本电脑基本相同，但比笔记本电脑更轻巧，一般以触摸屏作为输入设备。与其他类型的计算机相比，平板电脑体积最小，重量最轻，但其功能却不逊色于其他类型的计算机。

1.3 微型计算机的硬件系统

无论是哪种类型的计算机都是由硬件系统与软件系统两部分组成。下面以台式机为例介绍微型计算机的硬件系统。微型计算机的硬件系统主要由主机和外部设备两大部分组成。为使大家对微型计算机系统的硬件构成建立起一个完整的印象，本节将从三个方面来介绍微型计算机系统的硬件。第一个方面是从逻辑角度分析微型计算机系统硬件的逻辑构成；第二个方面是从物理角度分析微机系统硬件的组成；第三个方面介绍微机系统结构，包括微机系统中的控制芯片组及相应的微机系统结构。

1.3.1 微型计算机的硬件系统逻辑构成

冯·诺依曼（Von Neumann）是美籍匈牙利数学家，他于 1946 年提出了关于计算机组成和工作方式的基本设想。到目前为止，尽管计算机制造技术已经发生了翻天覆地的变化，但是就其体系结构而言,仍然是根据他的设计思想制造的,而根据其设计思想制造出的计算机称为冯·诺依曼结构计算机。冯·诺依曼结构计算机由存储器、运算器、控制器、输入设备和输出设备五大部分组成。它采用存储程序和程序控制的工作原理,即把计算过程描述为由许多条命令按一定顺序组成的程序,然后把程序和所需的数据一起输入到计算机的存储器中保存起来,工作时控制器执行程序,控制计算机自动连续进行运算。

1. 存储器

存储器(Memory)是计算机系统中的数据存储设备,用来存放指令、数据、运算结果以及各种需要保存的信息,它是计算机系统中必不可少的重要组成部分。在现代计算机系统中,通常有各种用途不同的存储器。例如,用于在运行中暂时存储 CPU 正在执行的指令和数据的主存储器(或称内存);用于提高系统整体存取速度而设置的高速缓冲存储器(Cache),以及用于大容量信息保存的磁盘存储器和光盘存储器等,它们共同构成了计算机的存储系统。

计算机中的存储系统一般分为两种:一种是由主存和高速缓存(Cache)构成的主存储系统;另一种是由主存储器和磁盘存储器构成的虚拟存储系统。前者的主要目标是提高存储器的速度,而后者则主要是为了增加存储器的存储容量。

2. 运算器

运算器又称为算术逻辑部件(ALU),其主要任务是执行各种算术运算和逻辑运算。算术运算是指各种数值运算,而逻辑运算是指进行逻辑判断的非数值运算。

运算器的核心部件是加法器和若干个高速寄存器。加法器用于运算,而寄存器用于储存参加运算的各类数据以及运算后的结果。

3. 控制器

控制器是对输入的指令进行分析,并统一控制和指挥计算机的各个部件完成一定任务的部件。在控制器的控制下,计算机就能够自动、连续地按照人们编制好的程序,实现一系列指定的操作,以便完成一定的任务。

控制器和运算器组合在一起成为中央处理器(CPU),它是计算机的核心部件,通过专门的CPU 插座安置在主板上。目前市场上大多数微型计算机的 CPU 都是美国 Intel 公司生产的,其系列产品由早期的 8088/8086 到现在常用的奔腾(Pentium)、赛扬(Celeron)、酷睿(Core)系列处理器,在性能及功能上都有大幅度的改进和提高,且指令系统一直保持向下兼容。

4. 输入设备

输入设备是计算机用来接收用户输入的程序和数据设备。PC 常用的输入设备有键盘、鼠标、扫描仪和数码相机等。输入设备能将程序、数据、图形、图像、声音和控制现场的模拟量等信息,通过输入接口转换成计算机可以接收的信号。

5. 输出设备

输出设备是将计算机处理后的最后结果或中间结果,以某种人们能够识别或其他设备所需要的形式表现出来的设备。PC 常用的输出设备有显示器、打印机和绘图仪等。

1.3.2 微型计算机的物理组成

总的来说,构成一台微型计算机的物理实体包括主机和外设两部分。主机包括主板、中央处理器、内存、各种板卡(显示卡、声卡、网卡等)、机箱、电源、硬盘和光驱等;外设包括键盘、鼠标和显示器等必配外部设备和音箱、打印机、摄像头、扫描仪、移动硬盘、U 盘和话筒等选配外部设备，图 1-11 列出了微型计算机的主要组成部件。

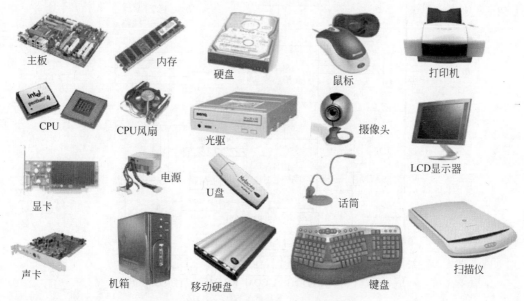

图 1-11　微型计算机的主要组成部件

1.3.3　微型计算机的系统结构

微机结构是微机系统的逻辑设计方案，它是从软件运行角度分析微机系统信号的存储和处理过程，按照微机的发展历程其主要经历了以下四个阶段：

1. 第一阶段　ISA 总线

从 1981—1983 年，这段时间的微机采用 ISA 总线的系统结构。这种结构是将所有设备都挂接在一条 ISA 总线上，这条总线由控制线、数据线、地址线组成。这种结构的优点是设计简单，缺点是各个设备都使用一条总线，容易造成系统瓶颈。

2. 第二阶段　南北桥结构

从 286 到 PII 阶段的微机采用的是南北桥结构，也称多总线结构，总线与总线之间通过桥接芯片进行连接，信号通过桥接电路逐级传输。这种方案的优点是系统易于扩充，缺点是结构过于繁杂。

3. 第三阶段　控制中心分层结构

1998 年，Intel 公司推出了新一代微机系统结构，该结构是以 CPU 为核心的控制中心分层结构。系统以 3 个 Hub 芯片为中心：存储器控制 Hub(MCH)、I/O 控制 Hub(ICH)、固件控制 Hub(FWH)，微机控制中心系统结构如图 1-12 所示。

微机控制中心系统结构可以用"1-3-5-7"的规则来简要说明。

（1）1 个 CPU：CPU 处于系统结构的顶层（第 1 级），控制着系统的运行状态，下面的数据必须逐级上传到 CPU 进行处理。从系统性能看，CPU 的运行速度大大高于其他设备，以下各个总线上的设备越往下走，性能越低。

（2）3 大芯片：包括北桥芯片、南桥芯片和 BIOS 芯片。在 3 大芯片中，北桥芯片主要

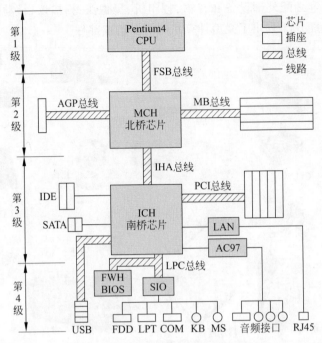

图 1-12　微机控制中心系统结构

负责内存和显示数据与 CPU 数据的交换;南桥芯片负责数据的上传与下送。对主板而言,北桥芯片的好坏决定了主板性能的高低;南桥芯片连接着多种低速外部设备,它提供的接口越多,则表明微机的扩展功能越强;BIOS 芯片关系到硬件系统与软件系统的兼容性。

(3) 5 大接口:包括 IDE(集成驱动器电子设备接口)、SATA(串行 ATA 接口)、SIO(超级输入输出接口)、LAN(以太网接口)和 AC97(音频设备接口)。这些接口主要用于连接各种设备。

(4) 7 大总线:包括 FSB(前端总线)、MB(内存总线)、AGP(图形接口总线)、IHA(南北桥连接总线)、PCI(外部设备互连总线)、LPC(少针脚总线)和 USB(通用串行设备总线)。

控制中心分层结构具有很好的层次性,从结构上可以将它们划分为 4 级。其特点如下:从系统速度上看,第 1 级工作频率最高,然后速度逐级降低;从系统性能看,FSB 和北桥芯片最容易成为系统瓶颈,然后逐级次之;从连接设备的多少看,第 1 级的 CPU 最少,然后逐级增加;从主要芯片看,CPU 主要进行数据处理,北桥芯片主要承担数据中转,南桥芯片提供微机多种硬件功能,BIOS 负责硬件的兼容性。

4. 第四阶段　平台管理控制中心(PCH)

从逻辑功能角度来看,传统型的北桥芯片主要包括内存控制器、图形接口控制器与前端总线控制器、南北桥总线控制器等四部分组成。分别负责同内存、显卡、CPU 和南桥芯片的通信。在芯片组内部集成了显示芯片的整合芯片组出现后,图形核心也被集成于北桥芯片内,因此它的设计优劣对于系统性能好坏有重大影响。南桥芯片则侧重于功能性,诸如PCI、ATA、USB、IEEE 1394、音频、网络等所有周边设备,与 CPU 的通信都必须经过南桥芯片。

随着 PC 架构的发展,CPU 整合了内存控制器和图形控制器的功能,北桥芯片的功能被 CPU 所取代,传统的南北桥结构的芯片组终于到达生命的终点,取而代之的是平台管理控制中心 PCH(Platform Controller Hub)单芯片的设计方案。这里 PCH 芯片主要负责 PCI Express 和 I/O 设备的管理,它具有原来 ICH 的全部功能,兼具有原来 MCH 芯片的管理引擎功能。其位置可以在原来北桥芯片位置,也可摆放在原来南桥芯片的位置,对主板性能也没有影响。由于 PCH 与原来的 ICH 功能更相近,摆放在原来 ICH 的位置更合理,布线也更方便。因此,大多数主板的 PCH 芯片放在原来 ICH 的位置。在 Nehalem 架构处理器整合北桥芯片功能之后,独立的北桥芯片实际上已不复存在,单芯片时代从此到来。

1.4 微型计算机的软件系统

软件是计算机中运行的程序。控制计算机工作的所有程序的集合称为软件系统。软件系统的主要作用是管理和维护计算机的正常运行。软件系统主要包括系统软件和应用软件两大类。

1.4.1 系统软件

系统软件是由一组控制计算机系统并管理其资源的程序组成,其主要功能包括启动计算机、存储、加载和执行应用程序,以及将高级语言程序翻译成机器语言等。系统软件可以看作是用户与硬件系统的接口,它为应用软件和用户提供了控制和访问硬件的手段。系统软件主要包括以下几类:

1. 操作系统

操作系统是系统软件的核心,是管理、控制和监督计算机软件、硬件资源协调运行的程序系统,由一系列具有不同控制和管理功能的程序组成。

操作系统(Operating System,OS)是配置在计算机硬件上的第一层软件,是其他软件运行的基础。其主要功能是管理计算机系统中的各种硬件和软件资源,并为用户提供与计算机硬件系统之间的接口。在计算机上运行的其他所有的系统软件(如汇编程序、编译程序、数据库管理系统等)及各种应用程序均要依赖于操作系统的支持。因此,操作系统在计算机系统中占据着极其重要的位置,已成为无论是大型机还是微型计算机都必须配置的软件。常见的操作系统有 DOS、Windows 系列、Mac OS、UNIX、Linux 等。由于 Windows 操作系统是使用最多的个人操作系统,因此主要学习 Windows 操作系统。目前 Windows 操作系统主要有 Windows XP、Windows 7、Windows 10 等版本。

操作系统主要具有以下几个方面的功能:

1) 存储器管理

存储器管理的任务是提高存储器的利用率,并在逻辑上扩充内存,为程序运行提供良好的环境。

2) 进程管理

处理器管理的主要任务是对处理器进行分配和运行管理。在多道程序运行的环境下,处理器中的作业运行是以进程为单位。

3) 设备管理

设备管理的主要任务是根据用户要求合理分配输入输出设备,从而提高 CPU 和 I/O

设备的利用率。

4）文件管理

在现代计算机系统中,所有的程序和数据都是以文件的形式存放在存储器中的。操作系统中文件管理的主要任务是文件存储空间的管理、文件目录管理和文件的存取管理。

2. 语言处理系统

对计算机语言进行有关处理(如编译、解释及汇编等)的程序称为语言处理程序,语言处理系统的功能是把用户用软件语言书写的各种源程序转换成可被计算机识别和运行的目标程序,从而获得预期结果。计算机语言分为3个层次:第一个层次是机器语言;第二个层次是汇编语言;第三个层次是高级语言。

（1）机器语言:使用二进制代码来表示指令和数据的计算机编程语言称为机器语言。

（2）汇编语言:使用助记符来表示指令功能的计算机语言称为汇编语言(Assembler Language),它是符号化的机器语言。

（3）高级语言:高级语言是一种与具体的计算机指令系统表面无关,但描述方法接近人们对求解过程或问题的表达方法,它易于掌握和书写,具有共享性、独立性和通用性。

3. 数据库系统

数据库系统简称为 DBS(Data Base System),是实现有组织地、动态地存储和管理大量关联的数据;支持多用户访问的,由软、硬件资源构成和相关技术人员参与实施和管理的系统。数据库系统由数据库、数据库管理系统、支持数据库运行的软、硬件环境和用户等4部分组成。其主要功能包括数据库的定义和操纵、共享数据的并发控制以及数据的安全和保密等。

4. 分布式软件系统

分布式软件系统是支持分布式处理的软件系统,是在由通信网络互联的多处理机体系结构上执行任务的系统。它包括分布式操作系统、分布式程序设计语言、编译(解释)系统、分布式文件系统和分布式数据库系统等。

分布式软件系统的功能是管理分布式计算机系统资源和控制分布式程序的运行;提供分布式程序设计语言和工具,以及提供分布式文件系统管理和分布式数据库管理关系等。分布式软件系统的主要研究内容包括:分布式操作系统、网络操作系统、分布式程序设计、分布式文件系统和分布式数据库系统。

5. 人机交互系统

人机交互系统的主要功能是在人和计算机之间提供一个友善的人机接口。其主要研究内容包括:人机交互原理、人机接口分析及规约、认知复杂性理论、数据输入、显示和检索接口和计算机控制接口等。

1.4.2 应用软件

应用软件一般是指操作者在各自的应用领域中,为解决各类具体问题而编写的程序。从其服务对象的角度,应用软件又可分为通用软件和专用软件两类。

1. 通用软件

这类软件通常是为解决某一类问题而设计的。例如文字处理软件、信息管理软件、辅助设计软件、网页制作软件、聊天软件和下载软件、系统维护工具软件、病毒安全软件等。

文字处理软件用于输入、存储、修改、编辑和打印文字材料等。如 Office 2003、Office 2007、Office 2010 和 WPS 等。

信息管理软件用于输入、存储、修改、检索各种信息。如工资管理软件、人事管理软件、仓库管理软件和计划管理软件等。这种软件发展到一定水平后，各个单项的软件相互联系起来，计算机和管理人员组成一个和谐的整体，各种信息在其中合理地流动，从而形成一个完整、高效的管理信息系统，简称 MIS。

辅助设计软件用于高效地绘制、修改工程图纸，帮助用户寻求较好的设计方案。例如，机械行业使用的美国 Autodesk 公司的 AutoCAD 绘图软件、美国 PTC 公司的三维设计软件 Pro/ENGINEER，在电子行业中使用的 CAD 软件 Protel 和 Altium Designer 6.0 软件等。

网页制作软件用于制作网页。如 Dreamweaver 和 Frontpage 等。

聊天软件有微软的 MSN、腾讯 QQ、新浪 UC 等。

下载软件有迅雷（Thunder）、电驴（eMule）等。

系统维护工具软件是为系统维护提供的工具软件。如磁盘分区软件（DiskGenius）、系统优化软件（Windows 优化大师）、系统维护软件（一键 GHOST）等。

病毒安全软件是为计算机进行安全防护的软件。如 360 安全卫士、金山毒霸等。

2. 专用软件

这是一种具有特殊要求的软件，在市场上一般无法买到，通常只能组织人力开发。例如某用户希望有一个程序能对自己的磁盘进行综合管理的磁盘管理软件。

1.5 微型计算机的工作原理

要成为维护电脑的高手，就必须理解冯·诺依曼的"程序存储"设计思想并掌握电脑的基本工作原理，图 1-13 所示为冯·诺依曼计算机的工作原理。

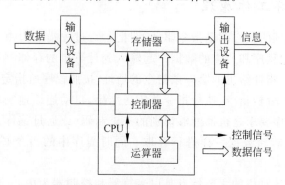

图 1-13 冯·诺依曼计算机的工作原理

冯·诺依曼设计思想可以简要地概括为以下三点：

（1）计算机应包括运算器、控制器、存储器、输入设备和输出设备五大基本部件。

（2）计算机内部应采用二进制来表示指令和数据。每条指令一般具有一个操作码和一个地址码。其中，操作码表示运算性质，地址码指出操作数在存储器中的地址。

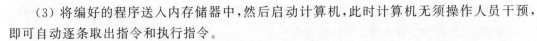

(3) 将编好的程序送入内存储器中,然后启动计算机,此时计算机无须操作人员干预,即可自动逐条取出指令和执行指令。

从上述内容可以看出,运算器负责指令的执行;控制器协调并控制计算机的各个部件,按程序中排好的指令序列执行;存储器是具有记忆功能的器件,用于存放程序和需要用到的数据及运算结果;输入输出设备负责从外部设备输入程序和数据,并将运算的结果送出。

冯·诺依曼设计思想最重要之处在于明确地提出了"程序存储"的概念,他的全部设计思想实际上是将"程序存储"概念具体化。冯·诺依曼结构计算机是以存储程序原理为基础的。那么,什么是"存储程序"工作原理呢? 在了解该内容之前先要明确什么是程序和指令。

1.5.1 程序和指令

计算机的工作过程就是执行程序的过程,而程序由指令序列组成。因此,执行程序的过程就是执行指令序列的过程,即逐条地执行指令。由于执行每条指令都包括领取指令与执行指令两个基本阶段,所以,计算机的工作过程也就是不断地领取指令和执行指令的过程。

对于计算机来说,一组机器指令就是程序。当提到机器代码或机器指令时,指的都是程序,它是按计算机硬件设计规范的要求编制出来的动作序列。

对于计算机的用户来说,程序员用某高级语言编写的语句序列也是程序。程序通常以文件的形式保存起来,源文件、源程序和源代码都是程序。

事实上每一条指令都代表计算机执行的一种基本操作,计算机的硬件系统保证了对这些指令的识别能力。当要用计算机完成某项工作时,先要把要完成的工作按照一定的顺序,用计算机能识别并执行的基本操作写出来,每一条基本操作都是一条机器指令,这些机器指令执行规定的操作,而这些指令的序列就组成了程序。因此,程序是实现既定任务的指令序列,其中的每条指令都规定了计算机执行的一种基本操作,机器只需按一定的算法(即人的思想)执行一系列的基本操作,即可完成指定的任务。

1.5.2 存储程序工作原理

存储程序工作原理的核心就是指令驱动,即把运行过程描述为由许多条指令按一定顺序组成的程序,然后把程序和所需的数据一起输入到计算机的存储器中保存起来。当机器启动时,根据内部指令指针给出的第一条指令的地址,按照程序所指定的逻辑顺序从存储器中一条条地读取指令、分析指令、执行指令并传送结果,自动连续地完成程序所描述的全部工作。这里所说的程序要求是机器能够识别的二进制码(或通过编译系统"翻译"成的二进制机器代码),它们能够和数据一样进行存取。同时程序中的指令必须是 CPU 能执行的指令。

冯·诺依曼结构计算机的主要特点是以运算器和控制器为中心,输入输出设备与存储器之间的数据传送均通过运算器。运算器、存储器、输入输出设备的操作及它们之间的联系由控制器集中控制。控制器通过指令流的串行驱动实现过程控制。

随着计算机技术的飞速发展,这种以运算器为中心的冯·诺依曼结构计算机的体系结构也出现了一些变化。同时,科学的不断进步还给计算机领域带来了许多新的技术,在系统结构方面也发生了一些重大的改变,使得许多非冯·诺依曼体系结构的新型计算机得以出现。另外,许多计算机从串行算法演变为并行算法,从而出现了向量计算机、并行计算机和多处理机系统等。在结构上从传统的指令驱动型变为数据驱动型和需求驱动型，出现了数据流机和归约机等。数据流机以"数据驱动"方式启动指令的执行，而归约机以"需求驱动"方式启动指令的执行。由于存储过程控制仍是现代计算机的结构基础，所以在计算机的结构原理上，特别是对台式计算机来说，占主流地位的仍然是冯·诺依曼结构计算机。

1.5.3 计算机的启动过程

对于计算机维护、维修技术人员来说，必须熟悉计算机的启动和运行过程，特别是启动过程。计算机是按一定顺序启动的，当某个步骤不能通过时，便会出现相应的故障特征，因此，学习排除计算机故障，必须熟悉计算机的启动过程。一旦详细了解了计算机启动过程的每一个步骤，计算机的许多故障就可以迎刃而解。计算机的启动过程中有一个非常完善的硬件自检机制。下面将介绍计算机的启动过程。

1. 计算机加电启动过程

（1）按下电源开关后，电源即开始向主板和其他设备供电。此时电压还不稳定，主板控制芯片组向 CPU 发出并保持一个 RESET 信号，使 CPU 进行初始化，同时等待电源发出的 POWER GOOD 信号（电源准备好信号）。电源稳定供电后，芯片组便撤除 RESET 信号，CPU 即从地址 FFFF0H 处执行一个跳转指令，跳到系统 BIOS 中真正的启动代码处。

（2）BIOS 的启动代码进行 POST（Power On Self Test，加电自检）。主要任务就是检测系统中的一些关键设备是否存在以及能否正常工作。该过程是逐一进行的，如果某个设备检测不通过，则检测程序将会停止，并根据 BIOS 中设定的报警声进行报警。因此，可根据不同的报警声来诊断故障。

（3）接下来系统将查找显卡的 BIOS，存放显卡 BIOS 的 ROM 芯片的起始地址通常在 C0000H 处，当系统 BIOS 找到显卡 BIOS 之后将调用它的初始化代码，由显卡 BIOS 完成显卡的初始化。

（4）查找完所有的设备之后，系统 BIOS 将显示自己的启动界面，其中包括系统 BIOS 的类型、序列号和版本号等内容。

（5）系统 BIOS 将检测 CPU 的类型和工作频率，并将检测结果显示在屏幕上，此时用户可以看到 CPU 的类型和主频。同时系统 BIOS 将开始测试主机的内存容量，并在屏幕上显示内存测试的数值。

（6）当内存测试通过后，系统 BIOS 将开始检测系统中安装的一些标准设备，如硬盘、光驱、软驱、串口及并口的连接设备。

（7）当标准设备检测完成后，系统 BIOS 内部支持的即插即用的代码将开始检测和配置系统中安装的即插即用设备。每找到一个设备，系统 BIOS 即会在屏幕上显示出设备的名称和型号等信息，同时为该设备分配中断和 I/O 端口等资源。当所有硬件检测完成后，系统 BIOS 会重新清屏并在屏幕上方显示系统配置列表。

（8）系统 BIOS 将更新 ESCD（Extended System Configuration Data，扩展系统配置数据），当该更新操作完成后，系统 BIOS 的启动代码将进行它的最后一项工作：根据用户指定的启动顺序依次从硬盘、软盘、光驱及 U 盘启动，将控制权交给操作系统。如果未发现引导驱动器，则引导程序暂停启动过程并显示一个错误信息："找不到启动盘。"

2. Windows 7 操作系统的启动过程

(1) 当 BIOS 中程序运行到最后时,然后选择从硬盘进行启动,系统会读取硬盘中的 0 磁道 0 柱面 1 扇区(即主引导扇区)的内容,加载硬盘的 MBR,并把控制权交给 MBR。MBR 占一个扇区 512 字节,分为两个部分:第一部分为 pre-boot 区(预启动区),占 446 字节;第二部分是 Partition table 区(分区表),占 66 字节。该区相当于一个小程序,作用是判断哪个分区被标记为活动分区,然后去读取那个分区的启动区,并运行该区中的代码。

(2) MBR 会搜索 66B 大小的分区表,读取分区表 DPT(Disk Partition Table),从中找出主活动分区,读取主活动分区的分区引导记录 PBR(Partition Boot Record),最后 PBR 再搜寻分区内的启动管理器文件 BOOTMGR,在 BOOTMGR 被找到后,控制权就交给了 BOOTMGR。

(3) BOOTMGR 读取\boot\bcd 文件(BCD=Boot Configuration Data),启动配置数据即启动的菜单,如果存在着多个操作系统并且选择操作系统的等待时间不为 0 的话,这时就会在显示器上显示操作系统的选择菜单界面。由用户选择从哪个启动项启动。

(4) 选择从 Windows 7 启动后,会加载 C:\windows\system32\winload.exe,并开始内核的加载过程,内核加载过程比较长,比较复杂,此处不做详细说明。

小　结

要对计算机进行硬件或软件维护,就必须对计算机系统的硬件和软件系统有一个全面的了解。本章概述了计算机的发展历程;从计算机维护的角度出发,从较高的层次上简要介绍了计算机系统的层次结构、计算机硬件系统的逻辑构成、计算机硬件系统结构、计算机软件系统及分类以及计算机的基本工作原理和计算机的启动过程等。

习　题

1. 冯·诺依曼关于计算机模型的理论有哪些主要观点?
2. 什么是微机控制中心系统结构的"1-3-5-7"规则?
3. 微机的系统结构发展经历哪几个阶段?
4. 微型计算机由哪些物理部件组成?
5. 简述微型计算机的工作原理。
6. 简述计算机的启动过程。
7. 简述 Windows 7 的启动过程。
8. 讨论 OEM 生产方式的优点和缺点。
9. 讨论微机技术在今后 5 年内的重点发展方向。

第2章 微型计算机的主要部件

2.1 主 板

主板又称为主机板(Main Board)、系统板(System Board)或母板(Mother Board),它既是连接各个部件的物理通路,也是各部件之间数据传输的逻辑通路,几乎所有的部件都连接到主板上。

2.1.1 主板的分类与组成

1. 微机主板的分类

主板的分类方法很多,可按主板的板型、使用的芯片组、生产厂家及是否集成等分类。

(1) 按主板的板型分类:自微机问世以来,依次出现过很多的主板结构,如 AT、ATX、LPX、NLX 和 BTX 等。目前微机中使用的 ATX 结构的板型主要有 ATX、Micro ATX、Mini-ITX、E-ATX,其区别在于主板的尺寸和扩展槽数量。ATX 板型尺寸一般为 305mm×244mm,插槽较多,一般有 7~8 个扩展插槽;Micro-ATX 板型尺寸一般为 244mm×244mm,插槽较少,一般只有 3~4 个扩展槽;Mini-ITX 板型尺寸一般为 170mm×170mm,只有一个扩展插槽,两条内存插槽;E-ATX 板型的尺寸一般为 305mm×257mm,这种板型性能优越,多用在服务器或工作站计算机中,图 2-1 所示为 Micro ATX 主板。

(2) 按逻辑控制芯片组分类:芯片组(Chipset)是主板上最重要的部件,是主板的灵魂,主板的功能主要取决于芯片组。如 Intel 的 945、965 以及 Intel 的 3 系列芯片组、4 系列芯片组、5 系列芯片组、6 系列芯片组、8 系列芯片组、100 系列芯片组、200 系列芯片组,对应的主板就是 945 主板、965 主板、3 系列主板、4 系列主板、5 系列主板、6 系列主板、8 系列主板、100 系列主板、200 系列主板。目前

图 2-1　Micro ATX 主板

常用的主板有 Intel 的 H61、H67、P67、Z68 等 6 系列主板；H81、H87、B85 等 8 系列主板；H110、B150、Z170、H170 等 100 系列主板；H270、B250、Z270 等 200 系列主板；H310、B360、H370 等最新的 300 系列主板。

（3）按是否为集成型主板分类：主板按是否具有显卡功能分为集成主板和非集成主板。集成主板又称为整合型主板或一体化主板，即主板上集成了音频、视频处理和网卡等功能；而非集成主板，则没有显卡等功能。

（4）按生产主板的厂家分类：生产主板的厂家很多，市场上常见的主板品牌有：华硕（ASUS）、微星（MSI）、磐正（SUPoX）、升技（abit）、硕泰克（SOLTEK）、映泰（BIOSTAR）、捷波（JETWAY）、技嘉（GIGABYTE）和精英（ECS）等。

2. 主板的组成

虽然主板的品牌很多，且布局不同，但基本结构及使用的技术基本一致。目前市场上的 CPU 架构虽然有 Socket、LGA 两种，但是这些主板，除 CPU 接口不同外，其他部分几乎都是相同的，下面以图 2-2 所示的主板为例介绍主板上的几个重要部件及其性能。

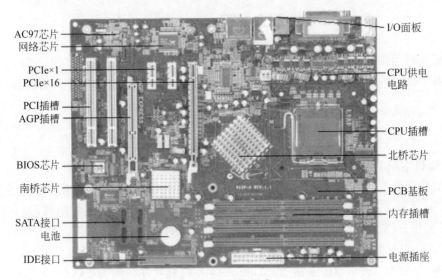

图 2-2　主板的组成

1）PCB 基板

印制电路板（Printed Circuit Board，PCB）用于连接计算机的各个部件，它是由几层树脂材料黏合在一起的，其内部采用铜箔走线，目前大多数为四层板或六层板。四层 PCB 线路板，上下两层是信号层，中间两层是接地层和电源层。将接地和电源层放在中间，这样便可容易的对信号线做出修正。而六层板则增加了辅助电源层和中信号层，因此，六层 PCB 的主板抗电磁干扰能力更强，主板也更加稳定。

2）CPU 插槽

CPU 插槽用于安装和固定 CPU。CPU 经过多年的发展，目前已可采用多种接口方式，包括引脚式、卡式、触点式和针脚式等。根据 CPU 接口类型的不同，在插孔数、体积和形状等方面均有变化，不能互相更换接插。目前常见的 CPU 插槽有两种：一是采用 ZIF 标准的 CPU 针脚插槽，如 Socket 939、Socket AM2、Socket AM2＋、Socket AM3、Socket AM3、

Socket FM1、Socket FM2、Socket AM4 等架构；二是采用 Socket T 标准的 LGA775、LGA1155、LGA1156、LGA1366、LGA2011、LGA1151、LGA1150 插槽。图 2-3 所示为常见 CPU 插槽，分别是目前流行的 Socket FM1、Socket AM2、LGA 1366、LGA 1155 插槽。

3）主板芯片组

芯片组（Chipset）是主板的核心组成部分，按照在主板上的排列位置的不同，通常分为北桥芯片和南桥芯片。芯片组决定着主板的外部频率、内存种类和数量、各种总线和输出模式等。北桥芯片一般位于主板上靠近 CPU 插槽的位置，它提供对 CPU 的类型和主频、内存的类型和最大容量、ECC 纠错等的支持。主要负责实现与 CPU、内存、显卡接口之间的数据传输，同时还通过特定的数据通道和南桥芯片相连接。由于发热量较大，芯片上面覆盖着一块散热片；南桥芯片位于靠近 PCI 插槽的位置，主要负责和 SATA 设备、PCI 设备、声音设备、网络设备以及其他的 I/O 设备的沟通，使设备工作得更顺畅。另外，芯片组也开始集成显卡、声卡和网卡等部件的功能。芯片组以北桥芯片为核心，一般情况下，主板的命名都是以北桥芯片的核心名称命名的（如 H81 的主板就是用 H81 的北桥芯片命名）。芯片组在很大程度上决定了主板的功能和性能。目前，大部分主板将南北桥芯片封装在一起形成一个芯片，提高了芯片的性能。主板芯片组主要由 Intel、nVIDIA、VIA、SiS、ATi、ALi 等芯片组厂商提供，如图 2-4 所示。

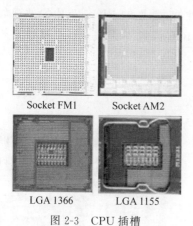

图 2-3　CPU 插槽

图 2-4　常见主板芯片组

4）扩展插槽

主板上各种各样的扩展插槽分别用来连接各种外设，图 2-5 所示为 P4 机器的常见的同时具有 PCI 和 PCI Express 插槽的主板，PCI Express（PCIe 或 PCI-E）是最新的总线和接口标准。

5）内存插槽

内存插槽的作用是安装内存条，根据主板芯片组的不同，支持的内存类型也不同。目前常见的内存插槽为 SDRAM 内存插槽和 DDR SDRAM 内存插槽。其外观上的区别在于定位隔断位置不同。SDRAM 内存插槽上有两个定位隔断；而 DDR SDRAM 内存插槽上只有一个定位孔。DDR 又分为 DDR SDRAM、DDR2 SDRAM、DDR3 SDRAM 和 DDR4 SDRAM 内存条，相应的内存插槽也不同。它们之间的区别在于它们的外观、传输速度和工作电压等不同。因此，不同的内存只能在不同的内存插槽上使用，常见的内存插槽如图 2-6 所示。

图 2-5　PCI 和 PCI Express 插槽

6）BIOS 单元

BIOS(Basic Input Output System,基本输入输出系统)的全称是 ROM BIOS,即只读存储器基本输入输出系统,它是一块装入了启动和自检程序的 EPROM 或 EEPROM 集成块。实际上它是被固化在计算机 ROM(只读存储器)芯片上的一组程序,能够让主板识别各种硬件,还可以设置系统设备的参数,提升系统性能,常见的 BIOS 芯片的外观如图 2-7 所示。CMOS 电池主要是在计算机关机时保持 BIOS 设置不丢失;当电池电力不足时,BIOS 里的设置会自动还原回出厂设置。

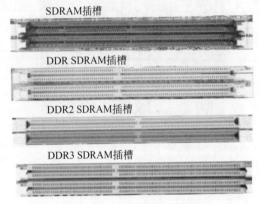

图 2-6　常见的内存插槽

图 2-7　常见的 BIOS 芯片的外观

7）电源插槽、CPU 供电电路

主板上电源插槽分为主电源插槽、辅助电源插槽、CPU 风扇供电插槽等,其中主电源插槽为主板提供电源,即为主板上的设备提供正常运行所需要的电能。主电源插槽大都通用 20+4pin 供电。辅助电源插槽为 CPU 提供辅助电源,因此也称为 CPU 供电插槽。CPU 供电都是由 8pin 插槽提供,也可以采用旧的 4pin 接口。CPU 风扇供电插槽是为 CPU 散热风扇提供电源,有些主板在开机时如果检测不到这个插槽已被插好就不允许启动计算机。主板的供电及稳压电路也是主板的重要组成部分,一般位于 CPU 插槽附近。由电容、稳压块或三极管场效应管、滤波线圈、稳压控制集成电路块等元器件组成,主板电源插座如图 2-2 所示。

8）硬盘、光驱接口

硬盘接口可分为 IDE 接口和 SATA 接口。两者的传输速度不同，SATA 接口比 IDE
接口的速度快。在一些旧的主板上，往往集成两个 IDE 口，通常
位于 PCI 插槽下方。而在一些新型主板上，只有一个 IDE 接口，有
的甚至没有，取而代之是 SATA 接口。1 个 IDE 接口可接 2 个
IDE 设备，1 个 SATA 接口只能连接 1 个 SATA 设备。目前大
多数机械硬盘和一些 SSD 硬盘都使用 SATA 接口，如图 2-8
所示。

图 2-8　硬盘、光驱接口

9）USB 插槽

USB 插槽为机箱上的 USB 接口提供数据连接的接口，最大可以支持 127 个外设，并且
可以独立供电，其应用非常广泛。目前主板上主要有 3.0 和 2.0 两种规格的 USB 插槽。
USB 2.0 接口以 9 针最为常见，也有 8 针、10 针的；USB 3.0 接口有 19 针。USB（Universal
Serial Bus，通用串行总线）传输规范有以下几种：USB 1.1 的数据传输速率为 12Mbit/s；
USB 2.0 的数据传输速率为 480Mbit/s；USB 3.0 的数据传输速率高达 5.0Gb/s；USB 3.1
的数据传输速率高达 10.0Gb/s。目前大多数主板上都有 3 个规格的 USB 接口，分别是：
黑色为 USB 2.0 用于连接键盘和鼠标、蓝色为 USB 3.0、红色为 USB 3.1，图 2-9 所示为主
板及 I/O 面板上的 USB 接口。

10）板载声卡、板载网卡控制芯片

对于集成了 AC′97 软声卡的主板，一般在 PCI 插槽上端的主板上即可观察到 AC′97 芯
片。网卡芯片一般位于主板后部的 I/O 面板上的 RJ-45 接口附近，其体积较大，如
图 2-10 所示为常见板载声卡和板载网卡芯片。

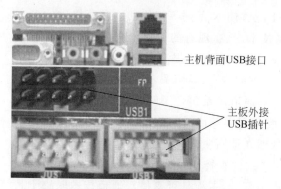

图 2-9　主板及 I/O 面板上的 USB 接口

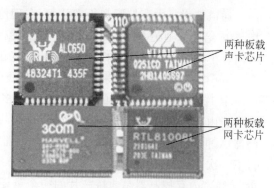

图 2-10　板载声卡和板载网卡芯片

11）I/O 及硬件监控芯片

I/O（Input/Output，输入/输出）芯片的功能主要是提供对串并口、PS/2 口及 USB 口等
一系列输入输出接口的管理与支持。主板上的
I/O 芯片又称为 Super I/O 芯片，它一般位于主板
的边缘。常见的 I/O 控制芯片有 iTE 和 Winbond
标识，如图 2-11 所示。

12）I/O 接口背板

ATX 主板的后侧 I/O 背板上的外围设备接口

图 2-11　I/O 控制芯片

有：PS/2 键盘和鼠标接口、COM 接口、PRN 接口、USB 接口、IEEE 1394 接口、RJ-45 接口、MIDI/Game 接口、Mic 接口、Line In 音频输入接口、Line Out 音频输出接口以及 SPDIF Out 光纤接口等，如图 2-12 所示。

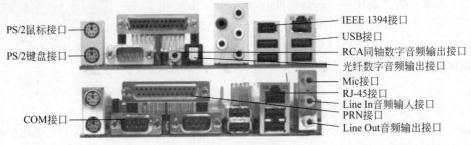

图 2-12　I/O 接口

13）机箱面板指示灯及控制按钮插针

主板边缘上有一组插针接口，用来连接机箱面板上的电源开关、重置开关、电源指示灯、硬盘指示灯以及机箱喇叭等。这些指示灯和按钮在连接时要注意区分正负极，按导线颜色的深浅进行区分。在一组颜色中深色的为正极，浅色的为负极或按主板说明书进行连接，如图 2-13 所示。

图 2-13　机箱面板指示灯跳线

2.1.2　主板中的新技术

1. 主板的多通道内存模式

通道技术是内存控制和管理技术，在理论上能够使 N 条同等规格的内存所提供的带宽增长 N 倍。双通道 DDR 技术是一种内存控制技术，是在现有的 DDR 内存技术上，通过扩展内存子系统的位宽，使内存子系统的带宽在频率不变的情况提高一倍。具体来说，通过两个 64bit 内存控制器来获得 128bit 内存总线所达到的带宽，且两个 64bit 内存所提供的带宽比一个 128bit 内存所提供的带宽效果好得多。双通道体系包含了两个独立的、具备互补性的智能内存控制器，两个内存控制器都能够在彼此间零等待时间的情况下同时运作。当控制器 A 准备进行下一次存取内存时，控制器 B 即在读写主内存；反之，当控制器 B 准备进行下一次存取内存时，A 又在读/写主内存。这样的内存控制模式，可以让有效等待时间减少 50%。内存控制器是北桥芯片的一个重要组成部分，主板是否支持双通道技术取决于北桥芯片。在可支持双通道 DDR 的主板上安装时，必须按照主板 DIMM 插槽上面的颜色标志正确地安装内存，只有这样才能让两个内存控制器同时工作，实现双通道 DDR 功能。

随着 CPU 集成度的提高，Intel 通过集成内存控制器（IMC），让内存控制器从北桥芯片移到 CPU 中，可使内存读取延迟大幅减少。根据 Intel Core i7 平台发布，三通道内存技术已诞生。Core i7 处理器的三通道内存技术，最高可以支持 DDR3-1600 内存，带宽可高达 38.4GB/s。通过支持三通道 DDR3 内存，内存带宽理论上可比单通道系统提高 3 倍。现在四通道内存模式也已在新主板上使用，正确使用时可以使内存的带宽提高 4 倍。

注意：要想实现多通道，只要将同色的多个内存插槽插上相同的内存即可，系统便会自动识别并进入多通道模式。如果未按规定插内存，则系统会自动进入单通道模式。

2. Serial ATA

Serial ATA 即串行 ATA(SATA),它是一种完全不同于并行 ATA 的新型硬盘接口类型,由于采用串行方式传输数据而知名。相对于并行 ATA 来说,SATA 具有较大优势。首先,SATA 以连续串行的方式传送数据,每次只传送 1 位数据,这样能减少 SATA 接口的针脚数目,使连接电缆数目变少,效率也会变得更高。实际上,SATA 只用 4 个引脚就能完成所有的工作,分别用于连接电源、连接地线、发送数据和接收数据,同时这样的架构还能降低系统能耗和减小系统复杂性。其次,SATA 的起点更高,发展潜力更大,SATA 1.0 定义的数据传输率可达 150MB/s,这比目前最新的并行 ATA(即 ATA/133)所能达到 133MB/s 的最高数据传输率还高。而 SATA 2.0 的数据传输率将达到 300MB/s,SATA 3.0 的数据传输率理论达到 6Gbps(750MB/s),实际上 SATA 接口发送信息的数据传输率为 600MB/s,而受制于系统各部件的影响,实际数据传输率会更低一些,而且不同环境差异会很大。

3. Type USB 接口

USB 接口是使用最广泛的一个接口。1996 年推出了 USB 1.0 标准、2000 年推出了目前广泛使用的 USB 2.0、2008 年推出了 USB 3.0 标准、2013 年推出的 USB 3.1 标准,数据传输速率提升可至 10Gbps。USB 3.1 有三种连接方式,分别为 Type-A、Type-B 以及 Type-C。标准的 Type-A 是目前应用最广泛的;Type-B 则主要应用于智能手机和平板电脑等设备;而新定义的 Type-C 主要面向更轻薄、更纤细的设备。由于供电标准提升至 20V/5A、100W 功率,USB 3.1 能够极大提升设备的充电速度。

4. M.2 插槽(NGFF 插槽)

M.2 接口是 Intel 推出的一种替代 mSATA 的接口规范,是目前比较热门的一种存储设备插槽。M.2 接口有两种类型:Socket 2(B key)和 Socket 3(M key)。其中 Socket 2 支持 SATA、PCI-E×2 接口。如果采用 PCI-E×2 接口标准,最大的读取速度可以达到 700MB/s,写入速度也能达到 550MB/s。而其中的 Socket 3 可支持 PCI-E×4 接口,理论带宽可达 4GB/s。与 mSATA 相比,M.2 主要有两个方面的优势:一是速度方面的优势,二是体积方面的优势。

此外,新型主板一般都提供智能超频技术、智能还原技术,以及智能驱动引擎。智能超频技术能够自动检测 CPU 超频的潜力,使得 CPU 超频技术更加便捷安全。智能还原技术能快速保护或恢复硬盘资料。

2.1.3 主板选购策略

对于一台计算机来说,一块质量过硬、性能强大、功能齐全、安全可靠的主板对其整体性能是非常重要的。用户在选购主板时应注意以下几点:

1. 用途

选购主板的第一步是考虑用户的需求,同时要注意主板的扩展性和稳定性。如游戏发烧友或图形图像设计人员,需要选择价格较高的高性能主板;若主要用于文字处理操作、编程、上网,则可选购性价比较高的中低端主板。

2. 芯片组

芯片组决定了主板的性能,不同的芯片组,往往支持的硬件也不同,所以选择何种主板是由 CPU 类型决定的。

3. 品牌

设计、生产主板需要强大的研发能力,所以名牌大厂的产品一般性能更加出色,质量更加可靠,会有较长的使用寿命。所以在预算范围内,应尽量购买知名品牌的产品。市场上的品牌很多,按市场认可度可分为三类:一类品牌主要有华硕(ASUS)、微星(MSI)、技嘉(GIGABYTE)。其研发能力强、推出新品速度快、产品质量好;二类产品有映泰(BIOSTAR)、梅捷(SOYO),它们具有相当的实力,也有各自特色;三类品牌主要有华擎(ASROCK)、翔升(ASL),特点是有制造能力,在保证稳定运行的前提下可尽量压低价格。

4. 主板布局

主板电子元器件布局设计是否合理对于用户来说非常重要。主板的 CPU 插槽周围空间如果不宽敞,将会为 CPU 和风扇的拆装带来不便,而且影响 CPU 的散热。主板上 CPU、内存和显卡插槽(AGP 或 PCI-E)应紧密围绕北桥芯片,这样将会提高 CPU、内存和 PCI-E 的数据交换速度。同时还要注意 IDE、PCI、声卡芯片和网卡芯片是否围绕南桥芯片,目的是提高外围设备的传输性能。

5. 扩展功能

随着配件不断地升级,产品的扩展功能对于用户来说也很重要。如主板具备 PCI、PCI-E 扩展槽的数量、是否有集成显卡、是否有 USB 3.0 等。

6. 制造工艺

通过查看主板的厚度、PCB 层数、主板走线均匀程度以及主板电容质量等来判断主板的做工。

2.2 中央处理器

CPU 在整个计算机系统中居于核心地位,是整个计算机系统的指令中枢。它负责计算机系统指令的执行、逻辑运算、数据存储、传送和输入/输出操作指令的控制。一般情况下,可将 CPU 的内部结构分为控制单元、逻辑单元和存储单元三大部分。各个部分虽然分工不同,但是合作紧密,使 CPU 具有强大的运算、处理和协调能力。在计算机的发展过程中,CPU 核心技术的发展一直是计算机技术发展的重点。

2.2.1 CPU 的发展概况

1971 年,Intel 公司推出了世界上第一款微处理器 4004,这是第一个可用于微型计算机的 4 位微处理器,它集成了 2300 个晶体管。随后 Intel 公司又推出了 8008 的微处理器。到了 1974 年,8008 发展成 8080,成为第二代微处理器(8 位微处理器)。第二代微处理器均采用 NMOS 工艺,集成了约 9000 个晶体管,采用汇编语言、BASIC 等语言编程,用于单用户操作系统。

1978 年,Intel 公司生产出了第一款 16 位微处理器 8086,它是第三代微处理器的起点。1979 年,Intel 公司开发出了 8088 微处理器,集成了大约 29 000 个晶体管。8086 和 8088 在芯片内部均采用 16 位数据传输,所以二者统称为 16 位微处理器。1981 年,美国 IBM 公司将 8088 芯片用于其研制的个人计算机(PC)中,个人计算机的概念开始在全世界范围内发展起来。1982 年,Intel 公司在 8086 的基础上,研制出了 80286 微处理器,集成了大约 13.4

万个晶体管,仍是 16 位的。

1985 年,Intel 公司正式发布了 80386DX,该款 CPU 内部包含了 27.5 万个晶体管,80386DX 的内部和外部数据总线是 32 位的,地址总线也是 32 位的,这标志着 CPU 进入了 32 位微处理器时代。1989 年,Intel 公司推出了 80486 芯片,也是 32 位微处理器,内含 120 万个晶体管。1993 年,Intel 公司推出了 586,并将其命名为 Pentium(奔腾)处理器,该款 CPU 集成了 310 万个晶体管,采用 0.8μm 制造工艺。由于 CPU 的工作频率提高和大量晶体管的集成,造成了 CPU 的发热量上升,因此 Intel 公司首次为 CPU 配上了专用的散热风扇。一年后,Intel 公司推出了 Intel Pentium Pro,该 CPU 包含了 550 万个晶体管,系统总线为 66MHz,时钟频率 133MHz,使用了倍频技术(外频×倍频=CPU 工作频率),制造工艺达到 0.35μm。1997 年,Intel 公司推出了 Slot 1 接口的 Pentium II 处理器,该款 CPU 内集成了 32KB 的 L1 Cache 和 512KB 的 L2 Cache。同年,还推出了 Pentium II 处理器的简化版本,没有 L2 Cache 的 Celeron(赛扬)处理器。

1999 年,Intel 公司推出了 Pentium III 处理器,面世时采用 Slot 1 接口,后来经过改进,采用了 Socket 370 的接口和 0.18μm 的制造工艺。同时进行改进的还有面向低端市场的具有 128KB 的 L2 高速缓存的 Celeron II。后来 Intel 公司推出了 Tualatin(图拉丁)核心系列的 CPU,这是 Pentium III 系列 CPU 的最后一款。2000 年,Intel 公司推出了新一代的 CPU—Pentium 4 处理器。最先推出的 Pentium 4 处理器采用 Willamette 核心制造,制造工艺为 0.18μm。2001 年,Intel 公司又推出了 Northwood 核心的 Pentium 4 处理器,采用了更先进的 0.13μm 制造工艺,新处理器采用了 Socket 478 接口。2003 年,Intel 公司放弃了 0.13μm 工艺、Northwood 核心的 Pentium 4 处理器,改向 0.09μm 工艺、Prescott 核心的发展,它采用 LGA775 接口,处理器不再有“脚”,取而代之的是一个个的触点。

从 CPU 的诞生到其发展到 32 位为止,Intel 公司“独领风骚”,不断发布具有里程碑意义的 CPU 产品。其他公司,如 AMD 和 VIA 公司虽然也在不断努力,但是在和 Intel 公司的竞争中几乎每次都处于劣势。但是在个人计算机领域率先发布 64 位微处理器的却是 AMD 公司。AMD 公司在 2003 年发布了第一款应用于个人计算机的 64 位处理器—Athlon64。Athlon64 在支持 64 位代码的基础上提供了对 32 位和 16 位代码的良好兼容,有超过 4GB 的内存寻址能力,而传统的 32 位处理器最高仅支持 4GB 内存。Athlon64 内置了内存控制器,可以极大地降低数据的收发延迟,缩短读写请求的反应时间,处理器的性能也因此获得巨大的提升。AMD 公司随后又推出了针对低端市场的 Socket 754 接口的 Sempron64 处理器。这样,AMD 在高、中、低端市场都推出了相应的 64 位处理器。此后 AMD 公司又推出了 Athlon II、Phenom II、AMD A、AMD FX 等系列的多核 CPU。

Intel 公司直到 2005 年才推出了面向中端的 6 系列的 64 位 CPU,此后又陆续推出了面向高端市场的 8 系列和面向低端市场的 3 系列的 64 位 CPU,直到此时才开始将 CPU 的产品线投放市场。

Intel 在 2005 年 5 月发布了双核处理器,Intel 在双核心处理器上没有沿用 Pentium 4 的命名方式,新的桌面双核心处理器称为 Pentium D 和 Pentium Extreme Edition。具有 64 位技术,采用 LGA775 封装,主要产品有奔腾和赛扬系列。

Intel 从 2006 年开始推出酷睿系列 CPU,经历了 core 、core 2,2008 年又推出 core i,core i 又分为 i3、i5 、i7 三个系列。2010 年底英特尔发布的新一代处理器微架构 Sandy

Bridge（SNB），仍然保留酷睿 i3、i5、i7 三个系列，分别针对入门级、主流应用和高端用户。SNB 在原 core i 的基础上，智能特性全面升级，并且无缝融合了图形显示核心，使得 3D 显示更完美、视觉更流畅、带宽更高等。2012 年 4 月，英特尔推出第四代 core i 处理器微架构（Ivy Bridge，IVB），与上一代 Sandy Bridge 相比，Ivy Bridge 结合了 22 纳米与 3D 晶体管技术，在大幅度提高晶体管密度的同时，核芯显卡等部分性能甚至有了一倍以上的提升，据了解，Ivy Bridge 处理器在应用程序的性能上提高了 20%，在 3D 性能方面则提高了一倍，并且支持三屏独立显示、USB 3.0 等技术。2013 年二季度，英特尔推出第五代 core i 处理器架构（Haswell），采用 22nm 工艺新架构，性能更强，超频潜力更大，而且集成了完整的电压调节器；Haswell 添加了新的 AVX 指令集，改善了 AES-NI 的性能；核芯显卡性能增强，支持 DX11.1、OpenCL1.2，优化 3D 性能，支持 HDMI、DP、DVI、VGA 接口标准；接口改变，使用 LGA1150 接口，不兼容旧平台。2015 年 8 月 5 日，Intel 第六代 core i 架构（Skylake），用 14 纳米制程，同时支持 DDR3L 和 DDR4-SDRAM 两种内存规格，接口变更为 LGA1151，必须搭配 Intel 的 100 系列芯片组才能使用。2017 年 1 月 4 日，第六代酷睿的小幅升级版——第七代 core i 架构（Kaby Lake）发布。产品依然采用 14nm 工艺，主要在 CPU 主频方面进行了升级，以便应对目前大型游戏对于 CPU 高主频的需求。2017 年 10 月 5 日，Intel 第八代酷睿处理器（Coffee Lake）面世，在第八代酷睿产品中最大的变化是 i3 系列新品由原来的双核四线程升级为四核四线程；i5 系列新品由原来的四核四线程升级为六核六线程；i7 系列新品由原来的四核八线程升级为六核十二线程。接口仍然是 LGA1151 接口。但 Intel 更改了走线设计，因此只能搭配新的 300 系列主板，和现有产品完全隔绝。

AMD（超威）公司成立于 1969 年，是全球第二大微处理器芯片供应商，多年来 AMD 公司一直是 Intel 公司的强劲对手。目前主要产品有速龙（Athon）和速龙 II，羿龙（Phenom）II，APU A6、A8、A10 系列，推土机（AMD FX）系列，以及最新的锐龙（Ryzen）3、5 和 7 等 CPU。

2.2.2 CPU 的外观与结构

从 CPU 的外部结构来看，其主要由两个部分组成：一个是核心，另一个是基板。

1. CPU 的核心

揭开散热片后可以看到 CPU 的核心，如图 2-14 所示。CPU 中间凸起部分称为核心芯片或 CPU 核心（die），它是 CPU 硅晶片部分。不同的 CPU 都会有不同的核心，不同核心的 CPU 的性能也各不相同。

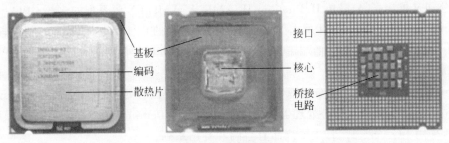

图 2-14 CPU 外观

CPU 核心又称内核,是 CPU 最重要的组成部分。是由单晶硅以一定的生产工艺制造出来的。CPU 所有的计算、接收与存储命令、处理数据均由核心完成。因此,核心的规格决定了 CPU 的性能。体现 CPU 性能且与核心相关的参数主要有:核心数量、线程数、核心代号、热设计功耗等。

核心数量:以前的 CPU 只有 1 个核心,现在的则有 2 个、3 个、4 个、6 个、8 个核心,多核心是指基于单个半导体的一个 CPU 上拥有多个相同的处理器核心。

线程数:线程是指 CPU 运行中的程序的调度单位。多线程是指从软件或者硬件上实现多个线程并发执行的技术。具有多线程能力的计算机因有硬件支持而能够在同一时间执行多于一个线程,进而提升整体处理性能。

核心代号:CPU 的产品代号,即使是同一系列的 CPU,其核心代号也可能不同。如 Intel 的 Trinity、Sandy Bridge、Ivy Bridge、Haswell、Broadwell 和 Skylake 等;AMD 的有 Summit Ridge、Richland、Trinity、Zambezi 和 Llano 等。

热设计功耗:是反映处理器热量释放的指标,它的含义是当处理器达到最大负荷时,释放出的热量,单位为瓦(W)。TDP 功耗小则说明 CPU 发热量少,易散热。不同的制造商对 TDP 有着不同的定义,Intel 和 AMD 对 TDP 功耗的含义并不完全相同。因为现在的 CPU 都有节能技术,实际发热量显然还要受节能技术的影响。节能技术越有效,实际发热量越小。

2. CPU 的基板

CPU 的基板就是承载 CPU 核心用的电路板,它负责核心芯片与外界的数据传输。

3. CPU 的编码

一般来说,在 CPU 编码中均会注明 CPU 的名称、时钟频率、二级缓存、前端总线、核心电压、封装方式、产地和生产日期等信息。需要注意的是,AMD 公司与 Intel 公司标记的形式和含义有所不同。

2.2.3 CPU 的主要性能指标

描述 CPU 的性能指标有很多,主要包括制造工艺、主频、工作电压、缓存、系统总线、字长、显示功能等,下面具体进行介绍。

1. 制造工艺

制造工艺就是组成芯片电子线路或元件的细致程度,趋势是向密集度高的方向发展,通常以 nm 为单位。现在主流处理器采用 45nm、32nm、22nm、14nm。CPU 制造工艺的纳米数越小,同等面积下晶体管数量越多,工作能力越强,相对功耗越低,适合在较高频率下运行。

2. 主频

CPU 的主频是表示 CPU 性能的根本指标,一般来说,主频越高,CPU 速度就越快。

(1)外频:即 CPU 的基准频率,是 CPU 与主板之间同步运行的速度。在外频速度保持较快的情况下,CPU 可以同时接收更多的来自外围设备的数据,从而使整个系统的速度进一步提高。

(2)倍频:即表示 CPU 主频与外频之间差距的参数,也称为倍频系数,通常简称为倍频。在相同的外频下,倍频越高,CPU 的频率就越高。

CPU 主频与 CPU 的外频和倍频有关，其计算公式为：CPU 的实际频率＝外频 ×
倍频。

（3）睿频：这是一种智能提升 CPU 频率的技术。是指当启动一个运行程序后，处理器
会自动加速到合适的频率，而原来的运行速度会提升 10%～20% 以保证程序流畅运行的技
术。Intel 的睿频技术叫作 TB(TurboBoost)，AMD 的睿频技术叫作 TC(Turbo Core)。

3. 工作电压

工作电压是指 CPU 工作时所需的电压。目前主流的 CPU 的工作电压大多低于 1.5V，
采用低电压能解决 CPU 耗电过多和发热量过高的问题，使其更加稳定地运行，同时也可延
长 CPU 的使用寿命。

4. 缓存

缓存是 CPU 中可进行高速数据交换的存储器，它先于内存与 CPU 交换数据，对 CPU
的性能有重大影响。CPU 缓存的运行频率极高，一般是和处理器同频，工作效率远远大于
内存。CPU 的缓存一般分为 L1、L2 和 L3。CPU 要读取数据时，首先从 L1 缓存中查找，没
有找到再从 L2 中查找，若还没找到则从 L3 中查找，若在缓存中没有找到需要的数据，这时
再从内存中查找。由此可见 L1 缓存是整个 CPU 缓存中最为重要的部分。

（1）L1 高速缓存（也称为一级高速缓存、L1 Cache）位于 CPU 内核旁，是与 CPU 结合
最为紧密的缓存，其制造成本高，容量小。一级缓存分为一级数据缓存（Data Cache，D-
Cache，L1d）和一级指令缓存（Instruction Cache，I-Cache，L1i），分别用于存放数据及执行数
据的指令解码。两者可同时被 CPU 访问，减少了 CPU 多核心、多线程争用缓存造成的冲
突，提高了处理器的效能。L1 高速缓存对 CPU 的性能影响较大，容量越大，性能也会
越高。

（2）L2 高速缓存（也称为二级高速缓存、L2 Cache）位于 CPU 和内存之间的规模较小
的，但速度很高的存储器，用来存放那些被 CPU 频繁使用的数据。L2 高速缓存采用了与制
作 CPU 相同的半导体工艺的 SRAM(静态 RAM)。其存取速度快，同时价格很高，因此 L2
高速缓存的容量大小一般用来作为高端和低端 CPU 产品的分界标准。目前 CPU 的 L2 高
速缓存低至 64KB，高可达 2MB 或 6MB。

（3）L3（也称为三级高速缓存、L3 Cache）三级缓存是为读取二级缓存后未命中的数据
设计的一种缓存。在拥有三级缓存的 CPU 中，只有约 5% 的数据需要从内存中调用，这进
一步提高了 CPU 的效率。

5. 系统总线

系统总线是连接 CPU 与内存之间的桥梁，其作用是实现处理器所需的大量数据的交
换。常见的有 FSB 总线、QPI 总线及 HT 总线。

（1）FSB 总线（Front Side Bus，前端总线）是出现最早、存在时间最长的总线形式。但
是相对于 CPU 的迅速发展，采用前端总线已经严重制约了 CPU 性能的提高。

（2）QPI 总线（Quick Path Interconnect，快速通道互联）是为取代 FSB 总线而推出的，
QPI 总线是目前 Intel 针对多核 CPU 而设计的。多核处理器的任何一个核心，都能通过
QPI 总线直接与另一核心、内存或者北桥连接，大大提高了多核处理器的工作效率，也加强
了每一个核心的自主性和单独性能的发挥。QPI 总线与 FSB 总线相比，就如同独木桥换成
了四通八达的立交桥，传输速率是 FSB 的 5 倍。

（3）HT(Hyper Transport)总线是目前 AMD 平台使用的总线形式。HT 总线的特点是：频率可以单独调节，有着非常高的传输速率。在前端总线的基础上，HT 总线大幅提高了内存运行效率，也把处理器与其他芯片的传输速度，提高到了前所未有的水平。

6. 字长

CPU 在单位时间内能一次处理的二进制数的位数称为字长，能在单位时间内处理字长为 8 位的二进制数据的 CPU 通常称为 8 位的 CPU。同理，32 位的 CPU 就是能在单位时间内处理字长为 32 位的二进制数据。目前 CPU 大多数是 64 位的。

7. 显示功能

处理器显卡（核心显卡）技术是新一代的智能图形核心技术，它把显示芯片整合在智能 CPU 中，依托 CPU 强大的运算能力和智能能效调节设计，在更低功耗下实现出色的图形处理性能和流畅的应用体验。目前，Intel 的各系列 CPU 和 AMD 的 APU 系列中都整合了处理器显卡的产品。

2.2.4 主流 CPU 介绍与选购

当前市场主流 CPU 产品基本上被 Intel 公司和 AMD 公司垄断。Intel 系列的 CPU，按接口分为 LGA 775、LGA 1156、LGA 1366、LGA 1155、LGA 2011、LGA1150、LGA1151 等。AMD 系列的 CPU 按接口分为 Socket AM2/AM2＋(940 个针脚)、Socket AM3(938 个针脚)、Socket FM1(905 个针脚)等。

1. Intel 系列 CPU

Intel 公司的多核处理器包括 Celeron(赛扬)双核处理器、Pentium(奔腾)双核处理器、Core(酷睿)i3、i5、i7 处理器等系列的 CPU 产品。

1) Celeron(赛扬)系列

Celeron 系列的 CPU 属于低端处理器产品，主要用于满足低价市场的需求。Celeron 系列的处理器具有良好的超频性能，但它不具备高端处理器的特有功能。目前市场上 Celeron 系列的 CPU 主要有 Celeron G、Celeron E、Celeron J。如赛扬 G3930 采用的是 Kaby Lake 核心、14nm 制造工艺、LGA1151 接口、主频为 2.9GHz、双核双线程、2MB 的三级缓存。

2) Pentium 双核系列

Pentium 双核系列处理器主要面向低端市场，目前市场的 Pentium 双核系列主要包括 Pentium G、Pentium E、Pentium J。如 Pentium G4560 处理器采用的是 Kaby Lake 核心、14nm 制造工艺、LGA1151 接口、主频为 3.5GHz、双核四线程、3MB 的三级缓存。

3) Core 2 和 Core i 系列

2006 年 7 月，Intel 推出 Core 2 处理器，Core 2 处理器有单核、双核、四核等型号。后来 Intel 又相继推出了 Core i 系列处理器，如 Core i3、Core i5、Core i7 系列。目前市场上主要是 Core i 系列的 CPU，如 Core i3 8100 是四核四线程处理器，采用的是 Coffee Lake 核心，14nm 制造工艺、LGA1151 接口，主频为 3.6GHz，6MB 的三级缓存；Intel Core i5 8600K 是六核六线程处理器，采用的是 Coffee Lake 核心，14nm 制造工艺，LGA1151 接口，主频为 3.6GHz，动态加速频率达 4.3GHz，9MB 的三级缓存。

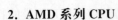

2. AMD 系列 CPU

AMD 是除 Intel 外全球另一大 CPU 供应商,其产品包括 Sempron(闪龙)系列、Athlon(速龙)系列、Phenon(羿龙)系列、APU 系列、Ryzen(锐龙)系列和 FX(推土机)系列。目前 Sempron 系列已经逐渐被淘汰。常见的有 Athlon II X2 250、Athlon II X3 450、Athlon II X4 641。AMD 羿龙 II 双核、三核、四核处理器,采用的 Socket AM3 接口。常见的有 Phenom II X2 550、Phenom II X3 720、Phenom II X4 910e。AMD A 系列的 CPU 采用全新的 Socket FM1 接口封装,使用 APU A6、A8、A10 系列,推土机(AMD FX)系列,常见的有 A6-3600、A8-3800 系列等。

1)Athlon 系列

Athlon 是专用的桌面级处理器,目前市场上的 Athlon 主要是 Athlon II 系列,面向中低端市场。Athlon II 系列的 CPU 有双核、三核和四核 3 种类型,现在主要以 Athlon II X4 类型为主。如 AMD 速龙 X4 860K 采用 Kaveri 核心的四核处理器,主频为 3.7GHz,动态加速频率达 4GHz,28nm 的制造工艺,Socket FM2+接口,二级缓存 4MB。

2)Phenom 系列

Phenom 系列的 CPU 性能更好,目前市场上主要是 Phenom II 系列,Phenom II 系列 CPU 有双核、四核、六核等。如 Phenon II X4 945 采用 45nm 的制造工艺,四核处理器,Socket AM3 接口,主频为 3GHz,一级缓存 2×256KB、二级缓存 4×512KB、三级缓存 6MB。

3)FX 系列

FX 系列的 CPU 主要是为满足那些对游戏效果体验有极高要求的玩家设计,以四核、六核、八核为主。如 AMD FX-6300 采用 Piledriver 核心六核心处理器,32nm 的制造工艺,Socket AM3+接口,主频 3.5GHz,动态加速频率达 4.1GHz,8MB 三级缓存。

4)Ryzen 系列

Ryzen 系列是 AMD 公司在 2017 年 2 月发布的一款全新处理器,它采用"Zen"核心架构,为用户提供了超强性能和超值性价比,目前 Ryzen 主要有 Ryzen 5 和 Ryzen 7 两个产品。如 Ryzen 5 1400 是采用 Summit Ridge 核心的四核八线程处理器,主频为 3.2GHz,动态加速频率达 3.4GHz,制造工艺为 14nm,二级缓存为 2MB,三级缓存 8MB,采用 Socket AM4 接口,不支持显卡功能。

5)APU 系列

APU(Accelerated Processing Unit,加速处理器)是 AMD 推出的全新一代加速处理器,它将中央处理器和独显核心集成在一个晶片上,使 CPU 具有高性能处理器和最新独立显卡的处理性能。另外,APU 还支持 DX 11 游戏和最新的"加速运算"应用,大幅提升了计算机运行效率。APU 系列的 CPU 主要包括 A4、A6、A8 和 A10 等 4 个系列,这 4 个系列的 CPU 都以四核为主。如 A8 5600K 是采用 Socket FM2 接口,32 纳米的制造工艺,四核,主频为 3.6GHz 睿频加速频率 3.9GHz,4MB 二级缓存容量,集成 Radeon HD 7560D 图形显示核心。

3. CPU 的选购策略

市场上的 CPU 种类繁多,用户购买时可能会感到难以挑选。现在市面上最为常见的有两类 CPU,一是 Intel 公司的酷睿、奔腾及赛扬等系列处理器;另一类是 AMD 公司的速龙、锐龙、APU、推土机 FX 等系列处理器。

一直以来，Intel 公司的处理器占有大部分的市场份额，其处理器具有稳定、通用性好等优点，深受广大用户好评。另一面，近年来 AMD 公司在处理器设计也不断取得突破，相继推出了多款性能卓越的处理器。且价格便宜，具有很高的性价比，市场份额也在稳步提升。一般来说，AMD 处理器在三维制作、游戏应用、视频处理等方面比同档次的 Intel 处理器更有优势；而 Intel 处理器在商务办公及平面设计领域则更胜一筹。

在选购 CPU 时，需按实际用途进行选择，同时还要考虑资金预算，选择适合自己的 CPU。具体选购时可遵循以下三点原则：

（1）对计算机性能要求不高，只做一些文字处理、上网、玩小游戏的用户，可选择低端的 CPU 产品。如 Celeron 和 Pentium 双核系列 CPU 或 AMD 的速龙 II 和羿龙 II 即可满足要求。

（2）对计算机性能有一定要求的用户，可以选择中低端的 CPU。如 Intel 的 Core i3 系列、AMD 生产的 4 核心产品或锐龙 3 系列等。

（3）对计算机性能有较高要求的用户，如游戏玩家、图像设计者，则可选择中高端的 CPU 产品，如 Intel 的 Core i5 和 i7 系列，AMD 生产的推土机 FX 系列和锐龙 5、锐龙 7 系列等。

对于选择购买盒装还是散装 CPU，由于 CPU 的制造工艺很高，造假者一般很难达到生产的工艺水准，所以无论盒装还是散装并没有本质的区别，在质量上是相同的，买到假货的可能性很小。由于散装的关税比盒装的要低得多，所以不法商贩常常将散装的 CPU 加上包装作为盒装的出售，以赚取更高的利润。一般而言，盒装 CPU 的保修期为 3 年且附带有质量较好的散热风扇；而散装 CPU 保质期为一年，且不带散热器。

另外，在选购 CPU 时，还应注意 CPU 是否被 Remark 过。所谓的 Remark，主要是指商家以次充好，或以低频的 CPU 冒充高频 CPU 卖给消费者。

2.3　内　　存

2.3.1　内存的概述

内存（Memory）也称为内存储器，是计算机运行的核心组件之一。计算机中所有程序的运行都是在内存中进行的，它是与 CPU 进行沟通的桥梁。因此，内存对系统的性能和稳定性有着非常大的影响，其作用是用于暂时存放 CPU 中的运算数据，以及与硬盘等外部存储器交换数据。只要计算机是处于运行过程中，则 CPU 就会把需要运算的数据调到内存中进行运算，当运算完成后，CPU 再将结果传送出来。所以，内存的正常运行也决定了计算机的稳定运行。

1. 内存的结构

内存由内存颗粒、颗粒空位、PCB 基板、SPD、固定卡口、金手指、内存脚缺口（定位口）及电阻与电容等部分组成（如图 2-15 所示）。内存芯片是内存中最重要的元件，用于临时存储数据；电路板用于承载和焊接内存芯片的 PCB 板；金手指是内存与主板进行连接的"通道";内存卡槽用于将内存固定在内存插槽中;内存缺口是与内存插槽中的防凸起设计配对,以防止内存错误插入。

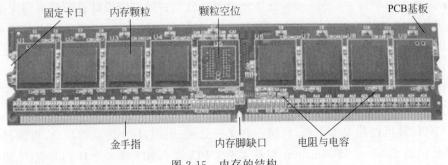

图 2-15 内存的结构

2. 常见的内存条

内存条通过金手指与主板连接,其正反两面均带有金手指。金手指可以在正反两面提供不同的信号,也可以提供相同的信号。

SDRAM(Synchronous DRAM,同步动态随机存储器)内存条共有 168 个引脚,它是Pentium II/III 档次微机使用的一种内存类型。常见容量有 32MB、64MB、128MB 和256MB 等,工作电压为 3.3V。

DDR SDRAM 内存条用在 Pentium 4 级别的微机上,它与 SDRAM 一样,也是与系统总线时钟同步的。内存条通过两条线路同步传输到 I/O 缓存区(I/O Buffers),实现双倍速的数据传输。由于是两路传输,所以可以预读 2bit 数据。它有 184 个引脚,常见容量是256MB 和 512MB,工作电压为 2.5V。

DDR2 内存条与 DDR SDRAM 的基本原理类似,DDR2 采用 4 位预取(4bit Prefect)技术,它将 DRAM 的核心频率、时钟频率和数据传输率进一步分开。时钟频率为核心频率的两倍,而数据传输率为时钟频率的两倍,因此 DDR2 的数据传输率是核心频率的 4 倍。DDR2 SDRAM 有 240 个引脚,常见容量有 512MB 和 1GB 等,工作电压为1.8V。

DDR3 内存条从 DDR2 的 4bit 预读取升级为 8bit 预读取,与 DDR2 一样有 240 个针脚。但 DDR3 内存脚缺口位置与 DDR2 不同;DDR3 内存左右两侧安装卡口与 DDR2 不同。DDR3 常见容量有 1GB、2GB、4GB 等,工作电压为 1.5V。

DDR4 内存条是新一代内存类型,采用 16bit 预读取机制,在相同频率下理论速度是DDR3 的两倍。DDR4 内存的金手指设计有较明显变化,金手指变成弯曲状。金手指中间的缺口的位置相比 DDR3 更为靠近中央。常见容量有 4GB、8GB、16GB 等,工作电压降为1.2V。在金手指触点数量方面,普通 DDR4 内存有 284 个,而 DDR3 则是 240 个,每一个触点的间距从 1mm 缩减到 0.85mm,图 2-16 所示为常见的内存条。

笔记本使用的内存与台式机内存在性能上没有差异,但接口不同。目前笔记本内存采用的基本上是 DDR3 和 DDR4 内存条。其 DIMM 插槽接口为 204 针,DDR4 为 256,如图 2-17 所示为 DDR2、DDR3 和 DDR4 内存条,注意其引脚缺口的差异。

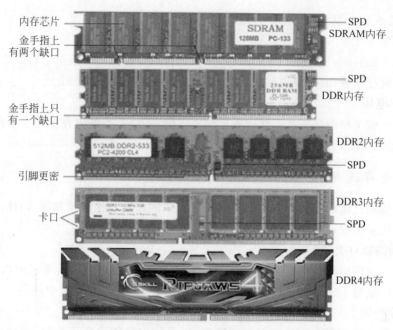

内存芯片
金手指上有两个缺口
SPD
SDRAM内存
SPD
DDR内存
金手指上只有一个缺口
DDR2内存
SPD
引脚更密
DDR3内存
卡口
SPD
DDR4内存

图 2-16　常见的内存条

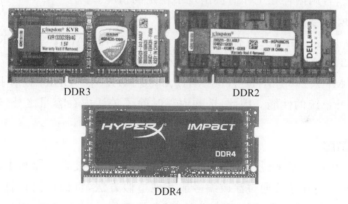

DDR3　　　　　　DDR2

DDR4

图 2-17　笔记本内存

2.3.2　内存的技术指标

内存对整机性能的影响较大,有关内存的性能参数也比较多,下面对常用参数进行介绍。

1. 内存容量

内存容量就是指内存条可以存取的数据量。目前主流的内存容量分为单条(容量为 2GB、4GB、8GB、16GB)和套装(容量为 $2\times2GB$、$2\times4GB$、$2\times8GB$、$4\times8GB$、$2\times16GB$、$4\times4GB$)两种。

2. 数据宽度与带宽

内存的数据宽度是指内存同时传输数据的位数,以位(bit)为单位。内存的带宽是指内存数据传输速率,即内存一次能处理的数据宽度。内存的带宽是衡量内存性能的重要标准

(内存的带宽＝总线频率 × 数据宽度/8)。

3. CL 值

CL(CAS Latency)值是 CAS 的延迟时间,代表内存接收到一条指令后要等待多少个时钟周期才能执行任务,通俗地说就是内存存取数据所需要的延迟时间。

4. 工作电压

工作电压就是指内存正常工作所需要的电压值,不同类型的内存电压也不同,各有各的规格,不能超出规格,否则会损坏内存。

2.3.3 内存选购策略

内存质量和性能的好坏直接影响着计算机工作的稳定和性能的发挥,因此,选购内存时一定要选购质量有保证且性能稳定的内存。

1. 主板的接口类型

主板上内存的插槽种类有多种,选购内存时应选择符合主板插槽要求的内存。目前市场上的主流产品是 DDR3 和 DDR4 内存,DDR2 内存在部分早期机型中使用。

2. 内存的做工

内存的做工影响着内存的性能。一般来说,要使内存能稳定工作,要求使用的 PCB 板层数在 6 层以上,否则内存在工作时会出现不稳定的情况。

3. 内存的频率与容量

目前 DDR2 内存的主频一般有 667MHz、800MHz、1066MHz 等；DDR3 内存的主频为 1066 MHz、1333 MHz、1600 MHz、1866 MHz、2133 MHz、2400 MHz 等；DDR4 内存的主频一般有 2133 MHz、2400 MHz、2666 MHz、2800 MHz 等。DDR4 内存提供了较大的带宽,可以明显提升系统的性能。因此,选购内存时除了关注内存容量之外,还要注意内存的频率。

4. 内存的品牌

由于内存的生产相对来说比较简单,只需将内存芯片封装在电路板上即可。因此不少小的厂家将低端的内存芯片通过涂改编号或其他造假方法,将低档内存打磨成高档内存出售,以牟取暴利。而这些内存往往不能稳定、正常的工作。因此,建议用户最好选购品牌内存。常见的内存品牌有：金士顿(Kingston)、金邦(GEIL)、三星(SAMSUNG)、现代(HYUNDAI)、威刚(v-Data)和胜创(Kingmax)等。

5. 真伪识别

在目前的内存市场中,以假乱真,以次充好的现象层出不穷,下面就挑选市场上两种常见的内存对其真伪进行简单介绍。

1) 现代原装内存的识别

现代内存市场中的假货很多,其仿造程度非常接近于正品。识别方法如下：一看定位孔。原装内存定位孔发亮,且表面进行了磨砂处理；二看有无 CRL 全国联保标签。原装的内存正面右侧有 CRL 全国联保标签。

2) 金士顿内存的识别

金士顿内存性能十分优秀,是目前市场占有率最高的内存产品之一,被仿冒的较多。识别方法如下：一看是否有盒装,且包装盒上不干胶标签印字是否精美,套色是否均匀；二看是否贴有黄色的激光防伪标签,此处应有防伪电话可查询。

此外,在购买内存时,要注意主板是否具有多通道内存控制技术,如果主板具有多通道功能,要注意购买套装内存。所谓套装内存就是同一型号的两条或多条内存以搭配销售的方式组成的套装产品。套装内存的具有价格低、兼容性、稳定性好等优点,构成的多通道内存可有效地提高内存总带宽。

2.4 显 卡

显卡(Video card,Graphics card)全称为显示接口卡,又称显示适配器,按照结构形式可以分为独立显卡和集成显卡两大类。独立显卡是一块独立的电路板,它安装在主板的插槽上,完成CPU和显示器之间的工作。它拥有独立的图形处理芯片(GPU)和显存,专门用来执行图像加速和处理任务。集成显卡是指集成在主板上的显卡,显示芯片等相关电路集成在主板上,通常集成显卡的显示芯片都集成在了主板的芯片中。集成显卡的发热量小、功耗低,显示效果相对较差。独立显卡可以大大减少CPU所必须处理的图形函数的数量,显示效果较好,但功耗较高、发热量大,需要额外购买。

随着处理器技术的发展,显卡还有一种特殊的集成方式,就是将图形核心与处理器集成在一块基板上,构成一颗完整的处理器,这种集成显卡称为核心显卡。它是新一代图形处理核心,这种设计大大降低了图形核心、处理核心、内存和内存控制器之间的数据周转时间,能在更低功耗下完成图形处理工作,而且其显示效果和性能要比传统的集成显卡好。

2.4.1 显卡的功能与结构

1. 显卡的功能

显卡的功能就是在程序运行时根据CPU提供的指令和有关数据,将程序运行的过程和结果进行相应的处理,通过显示器显示出来。也就是说,显示器必须依靠显卡提供的信号才能显示出各种字符和图像。具体的工作过程分为以下几步:第一,CPU将数据通过总线传送到显示芯片GPU;第二,显示芯片GPU对数据进行处理,并将处理结果存放在显示内存中;第三,显示内存将数据直接通过数字显示接口输出或传送到RAMDAC,进行数模转换,转换为模拟信号后,再通过VGA接口送到显示器输出。

2. 显卡的结构

图2-18所示为一块PCI E×16显卡的结构图(不包括散热器)。它由显示芯片、数模转换器、显示内存、总线接口、外围输出接口等几部分构成。

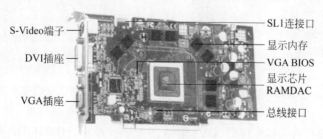

图2-18 显卡的结构

显示芯片又称为 GPU(Graphic Processing Unit,图形处理单元或图形处理器),是显卡的核心芯片,其性能直接决定了显卡性能的高低。它的主要作用是处理软件指令,使显卡能完成某些特定的绘图功能。由于显示芯片发热量巨大,因此往往在其上都会覆盖散热器。显示芯片的生产厂家主要有 NVIDIA 和 AMD 等,另外还有其他一些厂家的产品占有少量的市场份额。需要注意的是,Intel 主要是在芯片组中开发集成显示芯片,而 NVIDIA 和 AMD 则主要开发独立的显示芯片。

RAMDAC(Random Access Memory Digital to Analog Convertor,随机存储数模转换器)的作用是将显存中的数字信号转换为显示器能够显示出来的模拟信号。而普通显卡都将 RAMDAC 做在显示芯片内,在这些显卡上没有单独的 RAMDAC 芯片。

显卡内存与主板上的主存功能类似,是显卡中用来临时存储显示数据的地方,其位宽与存取速度对显卡的整体性能有着非常大的影响,而且还将直接影响显示的分辨率及色彩位数。其容量越大,则所能显示的分辨率及色彩位数就越高。

显卡 BIOS 又称为 VGA BIOS,主要用于存放显示芯片与驱动程序之间的控制程序。此外还用于存放显卡型号、规格、生产厂家和出厂时间等信息。现在显卡的 BIOS 很小,大小与内存条上的 SPD 相同,多数显卡 BIOS 可以通过专用的程序改写升级。

总线接口是显卡用来连接到主板的通道。目前,主流显卡总线接口主要是 PCI-E×16接口。AGP(Accelerated Graphics Port)为加速图形端口,是在 1996 年为了提高视频带宽而设计的一种总线标准。AGP 标准在使用 32 位总线时,其工作频率为 66MHz,最高数据传输率为 533MB/s,而 PCI 总线理论上的最大传输率仅为 133MB/s。在最高规格的 AGP 8X 模式下,数据传输速度达到了 2.1GB/s,但 AGP 接口的显卡已渐渐退出市场,图 2-19 为 AGP 显卡。

PCI-E 是新一代的总线接口,支持点对点串行连接,无须向整个总线请求带宽即可将数据传输率提高到一个较高的级别,达到 PCI 所不能提供的高带宽。与传统 PCI 总线相比,PCI-E 的双单工连接能提供更高的传输速率和质量,它们之间的差异跟半双工和全双工类似。

PCI-E 接口中的 PCI-E×16 接口用来取代 AGP 接口作为下一代显卡接口。PCI-E×16 接口能够提供 5GB/s 的带宽,即使编码上有损耗仍能提供约为 4GB/s 左右的实际带宽,远远超过 AGP 8X 的 2.1GB/s 的带宽,图 2-20 为 PCI-E×16 显卡。

图 2-19　AGP 显卡

图 2-20　PCI-E×16 显卡

显卡的输出接口有 VGA 接口、DVI 接口、S-Video 端子、HDMI、DP 等几种。

VGA(Video Graphics Array)接口为视频图形阵列接口,其外形为 15 针 D 型结构,用于向显示器输出模拟信号的显示输出接口。由于现在计算机系统的显示信号都是数字信号，VGA接口已经不能完全发挥显卡的显示性能，逐渐被淘汰。

DVI(Digital Visual Interface)接口为数字视频接口。通过DVI接口，显卡中的数字信号直接传输到显示器，从而使显示出来的画面更加真实、自然。该接口通常有两种：仅支持数字信号的DVI-D和同时支持数字与模拟信号的DVI-I。

HDMI(High Definition Multimedia)接口为高清晰度多媒体接口，可以提供高达5Gb/s的数据传输带宽，传送无压缩音频信号及高分辨率视频信号，是目前使用最多的视频接口。

DP(Display Port)接口也是一种高清数字显示接口，可以显示高分辨率的图像，作为HDMI的竞争对手和DVI的潜在继任者而被开发出来。可提供的带宽高达10.8Gb/s，充足的带宽保证了今后大尺寸显示设备对高分辨率的需求。目前大多数中高端显卡都配备了DP接口。

2.4.2　多GPU技术

在显卡技术发展到一定水平的情况下，利用多GPU技术，可以在单位时间内提升显卡的性能。多GPU技术就是联合使用多个GPU核心的运算力，来得到高于单个GPU的性能，从而提升计算机的显示性能。支持多GPU技术的显示芯片只有两个品牌：NVDIA的多GPU技术叫作SLI，AMD的多GPU技术叫作CF。

SLI(Scalable Link Interface，可升级连接接口)是NVDIA公司的专利技术，通过一种特殊的接口连接方式(SLI桥接器或者显卡连接器)，在一块支持SLI技术的主板上，同时连接并使用多块显卡，以提升计算机的图像处理能力。

CF(CrossFire，交叉火力，交火)是AMD公司的多GPU技术，它也是通过CF桥接器让多个显卡同时在一台计算机上连接使用，以增加运算效能。

Hybird SLI/CF是另外一种多GPU技术，也就是通常所说的混合交火技术。混合交火技术就是利用处理器显卡和普通显卡进行交火，从而提升计算机的显示性能。

2.4.3　显卡的主要参数

显卡的性能高低取决于显示芯片和显存。下面将介绍显存的性能指标，主要包括显存速度、显存位宽、显存容量、最大分辨率等。

显存速度是显存非常重要的一个性能指标，它由显存的时钟周期和运行频率来决定，它们影响显存每次处理数据需要的时间。显存芯片速度越快，单位时间交换的数据量也就越大，在同等条件下，显卡性能也将会得到明显的提升。显存的时钟周期以ns(纳秒)为单位，运行频率则以MHz为单位。它们之间的运算关系为：运行频率＝1/时钟周期×1000。

显存位宽可理解为数据进出通道的宽度，在运行频率和显存容量相同的情况下，显存位宽越大，数据的吞吐量就越大，性能也就越好。目前常见的显存位宽有64bit、128bit、192bit、256bit、320bit、512bit等，在运行频率相同的情况下，显存的位宽越大，带宽也就越大，256bit显存位宽的数据吞吐量是128bit显存位宽的两倍。

显存容量是显卡上显存的容量数。显存担负着系统与显卡之间数据交换以及显示芯片运算3D图形时的数据缓存，因此，显存容量的大小决定了显示芯片处理的数据量。从理论上讲，显存容量越大，显卡性能就越好。而实际上，在普通应用中，显存容量大小并不是显卡性能高低的决定因素,显存速度和显存位宽才是影响显卡性能的关键指标。

最大分辨率表示显卡输出给显示器,并能在显示器上描绘像素点的数量。分辨率越大,所能显示图像点和细节就越多,当然就越清晰。最大分辨率在一定程度上与显存有着直接关系。由于这些像素点的数据都要存储在显存内,因此显存容量会影响到最大分辨率。4K是一种超高清的分辨率,即像素分辨率达到 4096×2160,而显卡的最高分辨率达到 4K 的也就称为 4K 显卡。

除了上述主要参数外,显卡的参数还有色深、刷新频率等。其中色深是显卡能够显示颜色的种类数;刷新频率是图像在显示器上更新的速度,也就是图像每秒钟在屏幕上出现的帧数,单位 Hz,这个指标取决于显卡上的 RAMDAC 的转换速度。

2.4.4 显卡的选购

显卡一般需要用户根据自己的需求来进行选择,选购时应多比较几款不同品牌同类型的显卡,通过观察显卡的做工来选择显卡。另外,还有重要的一点是必须仔细看显存的容量。

1. 显卡档次的定位

不同的用户对显卡的需求也不相同,需要根据预算和用途来选择合适的显卡,下面将根据对显卡的不同需求推荐对应的显卡类型。

(1)办公应用类。这类用户不需要显卡具有强大的图像处理能力,只需要显卡能处理简单的文本和图像即可。此时只需一般的显卡即能满足要求。如集成显卡、GeForce 4 MX440 和 Radeon 9200 档次的显卡等。

(2)普通用户类。这类用户平时娱乐多为上网、看电影以及玩一些小游戏,对显卡有一定的要求,但也不愿意在显卡上多投入资金。这类用户只需购买 Geforce FX 5200 或与 Radeon 9550 相同档次的显卡即可。投入不多,但是完全可以满足需求。

(3)游戏玩家类。这类用户对显卡的要求较高,需要显卡具有较强的 3D 处理能力和游戏性能。这类用户一般都会考虑市场上性能强大的显卡,如 GeForce 6600GT 和 Radeon X550 以上档次的显卡。

(4)图形设计类。图形设计类的用户对显卡的要求非常高,特别是 3D 动画制作人员。这类用户一般应选择市场上顶级的显卡,如 Geforce 6800 Ultra 或 X800 以上档次的显卡。

2. 显卡的做工

市面上各种品牌的显卡"多如牛毛",质量也良莠不齐。名牌显卡做工精良,用料扎实,看上去做工精细;而劣质显卡做工粗糙,用料伪劣,在实际使用中也容易出现各种各样的问题。因此,在选购显卡时需要仔细查看显卡所使用的 PCB 板层数(最好在 4 层以上)以及显卡所采用的元件等。

3. 显存的选择

显存是最容易被忽视的地方,很多用户购买显卡时,只注意显卡的价格和使用的显卡芯片,却没有注意对显卡性能起决定作用的显存。目前显存的类型有 HBM 和 GDDR。GDDR 显存在很长一段时间内是市场上的主流。HBM 是新一代的显存,用来替代 GDDR,它采用堆叠技术,减少了显存的体积,节省了空间。HBM 显存增加了位宽,其单颗粒的位宽是 1024bit,是 GDDR 的 32 倍。同等容量的情况下,HBM 显存的性能比 GDDR5 提升了 65%,功耗降低了 40%。在选购时要综合考虑显存的频率、容量、位宽、速度等重要参数。

2.5 声　卡

声卡是计算机中用于处理音频信号的设备,计算机把音频信号送入声卡进行处理,再由声卡输出,最后通过音箱播放,因此声卡使人们的生活变得丰富多彩。

2.5.1 声卡的结构与分类

1. 声卡的结构

一般来说,一块完整的声卡要由控制芯片、数字信号处理器、模数与数模转换芯片Codec、功率放大器、各种输入输出接口以及总线接口等几部分组成,如图 2-21 所示。控制芯片是声卡的灵魂,它的任务是负责处理、控制音频数字信号。一块声卡支持哪些功能基本上取决于控制芯片的"能力"。

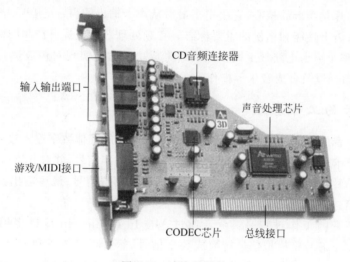

图 2-21 声卡的结构

声卡的数字信号处理器(Digital Signal Processor,DSP)也称声卡主处理芯片,是声卡的核心部件。DSP 的功能主要是对数字化的声音信号进行各种处理,如声波取样和回放控制以及处理 MIDI 指令等。另外,有些声卡的 DSP 还具有混响、和声等功能。DSP 基本上决定了声卡的性能和档次,所以通常也按照此芯片的型号来命名声卡。

Codec 芯片用于模数转换和数模转换,是模拟电路和数字电路的连接部件。负责将DSP 输出的数字信号转换成模拟信号,从而使其能够被输出到功率放大器和音箱;同时也负责将输入的模拟信号转换成数字信号输入到 DSP。Codec 芯片和 DSP 的能力直接决定了声卡处理声音信号的质量。

功率放大器的主要作用是将 Codec 芯片输出的音频模拟信号放大,输出可以直接推动音箱的功率,同时还担负着对输出信号的高低音分别进行处理的任务。

声卡的输入输出接口主要包括话筒输入(Mic In)插孔(粉红色),用于将麦克风的声音信号输入到声卡中;音频输入(Line In)插孔(浅蓝色),用于从外部声源将声音信号输入到声卡中;音频输出(Line Out)插孔(草绿色),用于连接有源音箱或外部放大器以实现音频输出；Speak 接口用于将声音信号输出到音箱中；MIDI 插口用于连接 MIDI 接口的音频或游戏设备。

总线接口是声卡与主板连接的"通道"，其主要实现供电和数据传输功能。目前常见的总线接口有 PCI 和 USB 两种，早期的 ISA 总线接口现已淘汰。

2. 声卡的分类

声卡可分为集成声卡和独立声卡两类。集成声卡是指在计算机主板上集成的处理音效的声音芯片；而独立声卡是指独立安装在主板 PCI 插槽中的声卡。目前绝大多数主板都具有声卡的功能。

集成声卡是在主板上包含音频处理芯片，在处理音频信号时，不用依赖 CPU 就可进行一切音频信号的转换。既可保证声音播放的质量，也节约了成本。

独立声卡拥有独立的音频处理芯片，负责所有音频信号的转换工作，从而减少了对 CPU 资源的占用率。同时结合功能强大的音频编辑软件，可进行音频信息的处理。独立声卡的音频处理芯片是声卡的核心，它决定了最后从声卡输出的声音的音质好坏。因此，音频处理芯片是衡量声卡性能和档次的重要标志。音频处理芯片上标有产品的商标、型号、生产厂商等信息，是整个声卡电路板上面积最大的集成块。它能实现对声波进行采样和回放控制、处理 MIDI 指令以及合成音乐等操作。

2.5.2 声卡的工作原理

声卡回放声音的工作过程是：通过 PCI 总线或声卡的其他数字输入接口将数字化的声音信号传送给声卡，声卡的 I/O 控制芯片和 DSP 接收数字信号，并对其进行处理，然后将其传送给 Codec 芯片。Codec 芯片再将数字信号转换成模拟信号，最后输出到功率放大器或直接输出到音箱。

声卡录制声音的工作过程是：声音通过 Mic In 或 Line In 接口将模拟信号输入到 Codec 芯片，Codec 芯片将模拟信号转换成数字信号，然后将其传送到 DSP，DSP 再对信号进行处理，最后经 I/O 控制芯片和总线输出到计算机，图 2-22 所示为声卡的工作原理图。

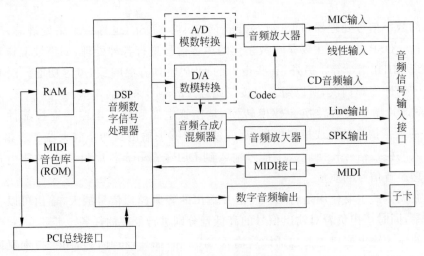

图 2-22　声卡的工作原理图

2.5.3 声卡的主要参数与选购

1. 声卡的主要参数

声卡输出音质的好坏取决于声卡性能的高低,而声卡性能的高低则主要由声卡的主要性能参数来决定。声卡的主要参数有采样位数与采样频率、数字信号处理、复音数、信噪比以及声道数等。

音频信号是连续的模拟信号,而计算机处理的只是数字信号,因此,计算机若要对音频信号进行处理,则必须首先进行模数转换,即对音频的信号进行采样和量化。把时间上连续的模拟信号转变为时间上不连续的数字信号,只要在连续量上等间隔地取足够多的点,就能逼真地模拟出原来的连续量,这个"取点"的过程称为采样。采样频率即每秒对音频信号的采样次数,描述的是时间方向的采样精度。常见的采样频率有8kHz、11.025kHz、22.05kHz、16kHz、37.8kHz、44.1kHz、48kHz等。采样位数是指声卡对声音信号的采样能力,即A/D转换器的转换精度或字长,描述的是信号幅度方向采样的精度。如今市面上所有的主流产品均为16位的声卡,该声卡能把输入的声音信号分为64K(2^{16}=64K)个精度单位进行处理,可较为真实地还原声音信息。

数字信号处理(Digital Signal Processing,DSP)是指声卡中专用于处理声音的芯片。带DSP的声卡要比不带DSP的声卡快很多,而且可以提供更好的音质;不带DSP的声卡则要依赖CPU完成所有的工作。由于价格比较昂贵,所以通常只在高档的声卡中才装配该芯片。如果对声卡声音的产生及录制有专业要求,可以考虑使用带有DSP的声卡。

所谓"复音"是指MIDI乐曲在一秒钟内发出的最大声音数目。如果波表支持的复音值太小,则一些比较复杂的MIDI乐曲在合成时就会出现某些声部被丢失的情况,这样将直接影响到播放效果。一般来说,复音越多,音效就越逼真,但这与采样位数无关。用户需要注意"硬件支持的复音"和"软件支持的复音"之间的区别,硬件支持的复音是指其所有的复音数都由声卡芯片生成的;软件支持的复音则是在硬件复音的基础上,以软件合成的方法来加大复音数,但需要占用CPU。现在主流声卡所支持的复音数为64,而软件复音数则可达1024。

信噪比(Signal to Noise Ratio,SNR)是一个诊断声卡抑制噪声能力的重要指标。通常,有用信号与噪声信号功率比值是SNR,单位是dB。SNR值越大,表示信号中被掺入的噪声越小,音质就越"纯净"。按照微软公司在PC'98中的规定,SNR至少要大于80dB才符合标准。由于计算机内部的电磁辐射干扰严重,所以集成声卡的信噪比很难做到很高,一般在80dB左右。PCI声卡一般拥有较高的信噪比,大多数可以轻易达到90dB,有的甚至高达195dB。

支持多声道是选购声卡的重要指标,一般来说,支持的声道数越多越好,再配合相应的音箱,可以让听众感觉好像被包围在一个音场中,获得身临其境的听觉感受。目前多声道技术已经广泛融入于各类中高档声卡的设计中,一般来说应至少支持6声道,有的声卡甚至可以支持10声道。

2. 声卡的选购

外接声卡具有音质好、占用资源少等优点,并且能够实现更逼真的音效,是专业玩家或音乐发烧友不可或缺的硬件之一。板载声卡没有声卡主处理芯片,在处理音频数据时会占用CPU资源,在CPU主频不太高的情况下会影响系统性能,其主要的弊端就是音质问题。

如果对声音效果的要求不高,则可以选择使用主板上的集成声卡,现在绝大多数主板都包含有集成声卡,并且大多是6声道以上的,音质效果也非常不错。下面主要介绍独立声卡的选购方法:

1) 选择合适的声音处理芯片

声音处理芯片是声卡的灵魂,优秀的声音处理芯片不仅回放效果出色,而且还能进一步过滤噪声和杂波等。例如创新的 EMU10K1 和 EMU10K2 就属于顶级的声音处理芯片。如果声卡方面的预算不多,则可以购买采用 CMI8738、YMF-724/744 等声音处理芯片的声卡。

2) 注意声卡的做工

在声卡中要同时处理数字信号和模拟信号,而模拟信号易受到机箱内的电磁波干扰,造成声卡输出的音频信号产生噪声。做工精良的声卡可有效地屏蔽这些噪声,使从音箱发出的声音尽量纯净。

2.6 网 卡

网卡(Network Interface Card,NIC)也称为网络适配器,主要功能是帮助计算机连接到网络中,是组成计算机网络最基础的连接设备。

2.6.1 网卡的结构与分类

1. 网卡的结构

网卡由控制进出网卡数据流的主控制编码芯片;用于发送和接收中断请求(IRQ)信号的调控元件;用于插接 Boot ROM 芯片实现远程启动或插接硬盘保护芯片实现硬盘保护功能的 BootROM 芯片插槽;用于显示网卡当前的工作状态的状态指示灯(以便于了解网卡的工作状态和诊断故障);用于连接网络的 RJ-45 接口以及与 CPU 进行通信的 PCI 总线接口等6部分组成,如图 2-23 所示。

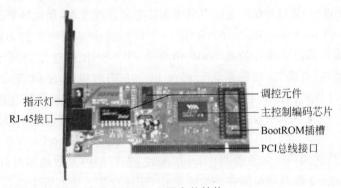

指示灯
RJ-45接口
调控元件
主控制编码芯片
BootROM插槽
PCI总线接口

图 2-23　网卡的结构

2. 网卡的分类

网卡的分类方法有很多,按主板上是否集成网卡芯片分为集成网卡和独立网卡。现在主板上都有网卡芯片,一般用户可不必额外购买网卡。独立网卡主要有 PCI 和 USB 两种类型。按类型的不同分为普通网卡、服务器网卡和无线网卡等。

普通网卡是目前市面上销量最多的一类网卡,该类网卡适用于普通的个人计算机,具有价格低廉、工作稳定等优点。

服务器网卡是为网络服务器的工作而专门设计的一类网卡,该类网卡一般采用自带的控制芯片来降低服务器 CPU 的负荷,并且具有强大的功能。不过该类网卡的价格比较高,一般只安装在服务器中,普通用户很少使用。

无线网卡是随着最新的无线网络技术的发展而产生的,它不依靠传统的网络介质传输信号,而是通过无线信号来传输。

2.6.2 网卡的工作原理

网卡的主要功能是:读入由其他网络设备(Router、Switch、Hub 或其他 NIC)传输过来的数据包经过拆包,重新组合成客户机或服务器可以识别的数据,然后通过主板上的总线将数据传输到所需设备中(CPU、RAM 或硬盘),同时将 PC 设备(CPU、RAM 或硬盘)发送的数据打包后输送至其他网络设备中。它的主要工作原理是:整理计算机上发往网线上的数据并将数据分解为适当大小的数据包后向网络上发送。每块网卡都有一个唯一的网络节点地址,它是生产厂家在生产该网卡时直接烧入网卡 Rom 中的,也称之为 MAC 地址。网卡的 MAC 地址全球唯一,绝对不会重复,一般用于在网络中标识网卡所插入的计算机的身份。现在绝大多数主板都包含有集成网卡芯片,一般用户不需要再单独购买。

2.6.3 网卡的主要参数

网卡质量的好坏将影响到计算机与网络的连接速率、通信质量和网络的稳定性。因此,选购一款性价比较高的网卡显得尤为重要。用户可以从以下几个方面考虑。

1. 做工与品牌

网卡的主流品牌有 TP-LINK、腾达等。选购时选择做工精良、表面光滑、字迹清晰、金手指色泽明亮且包装精美的。

2. 传输速率

网卡的传输速率直接影响计算机与网络的连接速率。目前,千兆以太网比较普遍,因此选购时可以选择 1000Mb/s 的网卡。

3. 接口类型

网卡的接口类型主要是 PCI 接口与 USB 接口,可根据自己的需求进行选择。建议选购 32 位的 PCI 接口的网卡,它的带宽理论值为 132Mb/s,可以满足 100Mb/s 网络的需求。PCI 网卡具有速度快及占用 CPU 资源少等特点。

4. 是否支持远程唤醒

远程唤醒技术(Wake-On-LAN,WOL)是指由网卡配合其他软硬件,可以通过局域网实现远程开机的一种技术。无论被访问的计算机在什么位置,只要处于同一局域网内,即可实现远程唤醒。

2.7 硬盘驱动器

1983 年,IBM 公司在 XT 微机中第一次采用了硬盘,当时容量为 10MB,数据传输率为 3.3MB/s。经过不断发展,硬盘容量有很大提高,目前常见硬盘容量为 160GB、250GB、

320GB、500GB 和 1TB 等,数据传输率达 150MB/s、300MB/s、600MB/s。硬盘是最重要的外部存储设备。与内部存储器相比,虽然它的读取与存储速度较慢,但其存储空间较大,可存储大容量的数据和文件。另外在断电后,硬盘中的数据和文件也不会丢失。硬盘的盘片和驱动器是组合在一起的,其盘片被放置在几乎无尘的封闭容器中,从而保证盘片在高速旋转时不会因为尘埃摩擦导致盘片损坏。因此在使用硬盘时,最好不要拆解硬盘,并做好防尘工作。

2.7.1 硬盘的结构与分类

1. 硬盘的结构

从外观上看,硬盘外部结构由电源接口、数据接口、控制电路板、固定盖板和安装螺孔等几部分组成,如图 2-24 所示。一般来说,相同类型的硬盘结构基本相似。

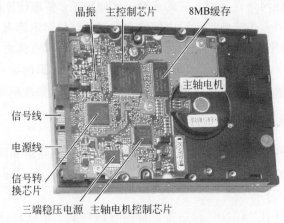

图 2-24　硬盘的外部结构

硬盘内部结构由固定面板、控制电路板、磁头组件、接口及附件等部分组成。其中,磁头组件(Hard Disk Assembly,HDA)是构成硬盘的核心,其封装在硬盘的净化腔体内,包括浮动磁头组件、磁头驱动机构、盘片及主轴驱动机构、前置读写控制电路等,如图 2-25 所示。

图 2-25　硬盘的内部结构

2. 硬盘的分类

硬盘的分类方法有很多,较为常见的是按盘径尺寸和接口类型来分类。按盘径尺寸划分,常见的硬盘尺寸有 5.25in、3.5in、2.5in、1.8in 等。台式机常用 3.5in,笔记本电脑常用的尺寸有 2.5in、1.8in。按接口类型划分,可分为 IDE 接口、SATA 接口和 SCSI 接口等。

IDE 是智能驱动设备(Intelligent Drive Electronics)或集成驱动设备(Integrated Drive Electronics)的缩写。IDE 接口均含有 40 根针,其传输速率一般可分为 66MB/s、100MB/s

和 133MB/s,常见的外部传输速率模式为 Ultra ATA/66、Ultra ATA/100 和 Ultra ATA/133,如图 2-26(a)所示为 IDE 接口。

Serial ATA(简称 SATA)有三代产品：SATA 1.0,数据传输速率的有效带宽峰值为 150MB/s；SATA 2.0,标准的数据传输速率为 300MB/s；SATA 3.0 标准的数据传输速率为 600MB/s。SATA 接口采用串行的方式传输数据,并采用了点对点的传输协议,这样可以使 SATA 驱动器独享带宽。SATA 接口的另一个特点是支持 SATA 设备的热插拔功能,而 ATA 接口不支持热插拔功能,如图 2-26(b)所示。

SCSI(Small Computer System Interface,小型计算机系统接口)最初是为小型机研制的一种接口技术,但随着计算机技术的发展,目前它已被完全移植到了普通微机上。图 2-26(c)所示为希捷的 SCSI 硬盘及其接口,它是第六代 SCSI 硬盘,主轴转速为 15000r/min,36.7GB 容量,物理接口是 68 针,并有光纤(Fibre Channel)接口,接口界面采用了 Ultra SCSI 320 规范。

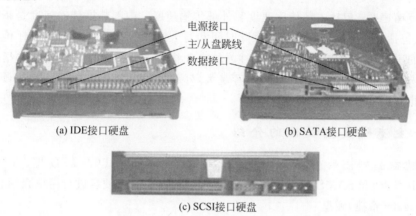

(a) IDE接口硬盘　　(b) SATA接口硬盘

(c) SCSI接口硬盘

图 2-26　硬盘的分类

硬盘的跳线主要用于控制硬盘的主、从盘状态,一般 IDE 设备上都有跳线设置。硬盘的正面一般印有硬盘跳线的设置说明,具体内容如下:

(1) Master：设置驱动器为主盘,即将硬盘设置为主驱动器。

(2) Slave：设置驱动器为从盘,即将硬盘设置为第二驱动器。

(3) Cable select：电缆选择,采用特殊处理后的数据线设置主盘或从盘,即使用数据线中的一根为选择线,有选择线的为主盘,否则为从盘。

2.7.2　硬盘的主要性能参数

硬盘的性能参数有硬盘容量、主轴转速、硬盘缓存、平均访问时间、数据传输速度等。

硬盘容量：描述硬盘容量是通过硬盘中盘片的单碟容量来衡量,一张盘片具有正、反两个存储面,两个存储面的存储容量之和就是硬盘的单碟容量。硬盘的单碟容量取决于盘片的平滑程度、盘片表面磁性物质质量和磁头类型。一般情况下盘片表面越光滑,表面磁性物质的质量就越好,磁头技术就越先进,单碟容量就越大,硬盘可存储的数据就越多,硬盘的持续传输速率也越快。目前,主流硬盘的容量都是几百 GB 以上,大容量的硬盘都以 TB 为单位。

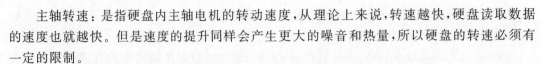

主轴转速：是指硬盘内主轴电机的转动速度，从理论上来说，转速越快，硬盘读取数据的速度也就越快。但是速度的提升同样会产生更大的噪音和热量，所以硬盘的转速必须有一定的限制。

硬盘缓存：指硬盘内部的高速存储器。目前主流硬盘的缓存几十 MB。一般来说，大容量的硬盘缓存也较大，拥有较大缓存的硬盘在性能上会有更突出的表现。

平均访问时间(Average Access Time)：指磁头找到指定数据的平均时间，计算单位为毫秒(ms)，通常是平均寻道时间与平均潜伏时间之和。平均寻道时间(Average Seek Time)是指硬盘磁头移动到相应数据所在磁道时所用的时间，以毫秒(ms)为计算单位，现在大多数硬盘的平均寻道时间在 4.16～14ms 之间。平均潜伏时间(Average Latency Time)是指当磁头移动到目标数据所在的磁道后到磁头定位到数据所在扇区的时间，一般在 2～6ms 之间。一般来说，平均访问时间越短越好，一般硬盘的平均访问时间在 11～18ms 之间。

数据传输速度：包括内部传输速度和外部传输速度。内部数据传输速度是指硬盘的读写速度，它包括寻道时间、潜伏时间、擦除时间和写入时间等。其值的大小是评价一个硬盘整体性能的决定性因素，它是衡量硬盘性能的真正标准。外部数据传输速度是指硬盘缓存和计算机内存之间交换数据的速度。缓存越大，外部数据传输速度越快，则整个硬盘的数据传输速度相应提升。

2.7.3　主流硬盘驱动器的介绍

目前硬盘品牌主要有 Seagate(希捷)、Western Digital(西部数据，简称西数)、HITACHI(日立)和 SAMSUNG(三星)等，下面将对这些品牌硬盘进行简单介绍。

1. Seagate(希捷)硬盘

希捷公司是当前硬盘界研发的"领头羊"，其生产的硬盘物美价廉。希捷公司是最早推出 SATA 接口标准的硬盘厂家，实力非同一般。希捷硬盘的酷鱼系列有很高的市场占有率，享有良好的声誉。特别是在收购迈拓公司之后，已成为目前市场占有率最大的品牌。

2. Western Digital(西部数据)硬盘

Western Digital 市场占有率仅次于希捷，其以桌面产品为主，主要分为侧重高 IO 性能的 Black 系列(俗称"黑盘")，普通的 Blue 系列(俗称蓝盘)；以及侧重低功耗、低噪音的环保 Green 系列(俗称绿盘)。西部数据同时也提供面向企业近线存储的 Raid Edition 系列，简称 RE 系列；同时也有 SATA 接口的 1000RPM 的猛禽系列和迅猛龙(VelociRaptor)系列，西部数据的笔记本电脑硬盘为 Scorpio 系列。总之，西部数据硬盘产品性价比较高，品质和服务也都有保障。

3. HITACHI(日立)硬盘

HITACHI(日立)是第三大硬盘厂商，主要由其收购的原 IBM 硬盘部门发展而来。产品有面向企业高性能的 UltraStar 系列，面向桌面和近线存储的 DeskStar 系列，以及面向笔记本电脑的 TravelStar 系列。

4. SAMSUNG(三星)硬盘

三星硬盘以目前的三星 SpinPoint 系列为主力产品，该系列产品是三星公司针对高端市场推出的产品,转速为 7200r/min,缓存为 8MB,具有三星独特的 ImpacGuard 和 SSB (Shock Skin Bumper)技术。其中,SSB(震动外壳缓冲)是在三星硬盘外壳上具有一圈一次成型的外框,具有缓冲震动的作用,以减小震动对硬盘内部的影响;而 ImpacGuard 则是加强了硬盘磁头的抗震能力。

2.7.4　固态硬盘技术与性能

固态硬盘(Solid State Disk,SSD)用固态电子存储芯片阵列而制成的硬盘,无机械装置,全部是由电子芯片及电路板构成。固态硬盘的接口规范和定义、功能及使用方法上与普通硬盘完全相同,在产品外形和尺寸上也与普通硬盘完全一致。

1. 固态硬盘的分类

按存储介质不同固态硬盘分为两种:一种是采用闪存(FLASH 芯片)作为存储介质。目前大多数固态硬盘是基于闪存的,就是通常所说的 SSD;另外一种是采用 DRAM 作为存储介质。其应用范围较窄,属于非主流的设备。

2. 固态硬盘的内部结构

基于闪存的固态硬盘的内部构造十分简单,固态硬盘内主体其实就是一块 PCB 板,而这块 PCB 板上最基本的配件就是控制芯片、缓存芯片和闪存芯片,如图 2-27 所示。

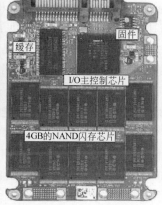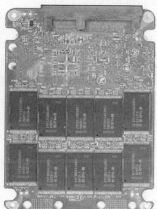

图 2-27　固态硬盘的结构

控制芯片是固态硬盘的大脑,其作用有两个:一是合理调配数据在各个闪存芯片上的负荷;二是承担了整个数据中转,连接闪存芯片和外部 SATA 接口。常见的主控芯片有 JMicron、Marvell、Samsung 以及 Intel 等。缓存芯片在控制芯片的旁边,决定了固态硬盘的缓存容量,其作用与机械硬盘的缓存类似。存储单元一般采用闪存(FLASH 芯片)作为存储介质,代替了机械硬盘的盘片来存储数据。

3. 固态硬盘的外部结构

目前固态硬盘主要有三种:一种与机械硬盘外观类似,该类型比较常见的,外面是一层保护壳,里面是安装了电子芯片的电路板,与主板相连的有数据线和电源接口;第二种是裸电路板外观,加上接口组成,没有外壳;第三种是类显卡式外观,这种固态硬盘外观上类似于显卡,接口也采用 PCI-E 接口,安装方式与显卡类似。

4. 固态硬盘的接口类型

目前常用的固态硬盘接口有 SATA3、mSATA、M.2(NGFF)和 PCI-E 四种。

SATA3 接口:SATA 是硬盘接口的标准,SATA3 和前面介绍的机械硬盘接口完全一样,这种接口的最大优势是非常成熟,能够发挥主流固态硬盘的最大性能。

mSATA 接口:是 SATA 协会开发的新的 Mini SATA 接口控制器的产品规范。新的控制器可以让 SATA 技术整合在小尺寸的装置上,mSATA 也提供了和 SATA 接口标准相同的速度和可靠性。该接口主要用在注重小型化的笔记本电脑上,如商务本和超级本等,在一些 MATX 板型的主板上也有该接口的插槽。

M.2 接口:M.2 接口的原名是 NGFF 接口,设计的目的是为了取代 mSATA 接口。从传输性能上,这种接口比 mSATA 好,能同时支持 PCI-E 和 SATA,让固态硬盘的性能潜力大幅提升。

PCI-E 接口:对应主板上的 PCI-E 插槽,与显卡的 PCI-E 接口完全相同,这种接口的固态硬盘性能好,价格也高。目前市场上 PCI-E 的固态硬盘,通常定位都是企业或高端用户。

注意:不同的主控芯片的性能相差非常大,在数据处理能力、算法、对闪存芯片的读取写入控制上会有非常大的不同,这会导致固态硬盘产品在性能上产生三大差异。一些廉价固态硬盘方案为了节省成本,省去缓存芯片,这样对于性能会有一定的影响。

5. 固态硬盘的特点

读取速度快:采用闪存作为存储介质,读取速度相对机械硬盘更快,固态硬盘不用磁头,寻道时间几乎为 0,持续读写速度超过 500MB/s。常见的 7200 转的机械硬盘的寻道时间为 9ms 左右,而固态盘为 0.1ms,平均读取速度是机械硬盘的 3 倍左右。

抗震动性能好:固态硬盘采用闪存作为存储介质,工作时无噪音,内部没有机械装置,不会发生机械故障,也不怕碰撞、冲击和振动。

低功耗、低热量:基于闪存的固态硬盘在工作状态下能耗和发热量较低,其功耗只有机械硬盘的 5%。

轻便:固态硬盘在重量方面更轻,与常规的机械硬盘相比,重量只有 20～30g。

容价比低:容价比是容量和价格的比。相比机械硬盘的容价比来说,固态硬盘的容量小,价格高,容价比比较低。

寿命限制:固态硬盘闪存具有擦写次数限制的问题,相对机械硬盘来说寿命低。

2.7.5 硬盘驱动器的选购

硬盘是存储计算机中大容量数据的设备,其工作速度和稳定性都直接影响着计算机的整体性能,下面将介绍硬盘的选购方法。由于目前计算机的操作系统、应用软件和各种各样的影音文件的体积越来越大,因此选购一个大容量的硬盘是必然趋势。另外,还需要考虑硬盘的接口、缓存和售后服务等其他因素。

1. 容量

购买硬盘时首先应考虑硬盘的容量。目前主流硬盘的容量有 250GB、320GB、500GB、1TB、2TB 等。一般来说,500GB 和 1TB 硬盘的性价比较高。

2. 接口

购买硬盘时必须考虑主板上为硬盘提供了何种接口,否则购买回来的硬盘可能会由于主板不支持该接口而不能使用。

3. 缓存

目前硬盘的缓存多为 8MB、16MB、32MB,一般来说,缓存大的硬盘性能会更好,因此在价格差距不大的情况下建议购买大缓存的硬盘。

4. 主轴转速

主轴转速是指硬盘内主轴的转动速度,目前不管是 PATA(IDE)还是 SATA 的硬盘的主轴转速一般为 5400～7200r/min。主流硬盘的转速为 7200r/min。SCSI 硬盘的主轴转速一般可达 7200～10 000r/min,而最高转速的 SCSI 硬盘转速高达 15 000r/min。

5. 品牌

机械硬盘的品牌较少,市面上主要有希捷、西部数据、东芝和三星等,固态硬盘的品牌很多,包括三星、英睿达、闪迪、影驰、朗科、金士顿、金泰克、东芝等。

6. 售后服务

由于硬盘内保存的数据相当重要,因此硬盘的售后服务也就显得特别重要了。目前硬盘的保质期多在 2～3 年,有些长达 5 年,另外有些硬盘公司甚至提供了数据恢复业务。硬盘的选购与其他产品一样,在没有充足的经济实力支持下,应以"够用"为原则,选购时尽量选择较大的单碟容量的产品。如果考虑得更长远一点,就是想到以后的升级等问题。在购买硬盘时以主流产品为主,近期一般指容量为 500GB 或 1TB,转速为 7200r/min,缓存为32MB 或 64MB,接口类型为 SATA 3.0,平均寻道时间低于 9.0ms 的产品。总体说来,硬盘选购需要考虑"够用就好"和"考虑升级"。此外,为了兼顾容量和速度,选购时可考虑固态＋机械的组合,如选购一个 120GB 的固态盘,再加上一个 1TB 的机械硬盘。

2.8　光　　驱

光存储设备是计算机中重要的数据传输设备,其所使用的数据存放介质被称为光盘,光盘具有容量大、数据保存时间长、不易破坏和成本低廉等优点。

2.8.1　光盘基本原理

光存储设备的数据存放介质是光盘,其工作分为读取数据和刻录数据两个过程,下面将分别介绍其工作原理。

1. 读取数据的工作原理

光存储设备在读取光盘中的数据时,发光二极管会产生波长为 $0.54\mu m$～$0.68\mu m$ 的激光光源。光线经过处理后照射在光盘上,由光盘的反射层将光束反射回来,再由光存储设备中的光检测器捕获到这些光信号。

光盘上存在"凹点"和"凸点"两种状态,它们的反射信号正好相反。这两种不同的信号很容易就能被光监测器识别,然后在光驱中有专门的部件将它们转换并校验,再交给光存储设备中的控制芯片处理,最后就会在计算机中得到光盘中的数据。

2. 刻录数据的工作原理

只有具备刻录光盘功能的光存储设备才能在特定的光盘中刻录数据。CD 刻录机是在CD-ROM 的基础上发展起来的光存储设备,以该技术实现的存储介质光盘有 CD-R 光盘和

CD-RW 光盘。

CD-R 光盘是在聚碳酸酯制成的片基上喷涂了一层染料层,激光头根据刻写数据的不同来控制发射激光束的功率,使部分染料受热分解,然后在空白的光盘上用高温烧刻出可供读取的反光点。需要注意的是,由于染料层分解后不能复原,因此,CD-R 光盘只能烧刻一次。

由于材料和技术的不断改进,出现了可反复擦写的 CD-RW 光盘,但可擦写光盘是以反光信号降低作为代价的,因此光驱要具有 Multi Read 的功能才能顺利读取,并且在刻录光盘时需要特定的 CD-RW 设备。

刻录是刻录机的主要功能,CD 刻录机可以使用 CD-R 和 CD-RW 两种光盘,但刻录的方式可以不同。主要有整盘刻写、轨道刻写、多段刻写、增量包刻写 4 种方式。

(1) 整盘刻写(Disc-At-Once):是指对刻录盘的全盘复制方式。

(2) 轨道刻写(Track-At-Once):允许用户指定需要的目录或文件并将其写入刻录盘中,同时允许用户不断追加数据进行续刻,直到容量用尽为止。这种方式给予了用户最大的刻录自由权限。

(3) 多段刻写:是指对 CD-RW 光盘的写入及追加刻录,但会浪费一部分空间。

(4) 增量包刻写(Incremental Packet Writing,IPW):这种刻录方式可以减少追加刻录过程中光盘空间的浪费,它允许用户在一条轨道中多次追加数据。

2.8.2 光驱的分类

光存储设备又称为光盘驱动器,简称光驱。按读取或写入光盘的类型不同可以将光存储设备分为 CD-ROM 驱动器、DVD-ROM 驱动器和刻录机。

1. CD-ROM/DVD-ROM 驱动器

CD-ROM 全称为只读光盘存储器,是最常见的光驱类型,使用它能读取 CD 和 VCD 格式的光盘。目前很多软件,包括 Windows 操作系统的安装盘都是以 CD-ROM 光盘作为载体的。DVD-ROM 不仅能读取 CD-ROM 所支持的光盘格式,还能读取 DVD 格式的光盘。在目前光驱市场上,DVD-ROM 已经逐渐取代了 CD-ROM 的地位,图 2-28 所示为光驱的结构。

图 2-28　光驱的结构

为了防止盗版,在 DVD 光驱中加入了区位码识别机制。DVD 光盘也包含有区位码,只有在 DVD 光驱和盘片的区位码相同时,DVD 光驱才可以读取 DVD 光盘进行播放。如

果盘片没有包含区位码,则任何一个 DVD 光驱都可以播放。区位码目前分为以下 6 个区:

(1) 第一区(Region1):美国、加拿大、东太平洋岛屿。

(2) 第二区(Region2):日本、西欧、北欧、埃及、南非、中东。

(3) 第三区(Region3):中国香港地区、中国台湾地区、韩国、泰国、印度尼西亚等。

(4) 第四区(Region4):澳大利亚、中南美洲、南太平洋岛屿等。

(5) 第五区(Region5):俄罗斯、印度半岛、中亚、东欧、朝鲜、北非、西北亚等。

(6) 第六区(Region6):中国大陆地区。

2. 刻录机

刻录机的种类比较多,一般分为 CD 刻录机、DVD 刻录机和 COMBO 等。CD 刻录机不仅是一种只读光盘驱动器,而且还能将数据刻录到 CD 刻录光盘中,具有比 CD-ROM 更强大的功能;DVD 刻录机不仅能读取 DVD 格式的光盘,还能将数据刻录到 DVD 或 CD 刻录光盘中,是前 3 种光驱性能的综合;COMBO 是一种特殊类型的光存储设备,它不仅能读取 CD 和 DVD 格式的光盘,而且还能将数据以 CD 格式刻录到光盘中。

2.8.3 光驱的性能参数

衡量光驱性能指标最重要的参数就是数据传输率,其他还包括平均寻道时间、CPU 占用时间、缓存容量以及纠错能力等。

1. 数据传输率

数据传输率是光驱的一个重要性能指标,数据传输率越高,光驱读盘速度越快,通常使用倍速来表示光驱的数据传输率。在制定 CD-ROM 标准时,把 150KB/s 的传输率定为标准的 1X 倍速,后来驱动器的传输率越来越快,就出现了 40X、50X 甚至 52X 倍速的光驱。对于 50X 倍速的 CD-ROM 驱动器来说,理论上的数据传输率应为:150×50=7500KB/s。

注意:DVD 光驱倍速与 CD-ROM 倍速是两个不同的概念,目前 DVD 光驱通常是 16X,DVD 的 1X 是 1.385MB/s,相当于 1X CD-ROM 的 9 倍。目前市场上基本都是 DVD 光驱,CD 基本上已退出市场。

2. 平均寻道时间

平均寻道时间是指光驱的激光头从初始位置移到指定数据扇区,并把该扇区上的第一块数据读入高速缓存所用的时间。该值越小越好,一般应在 80ms~90ms 左右。

3. CPU 占用时间

CPU 占用时间是指光驱在进行数据传输时 CPU 的占用率,此时 CPU 占用时间越少越好,表示光驱能自动处理大量的数据。在光驱全速运行、试图读取质量不好的光盘数据或抓取 CD 音轨时,CPU 的占用时间会明显增加。

4. 缓存容量

当增大缓存容量后,光驱连续读取数据的性能会有明显提高,因此缓存容量对光驱的性能影响相当大。目前普通光驱大多采用 512KB 缓存容量,而刻录机一般采用 2~8MB 缓存容量。

5. 接口类型

目前市面上的光驱接口主要有 IDE、SCSI、SATA 和 USB 等。SCSI 接口的 CD-ROM 价格较贵,安装较复杂,且需要专门的转接卡。因此对一般用户来说应尽量选择 IDE 接口、

SATA 接口、USB 接口的光存储设备。

6. 纠错能力

纠错能力是指光驱对一些数据区域不连续的光盘进行读取时的适应能力。纠错能力较强的光驱可以很容易跳过一些坏的数据区,而纠错能力较差的光驱在读取已损坏的数据区域时会感觉非常吃力,容易导致出现系统停止响应或死机等现象。

2.8.4 光驱的选购

1. 普通光存储设备的选购

普通光存储设备包含 CD-ROM 和 DVD-ROM,但目前 CD-ROM 已逐渐被市场淘汰,用户如要购买普通光存储设备,可从 DVD-ROM 产品中进行选择。目前普通光存储设备的技术日趋成熟,因此在选购时需注意以下几个方面:

1) 品牌

品牌大厂一般都掌握了光存储设备的核心技术,这样更容易控制成本,用户也容易买到物美价廉的产品。有实力的厂家的产品无论是产品用料、做工,还是售后服务都要更胜一筹。在光存储市场,比较有名气的生产厂家有:明基(BenQ)、三星(SAMSUNG)、索尼(SONY)、LG 和华硕(ASUS)等。

2) 读盘能力

目前的 DVD 光驱有单激光头和双激光头两种。单激光头和双激光头的 DVD 光驱的读盘能力没有较大区别,只是双激光头的光驱在读取 CD 和 DVD 类型的盘片时激光头会有一个切换过程,这样会使读盘开始阶段的速度较慢。

3) 接口和缓存

选购光驱时,要根据主板上的接口来选择,如果主板上有 IDE 接口、SATA 接口,那可以选择 IDE 接口或 SATA 接口的光驱。如果主板上只有 SATA 接口,那只能选购 SATA 接口的光驱,选购时还必须注意光驱的缓存容量,因为缓存容量直接影响着光驱的整体性能。

4) 区码限制

用户在使用 DVD-ROM 播放 DVD 影碟时必须注意区码的问题。因为 CSS 规定,软件和硬件都必须同时经过授权认证才可以成功地解码播放 DVD 影片。也就是说 DVD-ROM 和 DVD 播放软件都必须同时通过区码的授权,因此选购 DVD-ROM 时需注意所支持的区位码。

5) 倍速

目前市场上的 DVD-ROM 一般为 16 倍速,但是要注意其读取 CD 的速度,一般要求读取 CD 的速度达到 40 倍速。

2. 刻录机的选购

在选购刻录机时,最需要考虑的因素就是兼容性和稳定性。目前市场上的 DVD 刻录机的价格大部分已经在 300 元以下,完全值得购买。

1) 兼容性

刻录盘片是刻录数据的载体,优秀的刻录机应对各类碟片以及各种刻录方式都有好的兼容性和适应性,同时还应支持增量包刻写的刻录方式。

2）稳定性

稳定性是指刻录机是否能持续稳定的工作，特别是需要连续刻录多张光盘时对其稳定性就是一个考验。好的刻录机采用全钢机芯，虽然噪声相对来说较高，但是其能长期持续稳定的工作。而普通的刻录机一般采用塑料机芯，很容易在连续刻录多张光盘时造成刻录光盘的报废。

在选购 DVD 刻录机时，除了需要考虑上面的因素外，还需要再次注意 DVD 光盘的格式，因为 DVD+RW 和 DVD-RW 是两种互不兼容的 DVD 格式标准，所以应最好选购兼容全系列格式的产品。

2.9 机箱和电源

计算机的机箱和电源通常是组合在一起的，有些机箱内甚至配置了标准电源（称为标配电源），机箱和电源是为计算机提供保护和动力的设备，用户在选购时一般会同时选购这两个设备。

计算机的正常运行离不开机箱和电源，在运行过程中有很多典型的故障都与电源工作不稳定有关。

2.9.1 机箱

机箱的主要作用有三：一是安装固定计算机硬件，机箱坚实的外壳可以保护机箱中的设备，能防压、防冲击、防尘；二是屏蔽电磁辐射；三是机箱面板上的指示灯及按钮可方便用户使用。

机箱一般为矩形框架结构，正面面板上有各种按钮和指示灯，背面面板上有各种接口。机箱一侧的面板可以打开，打开后，内部有各种框架，可以安装和固定主板、电源、硬盘等。

从外观上看，机箱可以分为立式机箱和卧式机箱两种。卧式机箱的内部空间较小，不利于散热。而立式机箱的内部空间较大，使各部件分布更合理，散热性能更好，因此立式机箱是目前主流机箱。机箱类型跟主板板型一样有多种类型，不同的类型机箱应安装对应结构的主板，常见的机箱有 ATX、MATX、ITX 等，分别用来安装 ATX、MATX 以及 Mini-ITX 主板，如图 2-29 为常见的机箱的机构。

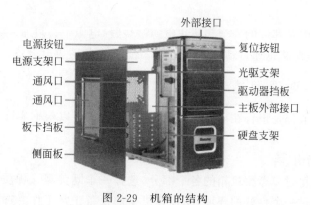

图 2-29 机箱的结构

2.9.2　电源

电源为机箱的内部设备提供电能,是计算机的动力之源。开关电源的基本工作原理是把交流电首先整流为300V左右的高压直流电,然后通过大功率开关三极管,将电压改变成连续的脉冲信号,再经过开关变压器隔离降压输出,最后通过滤波电路输出为低压直流电。开关电源输出电压的稳定性依赖于脉冲宽度的改变,因此,这种电源技术称为脉宽调制(PWM)。另外,由高压直流到低压多路直流输出的过程称为DC-DC(直流-直流)变换,它是开关电源的核心技术。

开关电源的工作过程是:将输入的220V交流电整流为直流电,然后通过开关电路转变为高频交流电,最后再将其整流为稳定的直流电源输出。

2.9.3　电源的技术参数

电源是主机的动力系统,它的稳定性直接关系着主机是否能稳定工作。评价一个电源的好坏,不能单从外观上进行辨认,应该从性能指标上入手。电源的性能指标主要包括以下几项参数。

1. 电源额定功率

额定功率代表了一台电源真正的负载能力,一般来说,功率在300W左右的电源基本上即可满足普通用户的需求。若计算机内连接了多个设备,则需要购买更大功率的电源。可以说,电源功率是用户最关心的参数。

2. 转换效率

转换效率是电源的输出功率与输入功率的百分比,它是电源的一项非常重要的指标。电源的效率应保持在70%以上,转换效率越高,损耗的功率就越少。

3. 输出电压的稳定性

输出电压的稳定性由输出电压的误差范围决定,输出电压不稳定或纹波系数大是导致系统故障和硬件损坏的因素。

4. 纹波电压

纹波电压是指电源输出的各路直流电压的交流成分。微机的供电电源对其输出的纹波电压有较高要求,一般情况下必须小于0.5V以下。

5. 保护措施

为了保证主机内各部件的安全和防止电源被烧毁,电源中必须加入保护电路,当输出电压超过额定值时,电源将迅速自动关闭停止输出,以避免烧毁供电设备。

2.9.4　机箱和电源的选购

机箱和电源一般都是组合在一起进行销售的,但是也可以根据实际需要分别选购机箱和电源。

1. 机箱选购指南

用户在选择机箱时应考察机箱的各个部分,选择一个既美观又优质的机箱。这样可以为机箱内的设备提供一个良好的环境,使计算机中的设备正常工作。选购机箱时需要注意以下问题。

在选购机箱时需查看是否符合 EMI-B 标准,即防电磁辐射干扰能力是否达标;另外还需查看是否符合电磁传导干扰标准。因为电磁对电网的干扰会对电子设备造成不良影响,同时也会给人体健康带来危害。

一般来说,机箱的外部由一层 1mm 以上的钢板构成,并镀有一层经过冷锻压处理过的 SECC 镀锌钢板,采用这种材料制成的机箱电磁屏蔽性好、抗辐射、硬度大、弹性强、耐冲击腐蚀、不容易生锈。而机箱的前面板则采用 ABS 工程塑料制作,这种塑料硬度较高,制造出来的机箱前面板结实稳定、硬度高,长期使用不褪色、不开裂,另外擦拭时也比较方便。

购买机箱时需注意应选择主流品牌厂家的产品,因为著名品牌厂家的产品虽然价格会高一些,但是产品质量更有保障。另外,这些生产机箱的名牌厂家同时也生产电源,因此用户在选购机箱时也可以同时购买电源。

2. 电源选购指南

如今计算机配件的功耗越来越大,如 CPU、显卡、刻录机等均是"耗电大户"。另外主板上还插着各种各样的扩展卡,如果没有一个优质电源提供保障,计算机是难以实现正常运行的。选购电源时需要注意以下问题。

选购电源时,首先要注意电源的技术参数,查看它的做工和用料。好的电源拿在手里感觉厚重有分量,散热片要够大且比较厚,而且好的散热片是用铝或铜为材料的;其次再查看电源线是否够粗。粗的电源线输出电流损耗小,输出电流的质量可以得到保证。

选购电源时要注意电源是否通过了安全认证。电源的安全认证包括 3C、FCC、UL、CE等。3C 认证是中国国家强制性产品认证,包含了电器产品的性能、安全、环保等规定。对 ATX 电源,增加了电源抗干扰方面的强制规定和功率因数的规定。高品质的电源还应通过 FCC 认证,它是一项关于电磁干扰的认证。UL 认证标志是目前全球最严格的认证之一,对电源在结构、材料、测试仪器和方法等方面都有相关的限制规定。

电源接口的数量和类型决定了可连接设备的数量和类型,用户应观察电源接口的数量和类型是否满足需要。

2.10   键盘和鼠标

键盘和鼠标是计算机的最重要也是最常用的输入设备,它们正向着多功能、符合人体工程学设计等方向发展。

2.10.1   键盘

键盘是计算机中最基本的输入设备。按照工作原理,可将键盘分为机械键盘、塑料薄膜键盘和电容式键盘三类。机械键盘工艺简单,具有噪声大、敲击时节奏感强等特点;塑料薄膜键盘低价格、低噪声,但长期使用后会造成手感改变;电容式键盘特点是密封性好等。按照外形键盘分为普通键盘和人体工学键盘两类。人体工学键盘的设计更人性化,合理美观,提高了用户使用的舒适度。

键盘的内部有一块微处理器,它控制着键盘的全部工作,例如主机加电时键盘的自检、扫描、扫描码的缓冲以及与主机的通信等。当一个键被按下时,微处理器便根据其位置将字符信号转换成二进制码,并将其传给主机。如果操作人员的输入速度很快或 CPU 正在进行其他的工作,就先将输入的内容送往缓冲区,待 CPU 空闲时再从缓冲区中取出暂存的指令分析并执行。

目前键盘的接口基本上是 PS/2 接口(常说的"小口")和 USB 接口,早期的俗称"大口"的键盘,目前已经不存在了。连接键盘的 PS/2 接口颜色为紫色,这种接口已经普及了很多年,市场上多数键盘都采用这种接口。USB 接口是一种即插即用的接口类型,并且支持热插拔,现在市场上有部分键盘采用 USB 接口。

2.10.2 鼠标

鼠标也是计算机中最重要的输入设备之一,在图形化的操作系统界面中,鼠标简单易用,使用它可以很轻松地完成许多键盘难以实现的操作。

1. 鼠标的分类

按鼠标的构造划分,可将鼠标分为机械式鼠标、光电鼠标和光机式鼠标等。目前市场上大多数鼠标都是光电鼠标。

1) 机械式鼠标

机械式鼠标的工作原理是:在鼠标底部有一个可自由滚动的小球,在球的前方及右方装置两个呈 90°的内部编码器滚轴。当移动鼠标时小球也会随之滚动,同时会带动旁边的编码器滚轴,前方的滚轴代表前后滑动,右方的滚轴代表左右滑动,两轴一起移动则代表非垂直及水平的滑动。编码器识别鼠标移动的距离和方位,产生相应的电信号传给计算机,以确定光标在屏幕上的位置。此时若按下鼠标按键,则会将按下的次数及按下时光标的位置传给计算机。当计算机及软件接收到此信号后,即可依此进行工作。

2) 光电鼠标

光电鼠标的工作原理是:光电鼠标的核心部件有光学图像处理芯片、光学透镜组件、鼠标主控制芯片。在光电鼠标内部有一个发光二极管,通过该发光二极管发出的光线,照亮光电鼠标底部工作桌面很小的一块接触面。接触面会反射回的一部分光线,反射光线经过光学透镜,传输到图像处理芯片中的传感器内成像,然后由图像处理芯片进行图像量化处理。这样,当光电鼠标移动时,其移动轨迹便会被记录为一组高速拍摄的图像,对这些图像的特征点位置进行算法分析和处理,就可以计算出鼠标的移动轨迹,从而判断出鼠标的移动方向和移动距离,完成屏幕上的光标的定位。目前市场中这种类型的鼠标是主流。

3) 光机式鼠标

光机式鼠标是光电和机械相结合的鼠标,是在机械式鼠标的基础上将磨损最厉害的接触式电刷和译码轮改进成为非接触式 LED 对射光路元件(主要由一个发光二极管和一个光栅轮组成),在转动时可以间隔通过光束来产生脉冲信号。由于采用的是非接触式部件,使磨损率下降,从而大大提高了鼠标的使用寿命,也能在一定范围内提高鼠标的精度。光机式鼠标的外形与机械式鼠标没有区别,不打开鼠标的外壳很难分辨。

2. 鼠标的接口

鼠标的接口有串口、PS/2 接口和 USB 接口 3 种。其中串口(COM 口)是早期的鼠标采用的接口,现已淘汰。PS/2 接口是传统的接口标准,至今仍有厂家采用。USB 接口是新一代的接口标准,即插即用,支持热插拔。

3. 鼠标的性能指标

鼠标的性能指标主要包括:刷新率、分辨率和按键点按次数等。

1)刷新率

这是对鼠标光学系统采样能力的描述参数,发光二极管发出光线照射到工作表面,光电二极管以一定的频率捕捉工作表面反射的快照,再将其交由数字信号处理器(DSP)分析和比较这些快照的差异,从而判断鼠标移动的方向和距离。

2)分辨率

分辨率越高,在一定的距离内可获得的定位点就越多,鼠标将更能精确地捕捉到用户的微小移动,尤其有利于精准定位;另一方面,分辨率越高,鼠标在移动相同物理距离的情况下,鼠标指针移动的逻辑距离也就越远。

3)按键点按次数

这是衡量鼠标质量好坏的一个指标。优质的鼠标内每个微动开关的正常寿命都不少于10万次的点击,而且手感适中。质量差的鼠标在使用不久后就会出现各种问题,例如出现单击鼠标变成双击以及点击鼠标无反应等情况,这样无疑会给操作带来诸多不便。

2.10.3 键盘和鼠标的选购

1. 键盘选购指南

拥有一款好的键盘,不仅在外观上可得到视觉享受,在操作的过程中还会更加得心应手。选购时,要考虑质量与用户体验,下面将介绍选购键盘的方法。

1)特色功能

键盘的布局、功能大致相同,但有些键盘会添加特色功能。在选择键盘时应根据实际使用环境和需要来选择具有不同特色功能的键盘。当然,具有一种或多种特色功能的键盘,其价格较普通键盘要贵一些。

2)操作手感

在质量好的键盘上操作会感觉非常舒适,按键有弹性而且灵敏度高,无卡住现象。购买键盘时应选择品牌键盘,如明基(BenQ)、微软(Microsoft)、罗技(Logitech)和双飞燕等,这些厂商生产的键盘无论外观还是手感都很好,是键盘领域的佼佼者。

3)键盘的做工

键盘的做工是选购中主要考察的因素,要注意观察键盘的质感、边缘有无毛刺、异常突起及粗糙不平;颜色是否均匀;键盘按钮是否整齐以及是否有松动;键帽印刷是否清晰。好的键盘采用激光蚀刻键帽文字,这样的键盘文字清晰且不容易褪色。

4)品牌

市场上键盘的种类繁多,选购时除了看外观、功能外,应尽量选择大品牌的键盘,如罗技、联想、海盗船等,这些品牌一般都可保证质量且有良好的售后服务。

2. 鼠标选购指南

使用一款灵活的鼠标操作计算机会事半功倍,如果一款鼠标移动吃力,定位不准,点击失灵,则无疑将大大影响操作。因此,选购一款价廉物美的鼠标是必要的。下面将介绍选购鼠标时需要注意的几个方面。

1）鼠标类型

目前市场上几乎都是光电鼠标,其中还有无线鼠标,其原理类似无线键盘,也是通过一个 USB 接口的收发器来发出操作指令。

2）鼠标按键

目前市场上的鼠标多是 3 键鼠标,即鼠标中间增加了一个滚轮,该滚轮在浏览网页和文档时非常方便。

3）鼠标手感

对于长期使用计算机的用户来说,最好选用手感舒适的鼠标,因为在长期操作鼠标的过程中,如果使用劣质鼠标,可能会诱发关节炎等疾病。做工良好的鼠标,握在手里的感觉非常舒服,鼠标定位也非常准确而灵敏。如果鼠标质量差,握在手里会没有手感,使用起来也不方便。

4）鼠标品牌

市场上鼠标的种类很多,主流的品牌如小米、罗技、联想等。不同品牌的价格与质量也不尽相同,应选购口碑较好的品牌,它们在做工、用料、质量、售后服务等方面都会有保证。

此外,在选购键盘、鼠标时,还可选择无线键鼠套装,有无线信号接收器和无线键盘、鼠标两部分,无线键鼠的动力来源是安装在鼠标内部的 7 号电池。

2.11 显 示 器

显示器是计算机的重要输出设备,可将显卡输出的数据信号(电信号)转变为人眼可见的光信号,并通过显示屏幕显示出来。尽管在没有显示器的情况下计算机也能够运行,但是用户却无法对计算机进行操作。显示器提供了用户和计算机进行交流的窗口。

2.11.1 显示器的分类

显示器按照成像原理的不同可以分为阴极射线管显示器,即 CRT(Cathode Ray Tube)显示器和 LCD(Liquid Crystal Display)显示器。目前,CRT 显示器现已退出市场,市场上的显示器都是 LCD 显示器。它具有无辐射危害、屏幕不闪烁、功耗小、重量轻和体积小等优点。

LCD 显示器与 CRT 显示器的原理完全不同,在 LCD 显示器内没有电子枪,而是利用液晶屏在通电时能够发光的原理来显示图像的。在 LCD 显示器内部设有控制电路,将显卡传递过来的信号进行还原,再由控制电路控制液晶的亮暗,这样就可以看到显示的图像了。

从液晶显示器的结构来说,无论是笔记本屏还是桌面液晶显示器,采用的液晶显示器屏全是由不同部分组成的分层结构。液晶显示器由两块板构成,厚约 1mm,其间由包含有液晶材料的 5um 均匀间隔隔开。因为液晶材料本身并不发光,所以在显示屏下边都设有作为光源的灯管。而在液晶显示器屏背面有一块背光板(或称匀光板)和反光膜,背光板是由荧光物质组成,可以发射光线,其作用主要是提供均匀的背光源。下面介绍目前市场上常见的液晶显示器。

1. LED 显示器

LED 显示器是 LCD 的一种,LED 液晶技术是一种高级的液晶解决方案,它用 LED 代替了传统的液晶背光模组,LED 在亮度、功耗、可视角度和刷新速率等方面都更具优势。LED 与 LCD 的根本区别在于显示器的背光源。液晶本身并不发光,需要另外的光源发亮。LCD 显示器使用 CCFL 作为背光源,即紧凑型节能灯;LED 显示器用 LED 作为背光源,即发光二极管。

2. 3D 显示器

3D 是指三维空间,3D 显示器是能够显示出立体效果的显示器。3D 显示技术就是通过为双眼送上不同的画面,以产生的错觉"欺骗"双眼,让其产生"立体感"。目前主流的桌面 3D 显示技术有 3 种,分别为红蓝色、光学偏振式和主动快门式。三者皆需要搭配眼镜来实现 3D 效果。红蓝色是最早面世的 3D 显示技术,显示效果不理想,现已淘汰。光学偏振式属于被动式 3D 技术,通过显示器上的偏光膜分解图像,将显示器所显示的单一画面分解为垂直偏光和水平偏光两个独立的画面。而用户戴上左右分别采用不同偏光方向的偏光镜片后,就能使双眼分别看到不同的画面并传递给大脑,形成 3D 影像,它是目前市场主流的 3D 显示器类型。主动快门式属于主动式 3D 技术,显卡在计算时将每一帧计算出两个不同的画面,显示在显示器上,然后通过红外信号发射器同步快门式 3D 眼镜的左右液晶片开关,轮流遮挡左右眼的画面,让双眼看到不同的画面。这种技术对显示器要求太高,至少需要120Hz 的刷新频率。且 3D 眼镜昂贵,通常在高端显示器中应用。

3. 曲面显示器

曲面显示器是面板带有弧度的显示器。曲面显示器避免了两端视距过大的缺点,曲面屏幕的弧度可以保证眼睛的距离均等,从而带来比普通显示器更好的视觉体验。曲面显示器微微弯曲的边缘能够更贴近用户,与屏幕中央位置实现基本相同的观赏角度,视野更广。同时,由于曲面屏尺寸更大,且有一定的弯度,和直面屏相比占地面积更小。

由于曲面显示器弯曲的屏幕对于画面或多或少会造成一定的扭曲失真,所以并不适合于作图和设计等方面的使用。对于普通用户,曲面显示器完全可以取代普通显示器的所有功能,而且还可以带来更好的影音游戏效果。曲率是曲面显示器的最重要的性能参数,指的是屏幕的弯曲程度。曲率越大,弯曲的弧度越明显,制作工艺难度也越高。

2.11.2　显示器的技术指标

LCD 显示器的技术指标包括屏幕尺寸、分辨率、亮度和对比度、可视角度和点距等。

1. 屏幕尺寸

LCD 的屏幕尺寸是指面板的对角线尺寸,以英寸为单位。注意显示器的屏幕尺寸与实际可视尺寸是两个概念,屏幕尺寸除四周边框才是实际的可视尺寸。

2. 分辨率

LCD 显示器的分辨率是指最佳分辨率,即能达到最佳显示效果的一个分辨率。如果 LCD 显示器的尺寸相同,那么分辨率越高,显示的画面就越清晰细致。如果分辨率调节不合理,画面会模糊或变形。LCD 显示器在出厂时,它的分辨率就已经固定了,只有在这个分辨率状态下才能达到最佳显示效果。

3. 亮度和对比度

亮度是指画面的明亮程度,单位是 cd/m^2,而对比度是最大亮度(全白)与最小亮度(全黑)的比值,是 LCD 显示器重要的性能指标之一。一般来说,亮度越高,则说明画面显示的层次也就越丰富,画面的显示质量就越高。理论上显示器的亮度是越高越好,但实际上亮度过高或过低都不好,亮度过高会使眼睛感到不适,也会使对比度降低。因此没有特殊需求的用户最好不要过于追求高亮度。一般来说 LCD 显示器的亮度为 $200\sim400cd/m^2$,对比度一般为 300:1 就可满足文档处理和办公应用需要,但玩游戏和看影片时为了得到更好的效果就需要更高的对比度。

4. 可视角度

所谓可视角度是指站在位于屏幕边某个角度时,仍可清晰看见屏幕影像的最大角度,分为水平可视角度和垂直可视角度。由于 LCD 显示器的显示屏特性,当人眼与显示屏之间的角度过大时就无法看清显示的内容,因此在选购 LCD 显示器时,要尽量选择可视角度较大的产品。

5. 点距

点距是指屏幕上两个相同颜色的荧光点之间的距离,点距越小,像素就越高,画质越细腻。点距计算方法是屏幕的可视宽度(高度)/水平(垂直)像素点数。

2.11.3 显示器的选购

显示器是每个使用计算机的用户直接面对的设备,其性能高低将直接影响到用户的工作效率和身体健康,因此,显示器的选购要格外注意。以 LCD 显示器为例介绍显示器选购过程中需注意的事项。

性能:选购显示器时,可以参考显示器的性能参数来确定显示器的质量优劣。

用途:不同用户的显示器用途不同,如果是家庭或办公使用,则选购性价比高的 LCD 显示器;如果是侧重游戏、娱乐,则可选购色彩炫丽、视角清晰的 LED 显示器;如果是用于专业图像设计处理,则可选购画面逼真,且更专业的 4K 显示器。

外观:显示器的外观一般都是方形。相比于直角方形显示器,曲面显示器一方面美观,另一方面避免了两端视距过大,使视野更广阔。

品牌:显示器的品牌很多,注意选购主流品牌。如三星、飞利浦、冠捷、联想、戴尔等。

2.12 其他常用外部设备

计算机除了以上必需的硬件组成,还有些常用的外部设备,如打印机、扫描仪、路由器、移动设备等。下面简要介绍这些常用的外部设备。

2.12.1 打印机

1. 打印机分类

打印机是将计算机的运行结果或中间结果打印到外部介质上的常用输出设备。按照打印技术的不同,打印机分为针式打印机、喷墨打印机、激光打印机、热升华打印机、3D 打印机、条码打印机等。

针式打印机是早期经常使用的打印机,由打印机芯、控制电路和电源 3 部分组成。耗材是色带。打印时打印头左、右移动时,色带驱动机构驱动色带也同时循环往复转动,不断改变色带被打印针撞击的部位,保证色带均匀磨损。从而既延长了色带的使用寿命,又保证了打印出的字符或图形颜色均匀,主要在公安、税务、银行、医疗、海关等行业使用。

喷墨打印机通过喷头喷出细微的墨水在介质上形成图文实现打印操作,墨滴越小,打印的图片就越清晰。耗材是墨盒,墨盒里装不同色彩的墨水,可实现不同颜色的打印。

激光打印机将激光扫描技术和电子显像技术相结合实现打印操作,耗材是硒鼓和墨粉。打印时,打印机以适当的方式控制激光束在硒鼓上扫描,使硒鼓感光,硒鼓感光之后,打印机中的半导体滚筒带动硒鼓滚动,当硒鼓经过墨粉时,感光部位会吸附墨粉,然后硒鼓将墨粉转印到纸张上,纸张经过加热让墨粉形成永久定型的图文。

热升华打印机是利用热能将颜料升华成气体喷射到打印介质上实现打印操作。热升华打印机能够调节色彩的比例和浓淡程度,实现连续色调的真彩照片效果。

3D打印机是一种高科技产物,它以数组模型文件为基础,将粉末状金属或塑料等可黏合材料通过逐层打印的方式来构造物体。

2. 打印机的性能指标

不同的打印机采用的打印原理不同,它们的性能指标也有所不同。生活中常用的打印机包括喷墨打印机和激光打印机,因此本书以这两种打印机共有的性能指标来说明。

打印分辨率:是判断打印机输出效果好坏的一个重要指标,其单位为dpi(dot per inch,点/英寸),表示每英寸的像素点数。分辨率越高,打印效果越好。

打印速度:打印机打印的快慢,其单位用ppm(页/分钟)表示,表示每分钟打印的纸张页数。

打印幅面:打印机可打印的幅面包括A3和A4两种。对于个人用户来说,A4幅面即可,但对单位用户,可以考虑使用A3幅面的打印机。

3. 打印机的选购

选购打印机时,要参考打印机的技术指标,明确购买打印机的目的,选择合适品牌,考虑售后服务。

2.12.2　扫描仪

扫描仪是计算机外部输入设备之一,它是利用光电技术和数字处理技术,以扫描方式将图形或图像信息转换为数字信号输入到计算机。扫描仪已成为常用的现代办公设备之一。

1. 扫描仪的分类

根据扫描仪扫描介质和用途的不同,可将扫描仪分为平板式扫描仪、书刊扫描仪、胶片扫描仪、文本仪和高拍仪等,下面分别进行介绍。

平板式扫描仪又称台式扫描仪,是目前办公用扫描仪的主流产品。书刊扫描仪是一种大型的扫描设备,可以捕获物体的图像,并将之转换为计算机可以编辑的数据。胶片扫描仪又称底片扫描仪或接触式扫描仪,其扫描效果是平板扫描仪不能比拟的,主要任务就是扫描各种透明胶片。文本仪是一种可对纸质资料和可视电子文件中的图文元素进行准确提取、智能识别,并可实现文本转化的一种扫描仪。高拍仪能完成一秒高速扫描,具有OCR文字识别功能,可以将扫描的图片识别转换成可编辑的Word文档,还能进行拍照、录像、复印、网络无纸传真、制作电子书和裁边扶正等操作。

2. 扫描仪的性能指标

目前主流的扫描仪为平板式扫描仪,因此本书以平板式扫描仪为例介绍其性能指标。

分辨率：分辨率是扫描仪最主要的技术指标，决定了扫描仪扫描的清晰度，其单位为dpi。dpi数值越大，扫描的分辨率就越高，扫描图像的品质就越好，目前大多数扫描仪的分辨率在300～2400dpi。

扫描速度：指从预览开始到扫描结束所用的时间，它有两种表示方式：一种是使用扫描标准A4幅面所用的时间来表示；另一种使用扫描仪完成一行扫描的时间来表示。

色彩位数：是指色彩深度值，它代表扫描仪能分辨的色彩和灰度细腻程度，其单位为bit。色彩位数为1，表示只能分辨黑白两个颜色，灰度比较分明；色彩位数为8，表示可分辨$2^8=256$种色彩，灰度在从黑到白256种色彩中过渡，比较细腻。

感光元件：相当于扫描仪的"眼睛"，用来拾取图像。现在的扫描仪主要使用的感光元件包括CCD(Charge Coupled Device，电耦合器件)和CIS(Connect Image Sensor，接触式图像传感器)。CCD利用光学系统感光，它具有景深好、扫描光谱范围大等特点；其缺点为体积大、结构复杂。CIS利用光电转换感光，没有光学部件，它具有结构简单，失真度小，耗电量低等特点；其缺点是焦距小、景深短。

3. 扫描仪的选购

在选购扫描仪时除了要考察其性能指标外，还要注意以下几点：一是明确购买扫描仪的用途。每种扫描仪都有各自的特殊用途，如果扫描文本数据较多，且对扫描效果要求不高，则选用平板扫描仪；如果需要对扫描结果进行编辑、修饰，则可选购书刊扫描仪、高拍仪。二是注意价格和品牌。扫描仪种类较多，价格相差较大，在选购时应根据自己的预算和实际需求选购性价比高且比较知名的品牌。

2.12.3 路由器

路由器(Router)用于连接因特网中各局域网、广域网的设备。路由器依据网络层信息将数据包从一个网络转发到另一个网络，决定着网络通信能够通过的最佳路径。目前最普遍的路由器是无线路由器，无线路由器是带无线覆盖功能的路由器，主要应用于搭建无线网络。无线路由器外部通常有多个接口：1个WAN接口即广域网接口，主要用于连接外部网络；4个LAN接口即局域网接口，用于连接内部网络；1个电源接口和1个reset键。电源接口连接电源，给路由器通电。reset键用于恢复出厂设置，如果需要恢复出厂设置，长按该建即可，图2-30为常见的路由器。

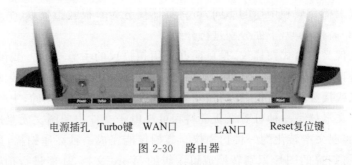

电源插孔　Turbo键　WAN口　　　　LAN口　　　Reset复位键

图 2-30　路由器

1. 路由器的性能

路由器的性能主要体现在品质、接口数量、数据传输率、网络标准、频率范围和天线类型等方面。

品质：衡量一款路由器的品质时，可先考虑品牌。名牌产品拥有更高的品质，并拥有完善的售后服务和技术支持，还可获得相关认证和监管机构的测试等。

接口数量：LAN 口数量只要能够满足需求即可，家用计算机的数量不可能太多，一般选择 4 个 LAN 口的路由器，家庭宽带用户和小型企业用户只需一个 WAN 口。

数据传输率：这用户最关心的问题。目前千兆位交换路由器一般在大型企业中使用，家庭或小型企业用户选择数据传输率为 150Mbps 以上即可。

网络标准：选购时必须考虑产品支持的 WLAN 标准是 IEEE 802.11ac 还是 IEEE 802.11n 等。

频率范围：无线路由器的射频系统需要工作在一定的频率范围之内，才能与其他设备相互通信。不同的产品由于采用不同的网络标准，故采用的工作频率也不太一样。目前无线路由器产品主要有单频、双频和三频 3 种。

天线类型：主要有内置和外置两种，通常外置天线性能更好。天线数量越多，无线路由器的信号越好。

2. 路由器的选购

路由器是整个网络与外界的通信出口，也是联系内部子网的桥梁。在网络组建过程中，路由器的选择极为重要，选购时注意需要考虑以下因素：

控制软件：是路由器发挥功能的一个关键环节。软件安装、参数设置及调试越方便，用户就越容易掌握。

扩展能力：是网络在设计和建设过程中必须要考虑的事项，扩展能力的大小取决于路由器支持的扩展槽数目或者扩展端口数目。

带电拔插：在计算机网络管理过程中进行安装、调试、检修和维护或者扩展网络的操作，免不了要在网络中增减设备，也就是说可能会要插拔网络部件，因此，路由器能否支持带电插拔，也是一个非常重要的选购条件。

主流品牌：路由器品牌有斐讯、艾泰、腾达、D-Link、NETGEAR、TPLINK、华为、华硕、小米、思科、H3C、联想、优酷、腾讯、百度、中兴和水星等。

2.12.4　移动存储设备

移动存储设备在现代办公中使用较多，主要包括 U 盘和移动硬盘，用于重要数据的保存和转移。

1. U盘

U 盘的全称是 USB 闪存盘，它是一种使用 USB 接口而不需要物理驱动器的微型高容量移动存储设备。U 盘的接口类型主要包括 USB 2.0/3.0/3.1、Type C 和 Lightning 等。通过 USB 接口与计算机进行连接，实现即插即用，其优点如下：

小巧便携：U 盘体积小，仅大拇指般大小，重量轻，一般在 15 克左右，特别适合随身携带。

存储容量大：一般的 U 盘容量有 4GB、8GB、16GB、32GB 和 64GB。除此之外，还有 128GB、256G、512G 和 1T 等。

防震：U 盘中无任何机械式装置，抗震性能极强。

其他：U 盘还具有防潮防磁和耐高低温等特性，安全性很好。

2. 移动硬盘

移动硬盘是以硬盘为存储介质,与计算机之间交换大容量数据,强调便携性的存储产品。移动硬盘具有以下优点:

容量大:市场上的移动硬盘能提供 320GB、500GB、640GB、1TB、2TB、3TB 和 4TB 等,最高可达 12TB 的容量。其中 TB 容量的移动硬盘已经成为市场主流。

体积小:移动硬盘的尺寸分为 1.8 英寸(超便携)、2.5 英寸(便携式)和 3.5 英寸(桌面式)3 种。

接口丰富:现在市面上的移动硬盘分为无线和有线两种,有线的移动硬盘采用 USB 2.0/3.0、eSATA 和 Thunderbolt 雷电接口。传输速度快,且很容易和计算机中的同种接口连接,使用方便。

良好的可靠性:移动硬盘多采用硅氧盘片,这是一种比铝和磁更为坚固耐用的盘片材质,并且具有更大的存储量和更好的可靠性,确保了数据的完整性。

小　　结

本章系统地介绍了组成计算机的各个部件的发展、构成、工作原理、性能指标以及选购方法,这对帮助读者认识计算机的部件、了解计算机各部件的工作原理以及如何选购计算机的部件具有实际的指导作用。

习　　题

1. 简述主板的组成及作用。
2. 什么是主板的芯片组及作用?
3. CPU 的性能指标有哪些?
4. 简述常见内存条的(如 SDRAM、DDR SDRAM、DDR2、DDR3、DDR4)区别。
5. 简述显卡的构成和工作原理。
6. 简述声卡的结构和工作原理。
7. 简述硬盘的分类和硬盘的技术参数。
8. 简述开关电源的工作原理和技术参数。
9. 简述如何选购计算机的主要部件。

第3章 微机硬件的组装与 BIOS设置

3.1 微机硬件的组装

3.1.1 组装前的准备

计算机组装前的准备工作包括：备齐计算机所有部件、准备好安装工作台以及组装工具。

要组装计算机，首先应根据上一章介绍的计算机各部件的采购方法，选购合适的计算机部件；其次组装工作必须在一个干净、舒适、高度适中、足够宽敞的工作台上进行，这样在进行装配时，可以有足够的空间摆放部件，便于进行快速安装，避免部件损坏；再次就是组装工具，包括磁性十字螺丝刀，这是装机最常用的工具，此外，最好还要配备镊子、钳子、导热硅脂、零件盒和电源插座等。

在安装之前需要注意：第一，要防止人体所带静电对电子器件造成损坏，在安装前先消除身上的静电，例如用手接触自来水管等接地设备；第二，对各个部件要轻拿轻放，不要碰撞，尤其是硬盘；第三，安装主板一定要稳固，同时要防止主板变形，否则将会对主板的电子线路造成损伤。

3.1.2 组装步骤

计算机的组装一般可分为三步：第一步，安装机箱内部各元件，包括安装电源，将CPU、散热风扇、内存等安装到主板上，将主板安装到机箱，将显卡等其他设备安装到主板，将硬盘安装到机箱中；第二步，连接机箱内部各种连线，包括主板电源线、硬盘数据线和电源线，连接机箱面板连线和各种信号线；第三步，连接外部设备，包括主机电源线、连接显示器、连接键盘鼠标等，如图 3-1 所示为计算机组装的一般流程。

3.1.3 组装流程

上面介绍了计算机组装的一般流程，需要说明的是组装的流程并不唯一，不同用户有不同的组装习惯，但大体流程相似。

图 3-1 计算机组装的一般流程

1. 拆卸机箱

首先,确定机箱侧板固定螺丝的位置,将固定螺丝拧下,然后转向机箱侧面,将侧板向机箱后方平移后取下,并以相同方式将另一侧板取下,取出机箱内的零件包,图 3-2 所示为机箱及配件。

2. 安装电源

主机电源一般安装在主机箱的上端或前端的预留位置,在将计算机配件安装到机箱时,为了安装方便,一般应先安装电源。其方法是在机箱内的预留位置,用螺丝刀拧紧螺丝,将电源固定在主机机箱内,如图 3-3 所示。

图 3-2 机箱及配件

图 3-3 安装电源

3. 安装 CPU 及散热风扇

将主板上 CPU 插座的小手柄拉起,拿起 CPU,使其缺口标记正对插座上的缺口标记,然后轻轻放入 CPU,检查 CPU 是否完全平稳插入插座,然后将锁杆复位,锁紧 CPU。将导热硅胶均匀地涂在 CPU 核心上,然后把风扇放在 CPU 上,再将两个压杆压下以固定风扇,最后将 CPU 风扇的电源线接到主板上 3 针的 CPU 风扇电源接头上,如图 3-4 所示。

安装CPU

安装散热器风扇

图 3-4　安装 CPU 及散热器风扇

4. 安装内存

掰开内存槽两侧的固定卡,将内存缺口对准主板内存插槽的定位孔位置垂直向下用力,直至内存两端的固定卡弹上,如图 3-5 所示。

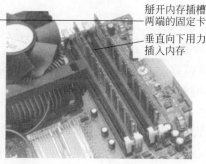

掰开内存插槽
两端的固定卡

垂直向下用力
插入内存

图 3-5　安装内存

5. 安装主板

首先将机箱水平放置,观察主板上的螺丝固定孔,在机箱底板上找到对应位置处的预留孔,将机箱附带的铜柱安装到这些预留孔上,这些铜柱不但有固定主板的作用,而且还有接地的功能;其次,将主板对准 I/O 接口放入机箱,拧紧螺丝将主板固定在机箱内;最后连接主板电源线,将电源插头插入主板电源插座中,如图 3-6 所示。

图 3-6　安装主板

6. 安装驱动器

1) 安装硬盘

首先,将硬盘固定到机箱上,对准安装插槽后,轻轻地将硬盘往里推,直到硬盘的 4 个螺孔与机箱上的螺孔对齐为止,然后拧紧螺钉;其次,将硬盘的电源线接好,再接 SATA 数据线;再次,将 SATA 数据线的另一端插在主板 SATA 接口上,如图 3-7 所示。

2) 安装光驱

首先拆掉机箱前方的一个 5.25in 固定架挡板;然后将光驱从外向内推入机箱,用细纹

图 3-7   安装硬盘

螺钉固定好光驱,方法与硬盘的固定方法相同;最后再依次连接好数据线和电源线,如图 3-8 所示。

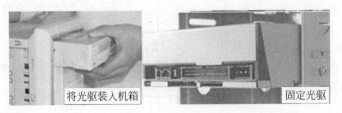

将光驱装入机箱　　　固定光驱

图 3-8   安装光驱

7. 安装显卡

移除机箱后壳上对应 AGP 或 PCI-E 插槽的扩充挡板及螺钉,将显卡小心地对准 AGP 或 PCI-E 插槽插入,用螺丝刀将螺钉拧紧,使显卡固定在机箱壳上,如图 3-9 所示。

8. 安装其他接口卡

根据接口卡的种类确定将接口卡插到主板的哪个插槽。首先用螺丝刀将与插槽相对应的机箱插槽挡板拆掉;然后使接口卡挡板对准刚卸掉的机箱挡板处,接口卡金手指对准主板插槽用力将接口卡插入插槽内。注意:当插入接口卡时,一定要平均施力,避免损坏主板并保证接口卡与插槽紧密接触。

图 3-9   安装显卡

9. 机箱面板引出线

机箱面板引出线是由机箱前面板引出的开关和指示灯的连接线,包括电源开关、复位开关、电源开关指示灯、硬盘指示灯和扬声器等连接线。主板上提供有专门的插座(一般为 2 排 10 行),用于连接机箱面板引出线。不同主板具有不同的命名方式,这是安装中比较难的,有些有正负极之分,如各种指示灯等;有的没有正负极之分,如 RESET 按钮等。判断正负极可按导线的颜色进行区分,颜色深的为正极,浅的为负极。另外,用户也可以参考主板的说明书,主板上均有相应的标识,如图 3-10 所示。

图 3-10   连接机箱面板引出线

10. 连接主板电源线

找到电源上的主板电源接头,它一般是20针的接头。主板供电接口带有一个用于固定电源接头的小扣,连接时要注意方向,反了则无法插入。连接好电源线的主板,如图3-11所示。

11. 整理内部连线

当机箱内部连线和电源线连接完毕后,主机内部连接线可能四处散落,分不清线头线尾,这给以后电脑的维护与机箱散热带来不利影响。因此,在组装后应整理好主机内的连接线。例如,可以使用绑扎带将散乱的电源线捆在一起,同时也将数据线捆扎起来,使机箱内部更加整洁、美观,如图3-12所示。

图 3-11 连接主板电源线　　　　　　　图 3-12 整理内部连线

12. 连接外设

1) 显示器的连接

把显示器后面的信号线与机箱后面的显卡输出端相连接,显卡的输出端一般是VGA接口DVI和HDMI接口,此时只要将显示器信号线的插头接到对应的接口即可,再连接显示器电源线。

2) 键盘、鼠标的安装

键盘和鼠标的安装很简单,键盘和鼠标接口目前主要是USB和PS/2两种。当连接PS/2接口鼠标、键盘时,只要将鼠标、键盘插头插在主板PS/2接口上即可。但在插接时应注意的是,鼠标、键盘接口插头的凹形槽方向应与PS/2接口上的凹形卡口相对应,方向错误则无法插入;USB接口的连接只需选择一个USB直接连接即可。

3.1.4 常见问题

计算机组装完成后,有可能不能正常启动,其原因多是硬件故障,故障的现象分为不能继续加电试机和可以继续加电试机两类。

1. 不能继续加电试机的故障

(1) 开机后出现打火、冒烟、焦煳味。

(2) 开机后光驱、硬盘或其他设备出现严重异常声响。

(3) 机箱电源的散热风扇不转。

(4) 显示器无任何显示。

一旦出现上述故障,应立即关掉电源,只有在确定排除故障后才可以继续加电试机,并应随时准备关机。

2. 可以继续加电试机的故障

除了上述不可加电试机的故障外,其余故障均可以在通电状态中观察和调试,以便找出故障原因。以初始化显示器为界,在其之前的故障为致命性故障;在其后出现的故障为一般性故障。出现致命性故障时系统不能继续启动,而一般性故障则会在屏幕上显示提示,一般允许系统继续启动。

对于致命性故障,可以根据计算机发出的报警音长短和显示相关的错误代码来判断。不同品牌主板的 BIOS 会有不同,报警音的含义也各不相同,详细内容可参见购买主板时的说明书,表 3-1 以 Award BIOS 为例加以说明。

表 3-1　Award BIOS 自检响铃含义

自 检 响 铃	含　　义
1 短	系统正常启动
2 短	常规错误,需进入 CMOS Setup,重新设置不正确的选项
1 长 1 短	RAM 或主板出错。先更换内存,如未解决,则更换主板
1 长 2 短	显卡错误
1 长 3 短	键盘控制器错误,需检查主板
1 长 9 短	主板 Flash RAM 或 EPROM 错误,BIOS 损坏。更换 Flash RAM
不停地响	电源、显示器未和显卡连接好。检查所有插头
重复短响	电源问题

当出现致命性故障,包括开机后无任何反应、屏幕不显示、计算机不断发出"嘟嘟"声响、无法进行任何操作等现象,可根据如下思路进行检查和排除。

开机后如无任何反应可以先检查电源线的连接是否正常以及电源风扇是否转动。如果电源风扇正常工作,基本可以断定外部电源和机箱电源正常。

接着采用拔插法来判断故障的范围,关掉主机及所有外设的电源,释放手上的静电,然后将主板上的软驱、硬盘、光驱的信号电缆及所有适配卡(显卡除外)从主板上拔下,并将软、硬盘驱动器的电源电缆也拔掉。用主板、显卡、键盘、电源、显示器组成一个简易系统,开机查看能否正常显示。如果可以正常显示,则说明故障出现在拔掉的卡和配件上,否则故障就可能在主板或显卡上。

然后采用替换法,即用其他可以确保正常工作的适配卡代替原来的适配卡进行调试。如果换卡后试机能正常启动,则可能是适配卡的问题,否则就可能是主板的问题。对怀疑有问题的主板,应首先检查内存条、CPU 的安装是否正确,各种跳线的设置是否正确,再用替换法依次更换内存条、CPU 进行逐一排查。

对于一般性故障,屏幕上会提示出错误代码或有关错误信息,可以根据屏幕提示进行检查和排除故障。

3.2　笔记本电脑的拆装

3.2.1　笔记本电脑的结构

1. 笔记本电脑的外部结构

笔记本电脑的更新换代速度非常快,各部件的制造技术不断推陈出新,但笔记本电脑的内部结构基本相同。从外观上看,笔记本电脑主要包括液晶显示屏和主机两大部分。图 3-13

所示为笔记本电脑的外部结构,其中,液晶显示屏是电脑的主要输出设备,主机上还包含了键盘、触摸屏、指点杆、光驱、电池、键盘以及鼠标接口、串口、并口、USB 口、音频接口、红外线接口、PCMCIA 接口等各种接口,如图 3-14 所示。

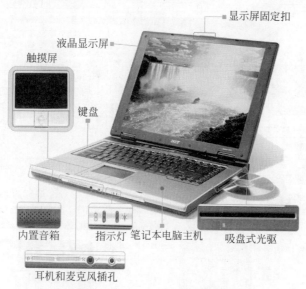

图 3-13　笔记本电脑的外部结构

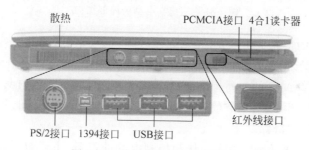

图 3-14　笔记本电脑的外部接口

2. 笔记本电脑的内部结构

在笔记本电脑的主机内部包含了主板、CPU、硬盘、内存条、光驱、网卡、Modem 卡、声卡和各种芯片与接口等,如图 3-15 所示。

3. 笔记本电脑的外壳

笔记本电脑外壳最主要的功能是保护笔记本电脑内部配件,除此之外,还起到散热和美观的作用。因为笔记本电脑在使用过程中,不可避免地会受到一些外力的冲击,如果笔记本电脑的外部材质不够坚硬,就有可能造成屏幕弯曲的现象,从而缩短屏幕的使用寿命。另外,笔记本电脑内部结构紧凑,其中的 CPU、硬盘、主板都是发热设备,内部积累的热量如果不能及时释放出去,就会造成笔记本电脑死机,严重的还会引起内部元件损坏。不同的笔记本电脑的外壳采用的材质一般不同,目前笔记本电脑外壳的材质主要有:ABS 工程塑料、聚碳酸酯、碳纤维、铝镁合金、钛合金复合碳纤维、合金＋车漆材料以及钢琴镜面材料等。

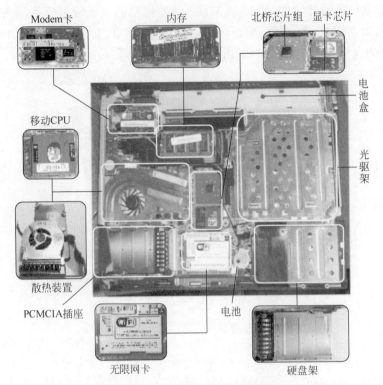

图 3-15　笔记本电脑的内部结构

ABS 工程塑料的特点是质量大,导热性能较差,但成本低,耐热性好,低温冲击性能和阻燃性能较好。目前多数的塑料外壳笔记本电脑都是采用 ABS 工程塑料为原料。

聚碳酸酯缺少了 ABS 的一些特性,它具有超高的力学性能、同时具备耐热和尺寸稳定的特点。另外,聚碳酸酯还可以取代各种商业电器内部的铝、铅或其他金属的冲压铸件。

4. 笔记本电脑的"鼠标"

笔记本电脑的"鼠标"是指用来操作和控制电脑的设备,主要包括触摸屏、指点杆等几种,如图 3-16 所示。

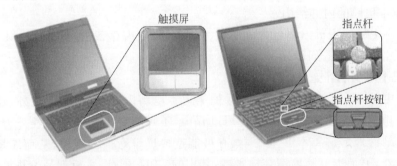

图 3-16　笔记本电脑的"鼠标"

5. 笔记本电脑的主板

笔记本电脑的主板(Mainboard)是系统中最大的一块电路板,它是使笔记本电脑各部件稳定运行的平台。它主要起整合各种硬件的作用,使它们之间独立而不孤立地存在,分工而又能合作地共同维持计算机的正常运行。

在主板上通常有供安装内存、显卡、CPU 等的插槽，还有数据线接口、USB 接口以及并口等接口，如图 3-17 所示。由于计算机各硬件的数据、指令等几乎都要通过主板来进行传输和交流，所以主板性能的优劣将直接关系到整台笔记本电脑性能的优劣。

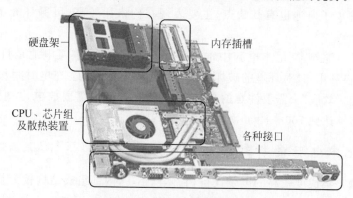

图 3-17　笔记本电脑的主板

与台式机一样，笔记本电脑中有一组非常重要的芯片，它就是主板的芯片组。芯片组是笔记本电脑主板的核心元件，它的性能直接影响到整块主板性能的发挥，进而影响整台机器的性能。芯片组分为南北桥，其中，北桥负责与 CPU、内存和 AGP 或 PCI-E 接口交流，提供对 CPU 的类型和主频、内存的类型和最大容量、PCI/AGP/PCI-E 插槽、ECC 纠错等的支持；南桥主要管理 I/O 接口，提供对 KBC（键盘控制器）、RTC（实时时钟控制器）、USB（通用串行总线）、IEEE 1394、双通道 Ultra ATA 133/100/66 高速传输和 ACPI（高级能源管理）等的支持。需要注意的是，在芯片组中北桥芯片起着主导性的作用。图 3-18 所示为笔记本电脑的芯片组。笔记本电脑的其他部件，如内存、硬盘、显卡、声卡、网卡等基本上与台式机相同，此处不再赘述。

图 3-18　笔记本电脑的芯片组

6. 笔记本电脑的电池

笔记本电脑在移动办公时，其动力来源就是笔记本电脑的电池，笔记本电脑电池的本质和普通的充电电池差别不大。一般笔记本电脑的厂商都针对每个机型的外观对电池外壳设计包装，将多个充电电池组封装在一个经过设计的电池外壳中。目前主流笔记本电脑一般都使用锂离子电池作为标准配置。锂离子电池是近几年出现的新技术产品，它是在锂电池中加入了能抑制锂元素活跃的成分，是锂电池的替代产品。锂离子电池的特点为：容量大，体积小，重量轻，使用寿命长，无环境污染，能量高，可以为高能耗设备提供较强电流，能安全快速充电，允许温度范围宽，无"充电记忆效应"，可以随时充电，使用极为方便。但锂离子电池也有其缺点，主要表现在价格比较高，可循环充电次数少，一般仅有 400～800 次。

除了锂离子电池外，笔记本电脑中常用的还有镍氢电池，镍氢电池是目前最环保的电池，它易于回收再利用，且对环境的破坏也最小。该电池特点为：充电时间长，重量较沉，容量比较小，有"记忆效应"。需要注意的是，镍氢电池在充电前需要放电，一般情况下镍氢电池的充电次数能够达到 700～1200 次以上。

3.2.2 笔记本电脑的拆卸与组装

笔记本电脑是集成度较高的电子设备，它体积小巧，内部组成结构较为复杂，不易拆卸。一般来说，只有专业技术人员才能对笔记本电脑进行拆卸，对于普通人来说，如果没有十足的把握，建议不要私自拆卸。但是如果了解了笔记本电脑的大致结构，再加上胆大心细，拆卸笔记本电脑也不是一件不可能的事。

首先需了解笔记本电脑的结构，一般来说，笔记本电脑拆卸大致可以分为 5 个部分：可升级部分、键盘部分、液晶显示屏部分、顶面板部分、主板和底面板部分。在具体拆卸前还需要准备几把大小不一的一字、内六角和十字螺丝刀工具用来操作不同型号的螺钉，下面就简单介绍笔记本电脑的拆卸和组装步骤。

1. 笔记本电脑的拆卸

1) 拆除可升级部件

一般来说，笔记本电脑中可升级的部件为硬盘、光驱和内存。首先把电池取出，接下来就是将它们拆除。可以在底面板下找到它们各自的位置，有些笔记本电脑上存在硬盘、光驱、内存这些部件的标识。卸下对应的螺钉分离扣具，很容易就可以将它们取出。当然，有些笔记本电脑的部件拆除操作较为困难。例如，有的内存需拆除键盘后才能取出，有些硬盘还需拆除主机才能取出等，图 3-19 所示为笔记本电脑主要部件的位置。

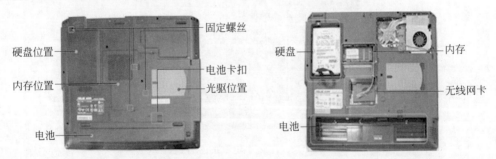

图 3-19 笔记本电脑主要部件的位置

注意：建议大家最好把拆卸下的螺钉所在的位置标示好并放在不同的空盒中，有些笔记本电脑每个位置的螺钉用号码标示。这样做一是方便管理，不易出现螺钉混乱甚至丢失的情况；二是当进行复原时，可以方便地找到相应的位置，从而达到事半功倍的效果。

2）拆除键盘

一般笔记本电脑的顶和底面板是相互锁死的，而在键盘下有几颗固定底面板的螺钉，只有拆除了键盘，才能进行后续的拆除。当拆除键盘时，必须先在底面板下找到标识为"键盘"的位置，它是固定键盘的螺钉孔，一般有 2~4 颗螺钉固定。将螺钉卸下后，再将键盘表面四周的扣具分离，然后将键盘的软排线轻轻拔下即可拆下键盘。拆下键盘后，即可看到笔记本电脑的 CPU、主板和显卡。

注意：键盘和主板有一组软排线，拆卸时一定要注意，要避免排线被撕裂。

3）拆除液晶屏

在拆卸液晶屏前，需将液晶屏下的有开机键和指示灯的面板拆除，卸下对应的螺钉便可取下，此时同样要注意排线问题，因为面板与主板上也有一组排线，还需拔去液晶屏与主板上的信号线，在主板的插槽周围可以找到 LCD 的字样，这便是此时需要拔去的信号线；接着即可卸下液晶屏支架下顶面板和底面板的螺钉各两颗，但此时尚不能取下液晶屏，因为固定它的不仅只有螺钉，还有支架下的一对扣具，所以此时只需稍用力压支架底部，扣具就会分离，然后即可抽出液晶屏。

注意：在拆卸支架螺钉之前，需将液晶屏打开并与顶面板保持稍大于 90°的角度，否则在拆卸底面板的螺钉时螺钉将很难被拧动，使用蛮力很有可能造成螺丝套筒滑丝，这是由于两者受力不在同一直线上的缘故，这一点无论是在拆卸还是组装时都是需要注意的。

4）拆除顶面板

将顶面板和底面板的其他螺钉卸下后，再将周围边上的扣具分离，一般就可以将顶面板和底面板分离了。在拆卸顶面板时，注意顶面板上的触摸板的数据线连着主板。当卸下顶面板后，主机内部的电路就可以完全看见了。

注意：当发现上下面板无法分开时，必须仔细查看是否已经将所有螺钉卸下，扣具是否都已经分离。因为造成这种情况往往是有些设计比较隐蔽的螺钉未被卸下的结果。此时切不可使用蛮力，最好反复检查问题出在何处。如果螺钉全部卸下，扣具都被分离了，上下面板的即可轻松分离。

5）分离主板和底面板

在分离主板和底面板之前，需先将笔记本电脑的散热系统拆除。一般固定 CPU 的散热片上会有 3~4 颗螺钉，这样的设计对于所有笔记本电脑都一样，在拆卸前，建议先将全部螺钉拧松，然后再逐颗卸下。因为一颗一颗地单独卸下容易造成 CPU 表面受力不均，易出现崩角现象，严重时还会压坏核心，所以在拆卸时需注意这一点。最后，再将主板与底面板的螺钉卸除，这样主板就可以拆除了。至此，可以说笔记本电脑的整个拆卸工作已经完成了。

2. 笔记本电脑的组装

笔记本电脑的组装比拆卸的难度小得多，但同样需要细心，螺钉拧得适当即可，不必过紧，这样一是方便下次拆卸，二是不会造成因拧得过紧出现滑丝现象。此外排线的安装要注意方向，切勿接反。

笔记本电脑拆卸和组装时的注意事项如下：

（1）释放自身的静电（接触金属物体或用水洗手）。

（2）拆卸笔记本电脑前必须关闭电源，并拆除所有外围设备，如 AC 适配器、电源线、外接电池及其他电缆等。因为在电源关闭的情况下,一些电路、设备仍在工作,若直接拆卸将可能会引发一些线路的损坏。

(3) 当拆除电源线和电池后,打开电源开关,1s 后关闭,以释放内部直流电路的电量。

(4) 在工作台上铺一块防静电软垫,以确保工作台表面的平整和整洁,从而防止刮伤笔记本电脑的外壳。

(5) 按照正确的方法拆装笔记本电脑,要绝对细心,对准备拆装的部件一定要仔细观察,明确拆卸顺序、安装部位,必要时用笔记下步骤和要点。

(6) 把拆下的螺丝钉、弹簧等细小物品,用笔记录下其位置,并归类安放。

(7) 在使用镊子、钩针等工具时要小心,不要对电脑造成人为损伤。

(8) 在拆卸键盘、触摸板、风扇电线等电缆时,不要直接拉拽,而要明确其端口是如何吻合的,然后再动手拆卸,且用力不要过大。

(9) 由于笔记本电脑很多部件的材质是塑料的,所以在拆卸此类部件时用力要柔和,不可用力过猛。

(10) 不能压迫硬盘、光驱等设备。

通过上面内容的介绍可以发现,其实笔记本电脑的结构与台式机的结构基本上相同,只不过笔记本电脑更加精密而已。只要胆大心细,经过自己动手拆装,既可提高动手能力,同时也可以拓宽视野,笔记本电脑的内部世界对我们从此也将不再神秘。对于笔记本电脑存在的小问题,完全可以自己解决,这也会在一定程度上不断丰富我们的经验。

3.3 BIOS 设置

BIOS(Basic Input and Output System,基本输入输出系统),保存在主板上的一个 ROM 芯片上,在芯片内部固化了一组非常重要的程序,它为微机提供最低级的、最直接的硬件控制功能,因此也将它称为"固件"。这段程序的大小通常为 128KB 或 256KB,所以也称为 ROM-BIOS 只读型基本输入输出系统。它负责控制系统全部硬件的运行,是计算机启动和操作的基石,任何操作系统都建立在其基础之上,在计算机系统中起着非常重要的作用。对 BIOS 的设置合理与否决定了计算机的整机性能,对 BIOS 的错误设置将会引起各种各样的故障。例如,大家在使用 Windows 中常会碰到很多奇怪的问题,如系统在安装或使用中经常死机,Windows 只能工作在安全模式等,这些问题在很大程度上与 BIOS 设置密切相关。因此,掌握 BIOS 设置对计算机的系统维护是极其重要的。另外,如果想要提高计算机的启动速度,还需要对 BIOS 进行一些调整,例如调整硬件启动顺序、减少启动时的检测项目等。

3.3.1 BIOS 概述

由于 BIOS 直接和系统硬件资源"打交道",因此它总是针对某一类型的硬件系统,而各种硬件系统又各有不同,所以存在各种不同种类的 BIOS。随着硬件技术的发展,同一种 BIOS 也先后出现了不同的版本。新版本的 BIOS 比起老版本来说功能更强,目前市场上主要的 BIOS 有 AMI 公司出品 AMI BIOS 和 Award Software 公司开发的 Award BIOS。

BIOS 是一组设置硬件的电脑程序,包括基本输入输出程序、系统信息设置程序、开机加电自检程序和系统启动自检程序 4 个部分,保存在主板上的一块 ROM 芯片中。而 CMOS 是计算机主板上的一块可读写的 RAM 芯片,用来保存当前系统的硬件配置情况和用户对某些参数的设定。CMOS 属于内存的一种,它需要很少的电量来维持所存储系统设置或配置的信息。

由此看来,BIOS 和 CMOS 之间是有区别的,简单地说 BIOS 是程序,是设置 CMOS 参数的手段,功能是设置硬件设备参数;CMOS 是 RAM 芯片,功能是存储硬件设备参数。

那么什么情况下需要进行 BIOS 设置呢? 实际上,BIOS 设置并不需要经常进行,它通常在计算机第一次使用时或出厂前就设置完毕,如果计算机没有较大的变动,很长时间都无须重新设置。但对于一些特殊情况就必须重新设置 CMOS 参数了。

(1) 如果主板上的电池没电了,那么 CMOS 原来记忆的设置即全部丢失,电脑就可能无法启动或运行不正常,此时必须要全部重新设置 CMOS 参数。

(2) 想改变计算机的启动顺序时。

(3) 想设置或更改开机密码时。

(4) 当加一个或换一个硬盘时。

(5) 想调节高级参数的设置,以使计算机能运行得更好。

(6) 安装其他硬件设备时,可能有些设置需要改变。

3.3.2 BIOS 设置的基本原则

无论在哪种 BIOS 设置程序中,都有 CMOS 参数默认设置功能,该功能可以使初学者能正确设置,还可在 BIOS 设置出现问题时及时恢复到默认设置。

(1) 标准默认设置是主板出厂时的推荐设置,它能使系统在最佳状态下运行。

① 在 Award BIOS 设置程序使用 Load SETUP Defaults 设置项。

② 在 AMI BIOS 设置程序中为 Auto Configuration With BIOS Defaults 设置项。

③ 在 AMI WINBIOS 设置程序中为 Original。

(2) 安全默认设置,即为安全起见进行的设置,它关闭了系统大部分硬件的特殊性能,使系统在最保守状态下运行,从而尽量减少因为硬件设备引起的故障。其作用是有利于系统正常运行,有利于检测系统故障。

① 在 Award BIOS 设置程序中为 Load BIOS Defaults。

② 在 AMI BIOS 设置程序中为 Auto Configuration With Power-on Defaults 功能项。

③ 在 AMI WINBIOS 设置程序中为 Fail-Safe。

(3) 最优默认设置采用了发挥最高效率的参数设置,可使计算机工作在最佳状态。

在 AMI WINBIOS 中提供的一种特有选项 Optimal。

注意:如果系统中的硬件本身存在质量问题,或者使用的设备本身速度不够快,性能不够稳定,使用最优设置不但不能发挥系统的最高效率,而且会出现各种故障,甚至频繁死机。

(4) 选择自动设置,在 BIOS 设置程序中,有部分设置项要求用户有一定的计算机知识,才能对这些设置项正确地进行设置。为避免用户设置的困难,BIOS 设置程序对这些设置项提供了自动(AUTO)设置方式。

CMOS 设置的内容最常见的有:日期,时间,硬盘的大小,软驱类型,计算机从 A 盘启动还是 C 盘启动,以及是否设置密码等。BIOS 设置有一定的原则,正确的设置可以提高系

统的性能,下面列出 BIOS 设置的基本原则:

(1) BIOS 设置大部分为 Enabled(允许)和 Disabled(禁止)两个选项。

(2) 在系统运行不稳定时,要将参数设为基本值或低于基本值。

(3) 当设置混乱时,最好在装入默认设置后,再进行调整。

(4) 电源管理是最容易引起故障的一项设置,不建议初学者进行设置。

3.3.3 BIOS 参数的设置

1. 如何进入 BIOS 设置

BIOS 系统设置程序固化在位于系统主板上的 BIOS ROM 芯片中,在开机时,屏幕上会有提示信息告诉用户按哪个键可以进入设置状态,不同类型的机器进入 BIOS 设置程序的按键不同,有些在屏幕上给出提示,而有些则不给出提示。几种常见的 BIOS 设置程序的进入方式如下所示:

(1) Award BIOS:按 Delete 键,屏幕有提示。

(2) AMI BIOS:按 Delete 或 Esc 键,屏幕有提示。

(3) COMPAQ BIOS:当屏幕右上角出现光标时按 F10 键,屏幕无提示。

(4) IBM BIOS:按 F2 键。

2. 基本的 BIOS 设置

不同的计算机可能有不同的界面,常见的是 AWARD、AMI、Phoenix 等几种。CMOS 界面形式虽然不同,但功能基本相同,所要设置的项目相差无几。BIOS 的设置项目很多,一般用户不可能对其有深入的了解,但为了使计算机能够正常使用,一般用户仍需对 BIOS 进行简单设置。这些设置包括以下几个步骤:设置出厂设定值,检测硬盘参数,设置时间、日期、软驱,高级 BIOS 设置,设置启动顺序,如果有必要可以设置密码,保存设置并退出等。

第一步,设置出厂设定值。在图 3-20 界面中用上下箭头将光标移到 LOAD PERFORMANCE DEFAULTS,该选项的含义为“调入出厂设定值”,实际上就是推荐设置,按 Enter 键后输入 Y 即可,这样以上几十项设置均为默认值。

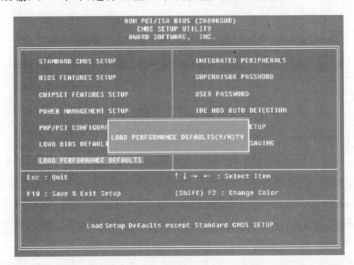

图 3-20　设置出厂设定值

如果在这种设置下,用户的计算机出现异常现象,则可以使用 LOAD BIOS DEFAULTS 项来恢复 CMOS 默认值,它是最基本的也是最安全的设置,在这种设置下不会出现设置问题,但有可能性能不会得到最充分的发挥。

第二步,自动检测硬盘。将光标移到 IDE HDD AUTO DETECTION 项,按 Enter 键后电脑自动检测硬盘,如图 3-21 所示。检测完毕按 Esc 键退出自动检测。

```
              ROM PCI/ISA BIOS (2A69KGOD)
                 CMOS SETUP UTILITY
               AWARD SOFTWARE, INC.

  STANDARD CMOS SETUP           INTEGRATED PERIPHERALS

  BIOS FEATURES SETUP           SUPERVISOR PASSWORD

  CHIPSET FEATURES SETUP        USER PASSWORD

  POWER MANAGEMENT SETUP        IDE HDD AUTO DETECTION

  PNP/PCI CONFIGURATION         SAVE & EXIT SETUP

  LOAD BIOS DEFAULTS            EXIT WITHOUT SAVING

  LOAD PERFORMANCE DEFAULTS

  Esc : Quit                    ↑↓→← : Select Item

  F10 : Save & Exit Setup       (Shift) F2 : Change Color


             IDE HDD AUTO DETECTION
```

图 3-21　硬盘自检

第三步,设置时间、日期、软驱。将光标移到 STANDARD CMOS SETUP 项,按 Enter 键后将出现如图 3-22 所示的界面,具体设置内容为:日期、时间、硬盘设置、软驱设置、显卡类型设置等。

```
                ROM PCI/ISA BIOS (2A69KGOD)
                   STANDARD CMOS SETUP
                  AWARD SOFTWARE, INC.

 DATE (mm:dd:yy) : Wed, Jun  2 1999    日期:月/日/年
 Time (hh:mm:ss) : 23 : 20 : 54
                              时间:时/分/秒
 HARD DISKS          TYPE   SIZE   CYLS HEAD PRECOMP LANDZ SECTOR  MODE

 Primary Master  : User    4335    527  255       0  8399     63  LBA
 Primary Slave   : None       0      0    0       0     0      0  -----
 Secondary Master: None       0      0    0       0     0      0  -----
 Secondary Slave : None       0      0    0       0     0      0  -----
 [IDE硬盘参数]
 Drvie A : 1.44, 3.5 in
 Drive B : None
 Floppy 3 Mode Support : Disabled            Base Memory:     640K
 [软驱参数设置]                             Extended Memory: 130048K
 Video : EGA/VGA                              Other Memory:    384K
 Halt On : Errors
                                          Total Memory:    131072K

 Esc : Quit                     ↑↓→← : Select Item

 F10 : Save & Exit Setup        (Shift) F2 : Change Color
```

图 3-22　日期与时间的设置

设置日期和时间时,可用 Page Up 或 Page Down 键在各个选项之间选择。设置硬盘,这里列出了硬盘设置情况,和前面关于 IDE 接口的内容是一致的,Primary Master 和 Primary

Slave 表示第一个 IDE 口上的主盘和从盘,Secondary Master 和 Secondary Slave 表示第二个 IDE 口上的主盘和从盘。这里只有一个硬盘,4335MB(4.3GB),有时安装了多个硬盘时,想去掉其中的某个硬盘,就要在这里进行操作,将光标移动到这里,然后按 Page Up 键,将其设置为 None 即可。软驱设置,Drive A 和 Drive B 设置物理 A 驱和 B 驱,这台电脑只有一个 1.44MB 软驱,所以此时就将它设置为 A 驱。把光标移到这一项,按 Page Up 和 Page Down 键来改变,将 A 驱设置为:1.44MB,3.5 英寸。显卡类型设置,即 Video 项,默认的是 EGA / VGA 方式,不改动。设置完成后,按 Esc 键退出该选项,即返回主设置界面。

第四步,高级 BIOS 设置。将光标移到 BIOS FEATURE SETUP 项,按 Enter 键后将出现设置界面,这里的主要设置内容如图 3-23 所示。

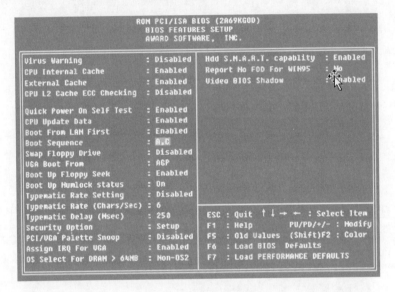

图 3-23　高级 BIOS 设置

1) BIOS 的病毒防护功能

为了预防开机型病毒的入侵,Award 针对硬盘的引导扇区(Boot Sector)与硬盘分区表(Partition Table)设计了写入检测(Anti-Virus Protection)的功能。当用户启动了该项功能,BIOS 只要检测到硬盘的引导扇区或硬盘分区表有写入的操作,就会暂时中止写入操作,并发出信息询问用户下一步的操作。Disabled 表示不启动病毒防护功能,此项为默认设置;Enabled 表示启动病毒防护功能。

只要是写入关键区域的操作,无论是否是病毒,BIOS 的病毒防护功能一律将其阻拦,这反而为用户带来了麻烦。因此,如果系统已安装了杀毒软件,建议关闭该项功能。如果要重新安装系统、对硬盘分区、格式化以及使用多操作系统管理程序操作时,就可以暂时关闭此功能。

2) Cache 的设置

Cache(缓存)的位置介于电脑主存储器(DRAM)和 CPU 之间,依据 Cache 与 CPU 的距离,通常把 Cache 分为两种:一种是 L1 Cache 一级缓存或 CPU Internal Cache;另一种是介于 L1 Cache 与内存之间的 L2 Cache 或 External Cache。CPU Internal Cache 用来设置 CPU 内部高速缓存,External Cache 用来设置是否打开外部高速缓存,CPU L2 Cache ECC Checking 用于设置 CPU 外部 Cache 是否打开奇偶校验,上述几项设置均使用默认值 Enabled 表示启用这些功能。

3) 开机设置

一般在开机时,内存的自我检测有 3 次。启动快速自检(Quick Power On Self Test)功能,在开机时会略去部分检测,让系统加快检测的速度,以减少开机的等待时间。Disabled 表示不启动快速开机功能,此项为默认设置。Enabled 表示启动快速开机功能。一般情况下将该项设置为 Enabled,目的在于加快系统启动的时间。

设置系统开机顺序(Boot sequence),可以指定计算机存储操作系统设备的开机顺序,或者 First Boot Device、Second Boot Device、Third Boot Device 设置项。在正常的工作状态下,完全可以只允许以硬盘启动,Boot sequence 设置为 C,A 或把 First Boot Device 项设置为 HDD-0,另两项则设置为 Disabled。

4) 软驱的设置

Swap Floppy Drive:如果有两个软盘驱动器,则使用该选项可以切换 A 盘与 B 盘的位置。也就是说,使用原来的 A 盘变成 B 盘、B 盘变成 A 盘。可以设置的值:Disabled 表示不变更软驱盘号,Enabled 表示将软驱盘号对调。由于目前计算机都只有一个 3.5in 软驱,所以该选项直接保持默认设置 Disabled。

Boot Up Floppy Seek:在开机自我测试时,是否对软盘进行读写检查。Disabled 表示不启动软驱的检查功能;Enabled 表示启动软驱的检查功能。为了提高开机速度,建议该选项设置为 Disabled,以避免每次开机都进行读写检查。

5) 其他功能设置

Security Option:设置密码检查的级别。密码级别有两个:Setup 和 System。Setup 表示只在进入 BIOS 设置时需要输入密码,否则无法修改 BIOS 设置,此项为默认设置;System 表示无论是开机或进入 BIOS 都需要输入密码才能使用计算机。建议根据情况来决定,如果为了禁止他人修改 BIOS 设置,则设置为 Setup;如果不希望其他人随意使用你的计算机,就可以设置为 System。注意:这里只是进行密码检查级别的设置,真正的密码还必须配合后面的 Set Password 选项。

第五步,在 BIOS 中有两个设置密码的地方,在主界面上有两个设置选项,一个是 Supervisor Password(系统管理员)密码,另一个是 User Password 用户密码,两者的区别为可设置的项目不同。将光标移到密码设置处,按 Enter 键,输入密码,再按 Enter 键,计算机提示再次输入密码确认,输入后再按 Enter 键即可;如果想取消已经设置的密码,则只需在提示输入密码时直接按 Enter 键即可取消密码。

第六步,保存设置并退出。最后最关键的一步,就是要将刚才设置的所有信息进行保存,选择 SAVE & EXIT SETUP 项,其含义是"保存并退出",如图 3-24 所示。如果需要保存设置,可选择 SAVE & EXIT SETUP 项,按 Enter 键,此时系统提示确认信息,输入 Y 即可。

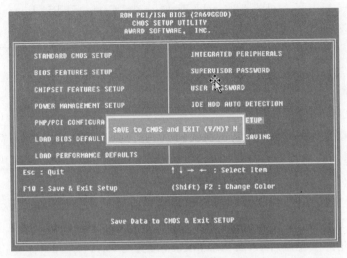

图 3-24 保存与退出

3.3.4 常见 BIOS 优化设置总结

CMOS 设置得好可以使计算机工作处于最佳状态。上面已经介绍了 BIOS 的设置方法和技巧,下面简单对其进行总结。

1. 提高启动速度

(1) 设置为先从硬盘启动,即将 First Boot Device 设为 HDD-0。

(2) 不搜索测试软驱,即将 Boot Up Floppy Seek 设为 Disabled。

(3) 快速自检,即将 Quick Power On Self test 设为 Enabled。

2. 提高运行速度

(1) 将 CMOS 中各种板卡的 Shadow RAM 内存映射设为 Enabled。

(2) 将 CPU 的内部缓存 Internal Cache 和外部缓存 External Cache 设为 Enabled。

(3) 使电脑性能设在高速状态,即将 System performance 设为 FAST。

3.3.5 UEFI BIOS 设置

UEFI(Unified Extensible Firmware Interface,统一的可扩展固件接口)是一种详细描述全新类型接口的标准,是适用于计算机的标准固件接口,旨在代替 BIOS 并提高软件互操作性和解决 BIOS 的局限性,现在通常把具备 UEFI 标准的 BIOS 设置称为 UEFI BIOS。作为传统 BIOS 的继任者,UEFI BIOS 相比传统的 BIOS,具有图形化界面、操作方法多样和允许植入硬件驱动等特性。

不同品牌的主板,其 UEFI BIOS 的设置程序可能有一些不同(图 3-25 为技嘉主板的设置界面,图 3-26 为微星主板的设置界面),但进入设置程序的方法基本相同,启动计算机后根据屏幕提示操作,一般都是按 Delete 键或 F2 键。

UEFI BIOS 可通过鼠标直接设置,下面以微星主板的 UEFI BIOS 设置为例,讲解其具体的操作方法。UEFI BIOS 的主要设置项,通常包括系统状态、高级、Overclocking、M-Flash、安全、启动和保存并退出等选项。

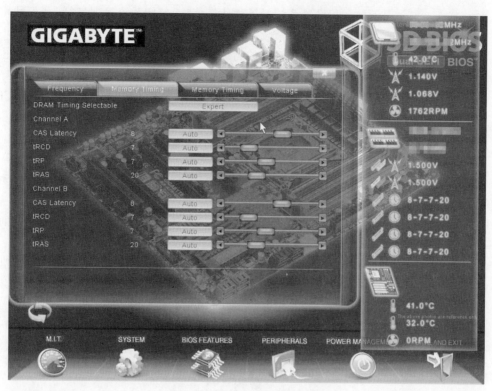

图 3-25　技嘉主板的设置界面

图 3-26　微星主板的设置界面

系统状态：主要用于显示和设置系统的各种状态信息，包括系统日期、时间和各种硬件信息等。

高级：主要用于显示和设置计算机系统的高级选项，包括 PCI 子系统、主板中各种芯片组、电源管理、计算机硬件监控和外部运行的设备控制等。

Overclocking：主要用于显示和设置硬件频率和电压，包括 CPU 频率、内存频率、CPU 电压、内存电压和 PCI 电压等。

M-Flash：主要用于 UEFI BIOS 的固件升级。

安全：主要用于设置系统安全密码，包括管理员密码、用户密码和防机箱入侵设置等。

启动：主要用于显示和设置系统的启动信息，包括启动配置、启动模式和设置启动顺序等。

保存并退出：主要用于显示和设置 UEFI BIOS 的操作更改，包括保存选项和更改的操作等。

设置计算机的启动顺序和设置密码是广大用户经常要进行的操作，下面以设置 U 盘启动和设置管理员密码为例说明其设置过程。

1. 设置计算机的启动顺序

具体步骤：启动计算机，按 Delete 键进入 UEFI BIOS 设置主界面，单击"启动"选项卡，打开"启动"界面，在"设定启动顺序优先级"栏中，打开"启动选项♯2"对话框，选择 USB Hard Disk，保存退出，则设置了光盘和 U 盘启动，如图 3-27 所示。

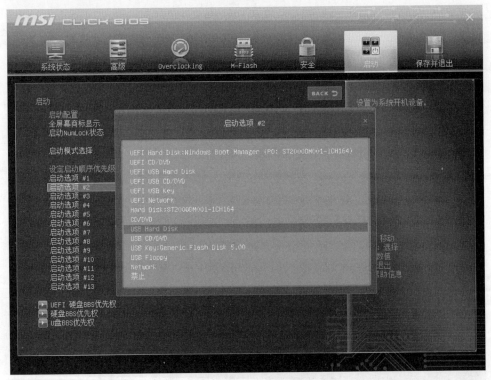

图 3-27　设置 U 盘启动

2. 设置 BIOS 管理员密码

在 BIOS 设置中有两种密码形式,一种是管理员密码,设置密码后,计算机开机就需要输入密码,否则无法开机登录;另一种是用户密码,设置这种密码后,可以正常开机使用,但进入 BIOS 需要输入该密码。下面以设置管理员密码为例,介绍其设置过程:进入 UEFI BIOS 设置主界面,单击"安全"选项卡,打开"安全"界面,在"安全"栏中选择"管理员密码"选项,打开"建立新密码"对话框,输入新密码,再确认新密码,最后单击"保存并退出"即可,如图 3-28 所示。

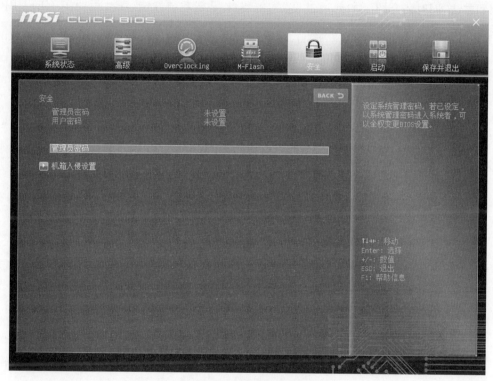

图 3-28　设置管理员密码

如果对设置不满意,需要直接退出 BIOS,可以在 BIOS 界面中单击"保存并退出"选项卡,打开"保存并退出"界面,在"保存并退出"栏中选择"撤销改变并退出"选项,在弹出的提示框中选择"是"即可。

3.3.6　笔记本电脑的 BIOS 设置

笔记本电脑同台式机一样,也通过 BIOS 来为操作系统和硬件提供底层的信息,但是笔记本电脑的 BIOS 和台式机的 BIOS 又存在较大不同,主要表现在:台式机主要是用 Award 和 AMI 的 BIOS,而笔记本电脑则主要以 Phoenix BIOS 为主,也有许多厂家自行开发了自己笔记本电脑专用的 BIOS,例如 TOSHIBA(东芝)和 Dell(戴尔)等公司。

笔记本电脑的 BIOS 设置与台式机的区别主要表现在以下几个方面:

(1) 进入设置的方法不同(一般为 F1/F2 或其他)。

(2) 设置项目不同(有的笔记本电脑有有关电池的设置,可有效地恢复电池的充电效能)。

（3）密码设置不同（三层密码：开机密码、超级用户密码和硬盘密码）。

建议：笔记本电脑不建议设置密码，除非你是从事安全工作的人员，因为一旦忘记了密码，则在恢复时将变得很困难。

小　　结

本章详细介绍了台式计算机和笔记本电脑的组装方法和注意事项，BIOS 设置的基本原则和方法，同时还介绍了如何通过设置 BIOS 来提高系统性能，简要说明了 UEFI BIOS 的设置方法，最后介绍了笔记本电脑的 BIOS 与台式机的 BIOS 的设置区别。

习　　题

1. 简述微型计算机的组装步骤。
2. 简述笔记本电脑的外部结构和内部结构。
3. 什么是 BIOS？ BIOS 设置的基本原则是什么？
4. 如何设置 BIOS 优化系统性能？
5. 传统 BIOS 与 UEFI BIOS 的区别是什么？
6. 掌握传统 BIOS 和 UEFI BIOS 的设置方法。

第4章　微型计算机的软件安装

　　作为一名计算机系统的维护人员,计算机系统软件与应用软件的安装是必备的基本技能。本章将介绍系统软件和应用软件安装时涉及的一些基本概念和技能,如硬盘的分区格式、分区工具的使用以及操作系统的安装与设置、应用软件的安装,最后介绍如何使用 U 盘安装系统。

4.1　硬盘的分区

　　当一台新机器组装完成后,接着就是安装操作系统,在安装操作系统前,需要对硬盘进行分区。硬盘分区是指将硬盘的物理存储空间划分成多个独立的逻辑单元,这些逻辑单元即我们通常说的 C 盘、D 盘、E 盘等。通过分区可以提高硬盘利用率并实现数据的有效管理。

　　分区类型主要包括主分区、扩展分区和逻辑分区。主分区是硬盘上最重要的分区,默认为 C 盘,用来安装操作系统。在一个硬盘上最多能有 4 个主分区,但只能有 1 个主分区被激活。主分区以外的其他分区统称为扩展分区,逻辑分区在扩展分区中分配,只有逻辑分区的文件格式与操作系统兼容,操作系统才能访问它。

4.1.1　分区格式简介

1. 传统的 MBR 分区格式

　　MBR(Master Boot Record)是在磁盘上存储分区信息的一种方式,这些分区信息包含了分区从哪里开始的信息,这样操作系统才知道哪个扇区是属于哪个分区的,以及哪个分区是可以启动的。MBR 的意思是"主引导记录",它是存在于驱动器开始部分的一个特殊的启动扇区。这个扇区包含了已安装的操作系统的启动加载器和驱动器的逻辑分区信息。

　　如果安装了 Windows 操作系统,Windows 启动加载器的初始信息就放在该区域中,如果 MBR 的信息被覆盖导致 Windows 不能启动,就需要使用 Windows 的 MBR 修复功能来使其恢复正常。

2. 大容量硬盘的 GPT 分区格式

　　GPT 分区也被称为 GUID 分区表(Globally Unique Identifier,全局唯一标识符),是源

自 EFI(Extensible Firmware Interface,可扩展固件接口)标准的一种较新的磁盘分区表结构的标准,正逐渐取代 MBR 的新分区标准。GUID 是一种由算法生成的二进制长度为 128位数字,转换为字符为 32 位字符串。由于在其算法中加入了时间因素,因此在一个计算机中,基本不可能产生相同的 GUID 码。

3. GPD 分区与 MBR 分区格式区别

与 MBR 分区方案相比,GPT 提供了更加灵活的磁盘分区机制,表现在如下几个方面:

(1) GPD 支持 2TB 以上的大硬盘,MBR 最大支持 2TB 硬盘。

(2) GPD 每个磁盘的分区个数几乎没有限制(Windows 系统最多只允许划分 128 个分区),MBR 只支持最多 4 个主分区,如果有更多分区,需要创建"扩展分区",并在其中创建逻辑分区。

(3) GPD 分区大小几乎没有限制,可以大到操作系统和文件系统都无法支持。

(4) GPD 分区表自带备份,安全性好。在磁盘的首尾部分分别保存了一份相同的分区表,恢复容易;在 MBR 磁盘上,分区和启动信息是保存在一起的,破坏后不易恢复。

4.1.2 常见操作系统的文件系统

目前流行的操作系统主要有 Windows 系列和 Linux 两种。Windows 常用的文件系统类型有 FAT16、FAT32、NTFS、exFAT 格式;Linux 的文件系统类型有 Ext2、Ext3、Linux swap、VFAT 四种。

1. Windows 操作系统的文件系统

Windows 分区时,常见的文件系统有 FAT32 文件系统、NTFS 文件系统和 exFAT 文件系统 3 种。早期的 FAT16 文件系统,由于磁盘空间的利用率低已不再使用。

FAT32 文件系统:FAT32 格式的磁盘分区最大容量为 32GB,磁簇大小随分区的大小而变化(4~32KB)硬盘空间利用率低,造成硬盘空间的浪费。FAT32 文件系统不支持 4GB以上的大文件,但现在很多文件的大小超过了 4GB,因此 FAT32 文件系统已不适用于大容量硬盘,而较多用于 U 盘、移动硬盘等设备。

NTFS 文件系统:NTFS 格式可支持 2TB 的分区,支持 64GB 的大文件,磁簇的大小 4KB 比 FAT32 能更有效地管理磁盘空间,采用独特的文件系统结构保护文件,安全性、稳定性好,不易产生文件碎片,更加节约存储资源,是现在 Windows 系列操作系统最常用的文件系统。

exFAT 文件系统:exFAT(Extended File Allocation Table File System,扩展 FAT,也称作 FAT64,即扩展文件分配表)是一种适用于闪存的文件系统,为了解决 FAT32 等不支持 4G 及其更大的文件而推出,可以增强台式机与移动设备之间的互动,支持访问独制等。采用 exFAT 格式进行分区时,班族的大小可高达 32MB,对于闪存 exFAT 更为适用。

2. Linux 操作系统分区格式

(1) Ext2 是 Linux 使用最多的一种文件系统格式,具有极快的速度和极小的 CPU 占用率。

(2) Ext3 在保持 Ext2 的格式的基础上,增加了日志功能。将整个磁盘的写入动作完整地记录在磁盘的特定区域上,当系统出现软件故障时,可以根据这些记录直接回溯到原本支持的工作状态。

（3）Linux swap 是 Linux 中一种专门用于交换分区的 swap 文件系统。Linux 使用这个分区作为交换空间。一般这个 swap 格式的交换分区是主存的 2 倍,内存不够时,Linux 会将部分数据写到交换分区上。

（4）VFAT 也叫长文件名系统,是一个与 Windows 系统兼容的 Linux 文件系统,支持长文件名,可以作为 Windows 与 Linux 交换文件的分区。

4.1.3 如何规划和优化分区

规划分区就是将一个物理硬盘划分几个逻辑单元,并指定每个单元的大小。对于一般用户来说,可根据安装的操作系统选择文件系统格式,并合理地分配硬盘空间。有些人分区时喜欢将硬盘空间平均分配,认为这样做既方便又省事,其实不然。分区时应考虑到以后的维护工作,具体来说,规划和优化分区需要考虑下面几个因素:

1. 分区数量要考虑安装操作系统的数量

使用双系统或多系统优点较多。如今病毒、木马横行,一旦出现一个分区无法启动,重装系统要花费很多时间,此时可从另一个系统进入。分区时可按照安装操作系统的数量来决定分区数量的多少。

2. 分区数量要满足数据分类存放的要求

在分区时除考虑安装的操作系统数量外,还要考虑到各种类型的文件资料分类存放的要求,根据用途决定分区的数量及每个分区的大小,避免造成数据存储混淆,不易管理。

3. 分区时需考虑硬盘数据的安全

为保证硬盘数据的安全,在分区时,要合理选择分区的文件系统,根据操作系统选择合适的文件系统格式。

分区时除了上述 3 个因素外,还要注意以下几点:第一,合理规划分区数量,过多、过少都不合理,一般只需要分 4～6 个分区即可;分区数量过多会降低硬盘的启动及数据读取的速度,也不易进行文件管理,分区数量过少则浪费硬盘空间。第二,不要在主分区上安装过多软件,因为 Windows 启动时,要从主分区查找和调用文件,读写比较频繁,产生错误或磁盘碎片的概率较大。第三,主分区大小不宜过大,如果主分区空间过大,就会延长启动时间,进行磁盘扫描和碎片整理等维护操作的时间也就越长。

4.2 分 区 工 具

常见的分区软件有分区"元老"FDISK、Windows 自带的分区工具(磁盘管理工具)、国内分区软件 DiskGenius 以及魔术分区软件 Partition Magic,等等。分区"元老"FDISK,不支持 120GB 以上的硬盘,目前基本上不使用 FDISK 进行分区。本书只介绍操作系统自带的磁盘管理功能(适合初次安装系统时使用)和 Windows PE 维护工具盘中自带的 DiskGenius 分区软件。

4.2.1 Windows 7/10 的分区工具

分区的过程一般是先建立主分区,再建立扩展分区,然后在扩展分区上建立逻辑分区。如果硬盘是第一次安装操作系统(原来未进行分区),则在安装操作系统时需先建立主分区,待系统安装完成后,再利用 Windows 7/10 系统中的"磁盘管理"工具建立扩展分区和逻辑分区。这里以 Windows 10 系统为例讲解用"磁盘管理"工具分区的方法。

首先,右击"计算机",在弹出的快捷菜单中选择"管理"选项,打开如图 4-1 所示的磁盘管理界面,单击"磁盘管理",打开如图 4-2 所示的磁盘分区界面。

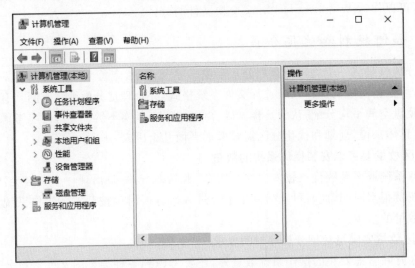

图 4-1　Windows 10 操作系统下的磁盘管理

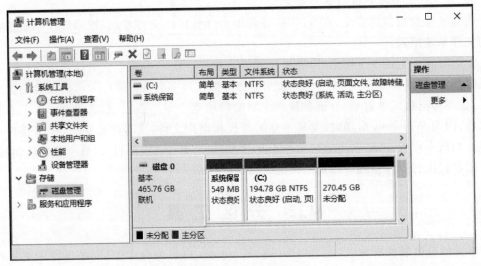

图 4-2　建立磁盘分区

在图 4-2 中"磁盘 0"的未分配空间大小为 270.45GB,在"未分配"区域右击,在弹出的快捷菜单中选择"新建简单卷"选项,弹出"新建简单卷向导"界面,单击"下一步"按钮,设置卷的大小,如图 4-3 所示。在图 4-3 所示的界面中设置卷的大小为 100000,单击"下一步"按钮,为分区分配驱动器号,即盘符,如图 4-4 所示。选择驱动器号为 D,单击"下一步"按钮,为分区选择格式化方式,如图 4-5 所示。在图 4-5 中,"文件系统"选择 NTFS,"分配单元大小"保持"默认值","卷标"保持默认"新加卷",单击"下一步"按钮,弹出如图 4-6 所示的界面核对分区信息，然后单击"完成"按钮，即可完成该分区的创建，如图4-7所示。

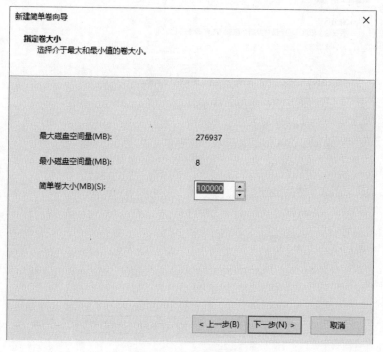

图4-3 设置卷的大小

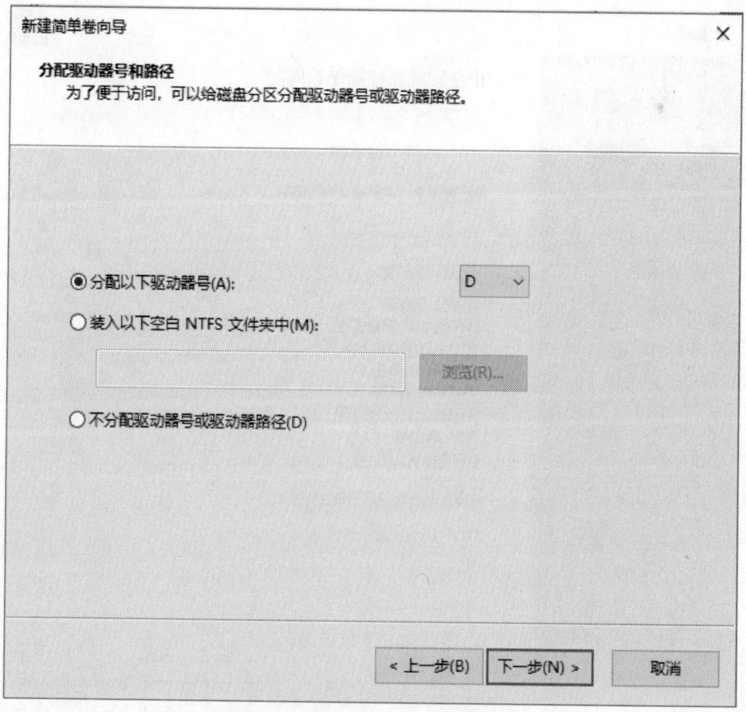

图4-4 为分区分配盘符

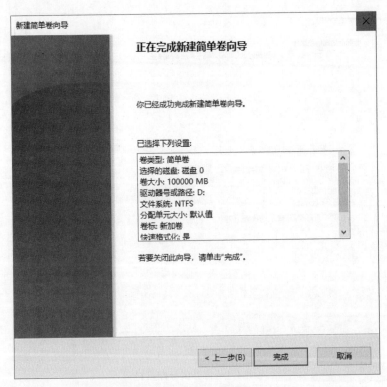

图 4-5　为分区选择格式化方式

图 4-6　核对分区信息

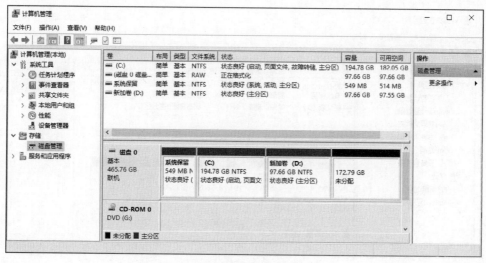

图 4-7　硬盘分完区

在图 4-7 中可看到新建卷标识为主分区,如果想要创建扩展分区,则选中该分区,右击,在弹出的快捷菜单中选择"压缩卷"选项,弹出如图 4-8 所示的"压缩 D:"对话框。在图 4-8 所示的对话框中,设置压缩空间的大小(扩展分区大小),然后单击"压缩"按钮,系统会将压缩后的空间大小(3122MB)设置为主分区,将输入压缩空间量(MB)(96 878MB＝94.61GB)重新归为未分配空间,如图 4-9 所示。

图 4-8　压缩卷

在图 4-9 所示的界面中,新加卷(E:)即创建的真正的主分区,大小为 3.05GB(3122MB),而剩余的(172.79＋94.61)267.4GB 又变成了未分配空间。在图 4-9 界面中,选中未分配的空间重新创建简单卷,输入分区大小(100 000MB)、分配驱动器号(E)、选择文件系统,格式化分区等操作后,创建的分区就变成了逻辑驱动器(逻辑分区),如图 4-10 所示。按照同样的方法继续将剩余的空闲空间进行分区,如图 4-11 所示,至此完成整个硬盘的分区操作。

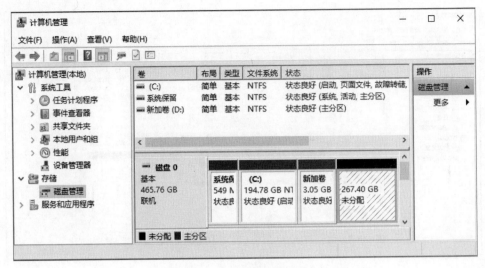

图 4-9　创建逻辑分区

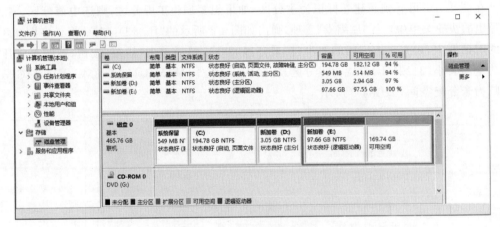

图 4-10　创建逻辑驱动器

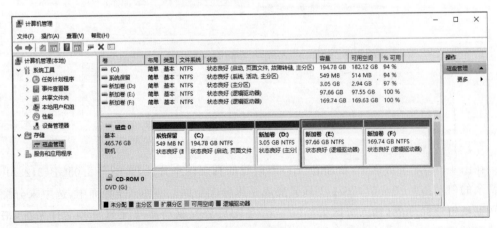

图 4-11　分区完成

4.2.2　使用 DiskGenius 软件分区

DiskGenius 是一款非常优秀的硬盘分区及数据恢复软件,它除了具备基本的分区建立、删除、格式化、分区复制与备份等硬盘管理功能外,还具备强大的恢复功能,可以恢复误删的数据和分区、误格式化的分区、被破坏的分区等。它支持传统的 MBR 分区表格式及较新的 GUID 分区表格式。

DiskGenius 运行后,主界面如图 4-12 所示。DiskGenius 软件会列出所有的硬盘信息,包括分区与未分区的硬盘空间。在图 4-12 中可看到,计算机有一个大小为 194.8GB 的主分区(即 C 盘),还有 270.4GB 的空闲空间,即要分区的硬盘空间。

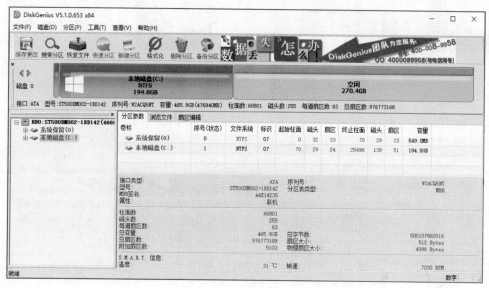

图 4-12　DiskGenius 主界面

首先建立扩展分区,即对未分区的空闲硬盘进行分区。在图 4-12 中选中空闲空间,单击"新建分区"菜单或右击,在弹出的快捷菜单中选择"新建分区"选项,弹出"建立新分区"对话框,在对话框中选择分区类型为扩展磁盘分区、新分区大小为整个空闲空间即 270GB 等,如图 4-13 所示,单击"确定"按钮。

然后建立逻辑分区。在扩展分区上右击,在弹出的快捷菜单中选择"新建分区"选项,弹出"建立新分区"对话框,如图 4-14 所示,在对话框中输入新分区大小 120GB,单击"确定"按钮。按照同样的方法,继续将剩下未格式化的 150.4GB 的空间,建立一个逻辑分区,如图 4-15 所示。

最后单击"保存更改"按钮,打开保存分区提示框,如图 4-16 所示,单击"是"按钮,打开如图 4-17 所示的对话框确认格式化分区,单击"是"按钮,对新建的分区进行格式化,格式化后分区工作完成,如图 4-18 所示。

对于大容量的硬盘也可以使用 DiskGenius 进行分区,只是分区时要选择 GPT 的分区格式。在实际使用时,也可以使用该软件提供的"快速分区"功能,分区表类型,注意要选择"GUID"。分区数目按实际需求选择或者自定义分区数目,可完成快速分区的功能。

除了创建分区,DiskGenius 软件还可以转换分区格式、隐藏分区、删除分区、支持扇区编辑功能等,这里不再赘述。

图 4-13　建立扩展分区

图 4-14　建立逻辑分区

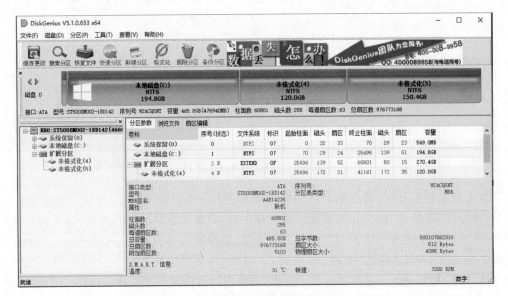

图 4-15　继续分区

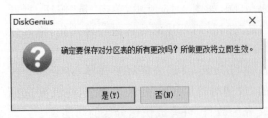

图 4-16　保存分区

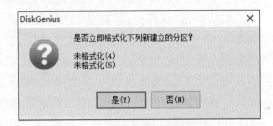

图 4-17　格式化分区确认框

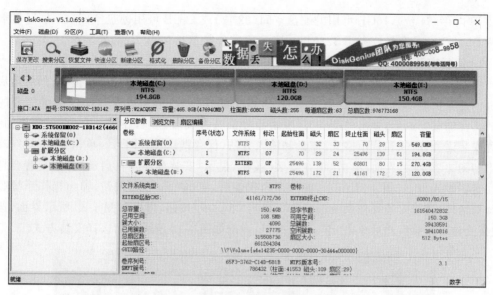

图 4-18　分区完成

4.3　Windows 系统软件的安装和设置

操作系统的安装是计算机系统维护的常用操作,作为一个计算机维护人员来说必须掌握各种操作系统安装的环境要求,熟练掌握各种操作系统的安装方法。不管是哪个版本的Windows 操作系统,其安装过程基本相同,都要经历运行安装程序、硬盘分区与格式化、复制操作系统文件、重新启动计算机、完成系统配置等几个步骤。目前 Windows 7 和Windows 10 是广泛使用的两种操作系统,下面以 Windows 10 和 Windows 7 为例简要说明其安装和设置方法。

4.3.1　Windows 10 操作系统的安装

Windows 10 操作系统是微软公司开发的新一代跨平台及设备的操作系统,它既采用了全新的显示风格,又考虑到了老用户的操作习惯。下面就 Windows 10 的安装过程做简要说明。

Windows 10 共有 7 个版本,Windows 10 Home 是 Windows 10 家庭版,该版本的操作系统可以安装到计算机、平板电脑等设备上;Windows 10 Professional 是 Windows 10 专业版,该版本除了具有家庭版的功能外,还增加了诸如管理设备和应用、保护敏感数据、支持远程和移动办公、支持云技术等;Windows 10 Enterprise 是 Windows 10 企业版,以专业版为基础,增加了一些先进功能,用来防范身份、设备、应用和敏感的企业信息等受到威胁;Windows 10 Education 是 Windows 10 教育版,为教育机构、管理单位等提供教学环境,可以升级到家庭版和专业版。此外,Windows10 还有移动版、移动企业版、物联网中心版和Windows 10 Multiple Editions 混合版。

1. 准备安装

安装 Windows 10 操作系统,需要先检查计算机的硬件配置是否满足安装要求。微软公布的 Windows 10 操作系统的最低配置要求是主频 1GHz 以上的 CPU,1GB 内存(32 位)

或 2GB 内存(64 位),16GB 可用的硬盘空间(32 位)或 20GB 可用硬盘空间(64 位),显卡要支持 DirectX9,显存最好大于 128MB。安装前准备好 Windows 10 的安装盘。

2. 运行安装程序

将 Windows 10 安装光盘放入光驱或将安装 U 盘插入计算机的 USB 接口,然后重启计算机。计算机启动后会自动运行光盘或 U 盘中的安装程序,加载安装操作系统需要的文件。文件加载完成后,弹出如图 4-19 所示的界面选择安装选项,在图 4-19 所示的界面上,设置安装语言、时间和货币格式、键盘和输入方法,保存默认设置即可。单击"下一步"按钮,弹出如图 4-20 所示界面,单击"现在安装"按钮,显示"安装程序正在启动"。紧接着会打开产品密钥输入框,如图 4-21 所示,输入产品密钥后,单击"下一步"按钮,弹出操作系统版本选择对话框,选择安装操作系统的版本。单击"下一步"按钮,弹出如图 4-22 所示界面,选择"我接受许可条款",然后单击"下一步"按钮,弹出如图 4-23 所示界面选择安装方式。

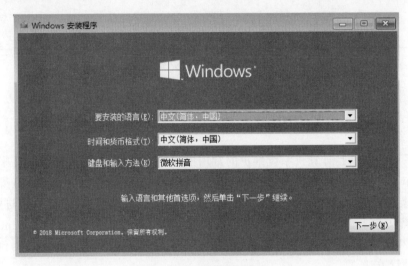

图 4-19 选择安装选项

图 4-20 现在安装 Windows10

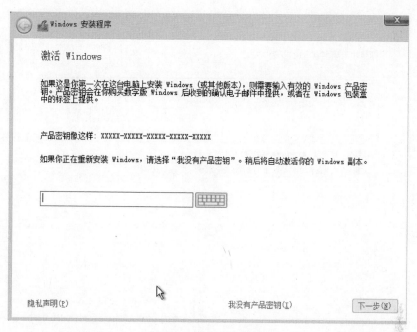

图 4-21　输入产品密钥

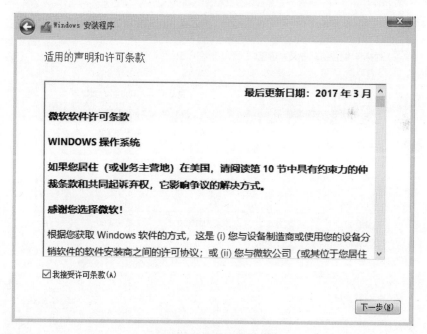

图 4-22　许可条款

3. 硬盘分区与格式化

在图 4-23 所示的界面中,如果是在裸机上进行全新安装,则选择"自定义:仅安装 Windows"安装。单击之后,弹出如图 4-24 所示的界面,询问"你想将 Windows 安装在哪里?"。在图 4-24 所示的界面中,需要先给硬盘分区,然后选择一个分区安装操作系统。单

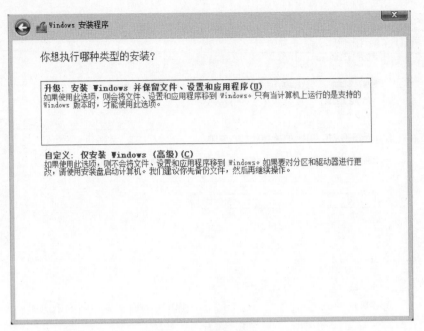

图 4-23　选择安装方式

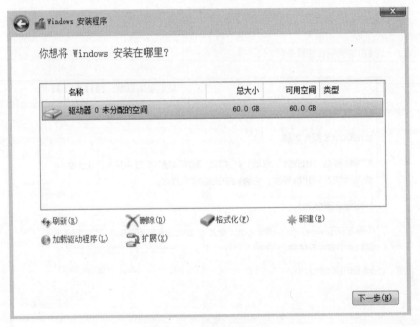

图 4-24　选择安装分区

击"新建"按钮创建主分区,如图 4-25 所示,在这里为主分区分配 30GB 大小的空间,即在"大小"后面的输入框中输入 30000,然后单击"应用"按钮,会打开一个提示框,提示创建额外分区,如图 4-26 所示。单击"确定"按钮,弹出如图 4-27 所示的界面,选择安装的分区。

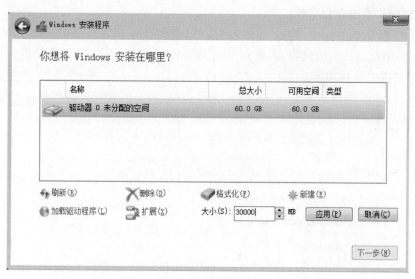

图 4-25 创建主分区

图 4-26 创建额外分区提示框

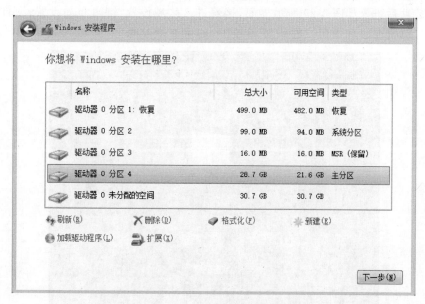

图 4-27 主分区创建完成

4. 复制操作系统安装文件

在图 4-27 所示的界面中,单击"下一步"按钮,弹出如图 4-28 所示正在安装 Windows 界面,在图 4-28 中会显示安装进度,如正在复制 Windows 文件、正在准备要安装的文件等,在安装时用户只需要等待即可。

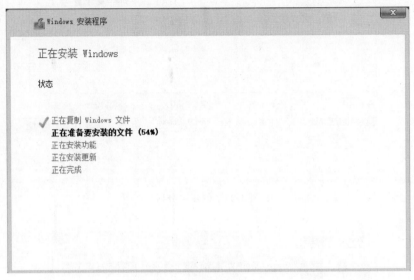

图 4-28　正在安装 Windows

在这一步系统会进行重启,重启过程会准备相应设备并显示重启进度。需要注意的是,在重启之前,要保证安装光盘或安装 U 盘已经从计算机上移除,否则计算机重启时会再次读取安装光盘或安装 U 盘上的文件,重复上述步骤。

5. 重启并设置用户信息完成安装

重启成功后进入如图 4-29 所示界面,接着进入区域设置、键盘布局设置、个性化设置,然后设置计算机账户和密码。在设置界面中,如果有微软账户,可输入微软账户;如果没

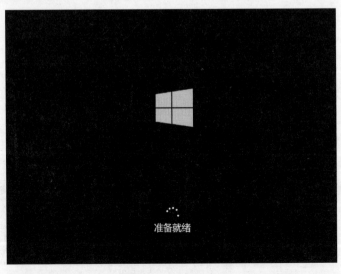

图 4-29　准备设备

有,则可以单击"没有账户？创建一个！"链接创建一个账户；如果不想创建账户,也可以单击"跳过此步骤"链接。选择"跳过此步骤",进入计算机账户、密码设置界面,在此界面上输入用户名和密码进行设置,如图 4-30 所示。操作系统完成相关设置后,就会进入 Windows 10 操作系统桌面,如图 4-31 所示。

图 4-30　设置计算机账户和密码

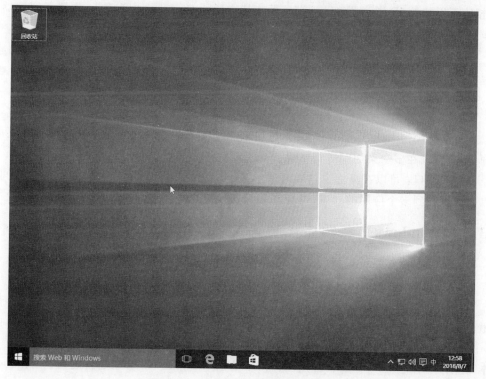

图 4-31　Windows 10 操作系统桌面

6. Windows10 的常用配置

Windows 10 安装完成后,桌面上只有一个"回收站"图标,为方便使用,调出其他常用图标是首先要解决的问题。其方法是:在图 4-31 所示的界面上右击,在弹出的快捷菜单中选择"个性化设置"→"主题"→"桌面图标"选项,弹出如图 4-32 所示的"桌面图标设置"界面,选择常用图标,单击"确定"按钮即可。

7. Windows 10 主要的新增功能

相对于经典的 Windows 7 操作系统,Windows 10 操作系统增加了许多新功能,为用户带来了良好的使用体验,下面简单介绍几个新增功能。

Cortana:是微软打造的一款人工智能机器人,它无疑是 Windows 10 操作系统中最为耀眼的新功能,中文将其翻译为"小娜"。Cortana 可以有效地帮助用户查找资料、管理日程、打开应用、搜索、计算、翻译等。最重要的是它可以接受语音识别,所有这些操作都

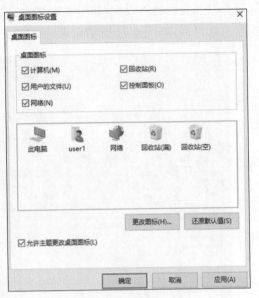

图 4-32 桌面图标设置

可以通过语音实现。使用 Cortana 次数越多,用户体验会越来越个性化。

Microsoft Edge:是 Windows 10 操作系统自带的最新版浏览器,Edge 基于 IE 11 内核,相比于以往的 IE 浏览器,Edge 浏览器支持内置的 Cortana 语音功能、内置了阅读器、笔记和分享功能。

Edge 的阅读视图可以将网页内容切换为阅读模式,帮助用户自动删除掉与正文内容无关的杂乱图文。Edge 阅读列表用来保存用户希望稍后阅读的内容,它的功能类似于收藏夹。但与收藏夹不同的是,用户在不联网的情况下也可以阅读列表中的内容。

Web 笔记:是唯一一款让用户直接在网页上做笔记、书写、涂鸦和突出显示的浏览器。

虚拟桌面(Multiple Desktops):允许用户把程序放在不同的桌面上从而使工作更加有条理,用户可以在多个桌面间进行切换。

分屏多窗口:可以在桌面窗口同时显示多个应用窗口,这样可以合理利用屏幕空间,又可以同时观察到多个应用的状态,避免了频繁切换。

4.3.2 Windows 7 操作系统的安装

Windows 7 操作系统是目前非常流行的操作系统之一,下面简要说明其安装过程。

1. 准备安装

Windows 7 的安装对计算机的硬件系统要求较高。微软公布的 Windows 7 操作系统的最低配置要求是主频 1GHz 以上的 CPU(32 位或 64 位),1GB 内存(32 位)或 2GB 内存(64 位),16GB 可用的硬盘空间(32 位)或 20GB 可用硬盘空间(64 位)。Windows 7 有 6 个版本,分别为 Windows 7 Starter(初级版)、Windows 7 Home Basic(家庭普通版)、Windows 7 Home Premium(家庭高级版)、Windows 7 Professional(专业版)、Windows 7 Enterprise

（企业版）以及 Windows 7 Ultimate（旗舰版）。安装前准备好 Windows 7 的安装盘。

2. 运行安装程序

将 Windows 7 安装光盘放入光驱中或 U 盘插入到计算机中，重启动计算机，进入到 BIOS 设置界面，改变系统的启动顺序，设置为光盘或 U 盘先启动，然后退出 BIOS 设置界面，重启计算机。系统从光盘或 U 盘引导，首先出现加载文件的界面，一段时间之后，如图 4-33 所示的界面选择安装选项。单击"下一步"按钮，弹出如图 4-34 所示的界面提示现在安装，单击"现在安装"按钮，弹出如图 4-35 所示的界面。选择"我接受许可条款"，单击"下一步"，出现如图 4-36 所示界面选择安装类型。由于是全新安装操作系统，这里选择"自定义"类型。

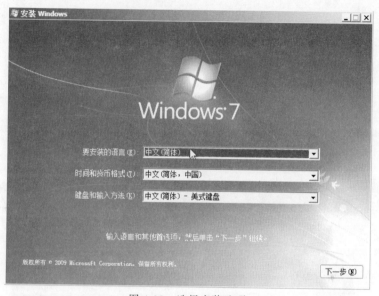

图 4-33　选择安装选项

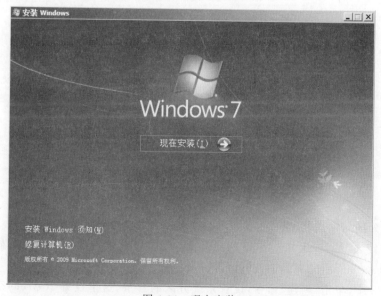

图 4-34　现在安装

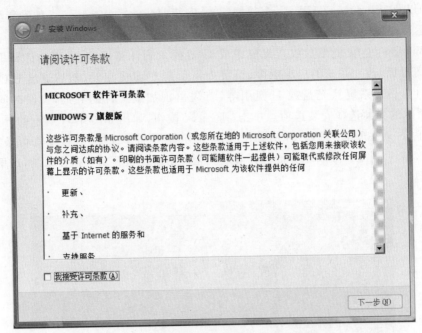

图 4-35　许可协议

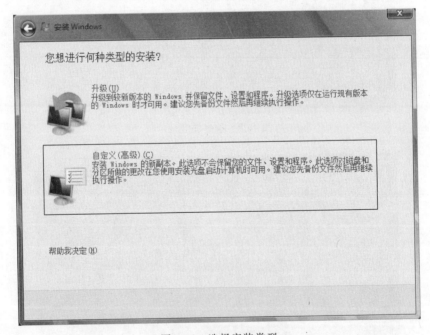

图 4-36　选择安装类型

3. 硬盘分区与格式化

选择"自定义"后，弹出如图 4-37 所示界面，单击"驱动器选项"命令，此时显示更多的选项，弹出如图 4-38 所示的界面创建分区。

在图 4-38 中，单击"新建"命令，设置系统分区的容量，这里设置 20GB 的空间作为安装

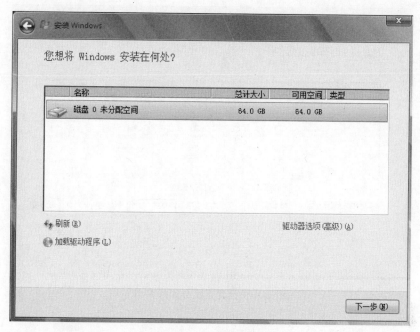

图 4-37 选择安装分区

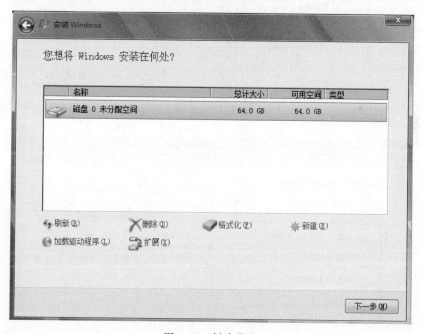

图 4-38 创建分区

系统的分区,如图 4-39 所示。设置完成后,单击"应用"按钮,此时弹出如图 4-40 所示对话框,这是因为 Windows 7 系统会自动生成 100MB 的系统保留分区来存放启动引导文件,单击"确定"按钮,经过一段时间后,新分区即可创建完成,如图 4-41 所示。

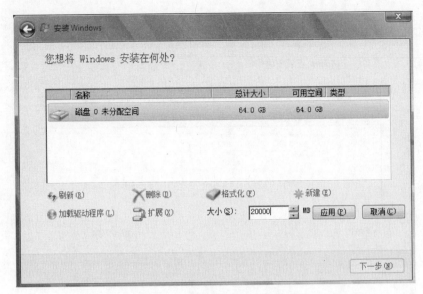

图 4-39 设置系统分区的大小

图 4-40 警告

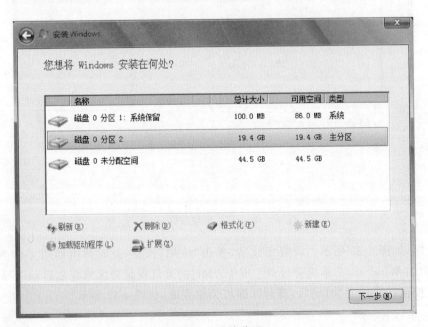

图 4-41 继续分区

在图 4-41 上可以选择未分配空间,使用同样的方法继续分区,将剩余的空间创建完成,如图 4-42 所示。也可以直接单击"下一步"按钮,安装程序开始自动安装系统,如图 4-43 所示。

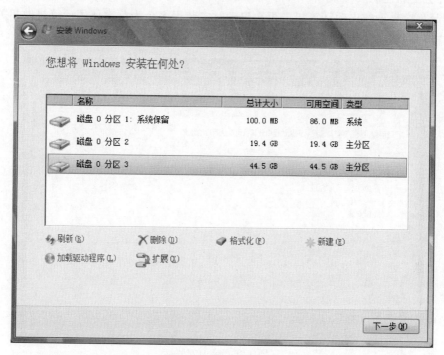

图 4-42 分区创建完成

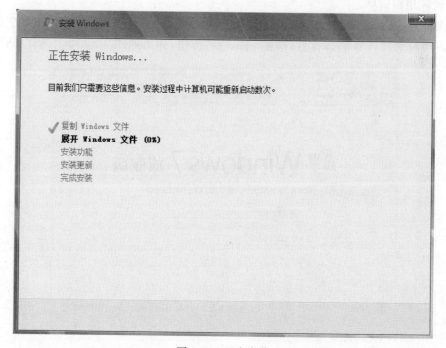

图 4-43 正在安装

4. 复制操作系统文件

在该过程中,计算机可能重新启动数次,重新启动后,出现 Windows 的启动界面,随后安装程序会更新注册表、启动服务、自动继续进行完成安装,如图 4-44 所示。待所有安装结束后,安装程序会重新启动计算机。再次启动时安装程序会为首次使用计算机做相关准备,并且检查视频性能,这些过程全部自动进行。

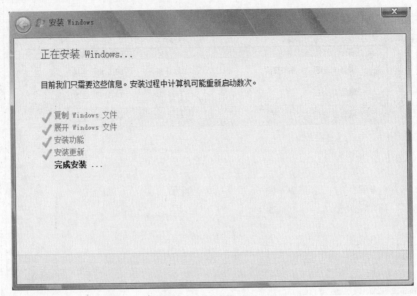

图 4-44　全面安装

5. 设置用户信息

再次重启后,首先进入 Windows 7 的用户设置界面,如图 4-45 所示。在对应的文本框中输入用户名和计算机名称后,单击"下一步"按钮,弹出如图 4-46 所示的界面,为账号

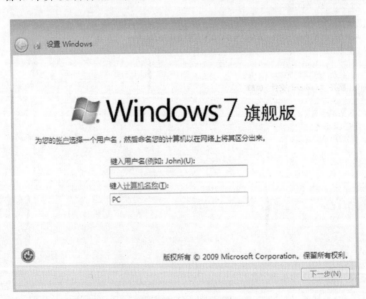

图 4-45　用户设置

设置密码,输入完成后,单击"下一步"按钮。弹出的界面要求输入 Windows 产品密钥的界面,输入产品密钥后弹出如图 4-47 所示的界面,为了提高计算机的安全性和可靠性,建议用户选择"使用推荐设置"选项。如果希望更改相关设置,可以在"控制面板"中修改。

图 4-46 为账号设置密码

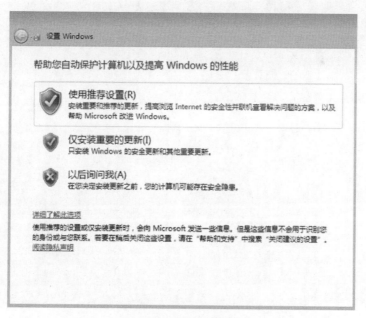

图 4-47 使用推荐设置

随后弹出如图 4-48 所示界面设置时间和日期。正确设置后,单击"下一步"按钮,系统自动进行配置。配置成功后即可进入 Windows 7 的桌面环境,如图 4-49 所示。

图 4-48　查看时间和日期设置

图 4-49　Windows 7 桌面环境

　　至此,Windows 7 已经成功安装在计算机中,与之前的 Windows 版本相比,Windows 7 将更多的驱动程序内置在系统中,所以在完成安装后系统能够将主流硬件和外部设备都识别出来,省去了用户逐个安装驱动程序的步骤。对于少数硬件不能识别的情况,可以通过硬件自带的驱动程序光盘进行安装,安装方法不再赘述。

6. Windows 7 的常用配置

桌面设置:安装完成后,桌面上只有一个"回收站"图标,此时可以右击桌面,在弹出的快捷菜单中选择"个性化"选项,弹出如图 4-50 所示的"个性化"设置界面。在对话框上,单击"更改桌面图标"选项,弹出如图 4-51 所示的"桌面图标设置"对话框。在该对话框中选择需要在桌面上显示的图标,单击"应用"按钮,再单击"确定"按钮即可。

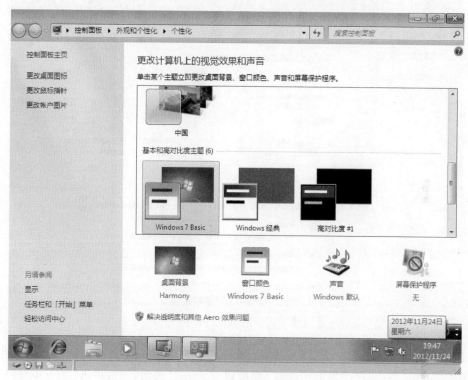

图 4-50　个性化设置

图 4-51　桌面设置

　　快速连接网络：在 Windows 7 中与网络有关的控制程序都被整合在"网络和共享中心"中，相关操作也变得更加简单，用户可以通过可视化的命令，轻松连接网络。

　　首先将网线正确连接至计算机接口，然后进入"控制面板"，依次选择"网络和 Internet"→"网络和共享中心"，此时，可视化视图的操作界面如图 4-52 所示。在此界面上，用户很容易进行各种网络的设置，实时了解当前网络的状态。

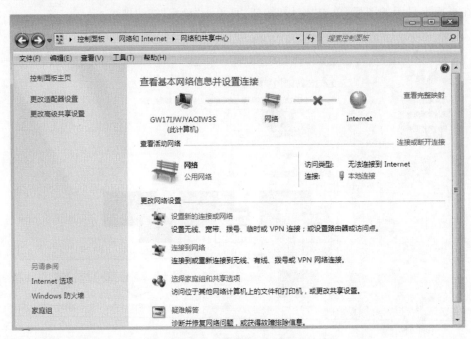

图 4-52　网络和共享中心

　　在"网络和共享中心"中，单击"更改网络设置"中的"设置新的连接或网络"链接，此时弹出如图 4-53 所示界面，在此界面中选择"连接到 Internet"选项，然后单击"下一步"按钮。

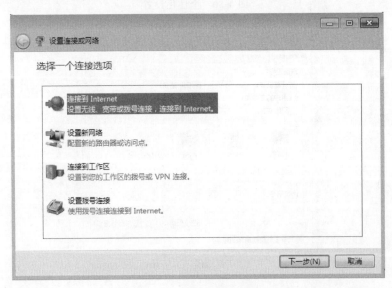

图 4-53　设置连接或网络

此时弹出如图 4-54 所示的界面,用户可根据实际情况选择连接类型。这里选择"宽带(PPPoE)"选项,随后进入如图 4-55 所示的界面,在此界面中输入用户名和密码后单击"连接"按钮,即可连接网络。

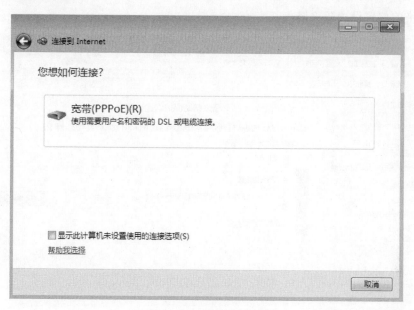

图 4-54 选择连接方式

图 4-55 输入连接信息

Windows 7 防火墙的通信设置:Windows 7 集成的防火墙功能十分强大,能够有效阻止外来恶意软件通过网络入侵计算机。在默认情况下处于开启状态,大部分要通过防火墙进行通信的程序将会被阻止。用户可以通过以下操作来对防火墙的通信进行详细设置。

首先进入"控制面板",然后依次选择"系统和安全"→"Windows 防火墙"选项,出现如图 4-56 所示的界面,在此界面中用户可以查看当前防火墙的状态。单击界面左侧的"打开或关闭 Windows 防火墙"链接,进入如图 4-57 所示的"自定义设置"界面,在界面上可以根据自己网络的位置设置防火墙。

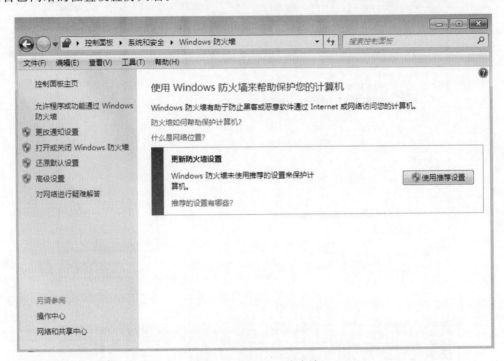

图 4-56　Windows 防火墙

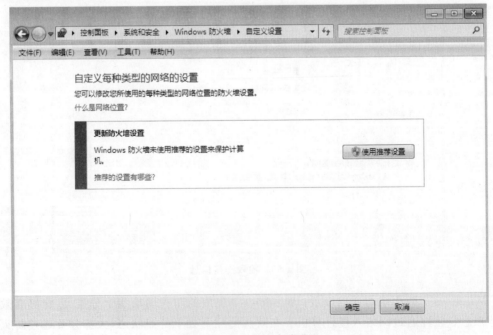

图 4-57　自定义防火墙设置

BitLocker 驱动器加密：BitLocker 驱动器加密是一种自 Vista 以来的全新的安全功能，可以有效地为 Windows 驱动器中所有的文件提供保护。用户要访问受 BitLocker 保护的驱动器，必须使用密码、智能卡或自动解锁驱动器来访问。下面说明这一功能的设置方法。

首先进入"控制面板"，选择"系统和安全"→"BitLocker 驱动器加密"选项，进入如图 4-58 所示的界面。在需要进行加密操作的驱动器后面，单击"启用 BitLocker"链接，此时弹出如图 4-59 所示的界面。在该界面中，用户根据实际情况选择合适的解锁方式，这里选中"使用密码解锁驱动器"复选框，并输入密码，设置完成后，单击"下一步"按钮，此时弹出如图 4-60 所示的界面。在此界面中，选择存储恢复密钥的方式，以便在忘记密码或丢失智能卡时使用恢复密钥访问驱动器。建议用户将恢复密钥保存在本地计算机之外的设备中，在选择合适的方式后，单击"下一步"按钮，随后弹出"准备加密驱动器"对话框。单击"启动加密"按钮，系统会对指定的驱动器加密。完成加密后，右击"加密后的驱动器"，在弹出的快捷菜单中选择"管理 BitLocker"选项，在弹出的对话框中，还可以执行更改、删除和添加密码等操作。通过 BitLocker 驱动器加密过的驱动器，在显示图标上也有明显变化。当再次访问时，需要输入之前设置的密码或提供恢复密钥才能访问驱动器，这样就能很好地确保数据的安全。

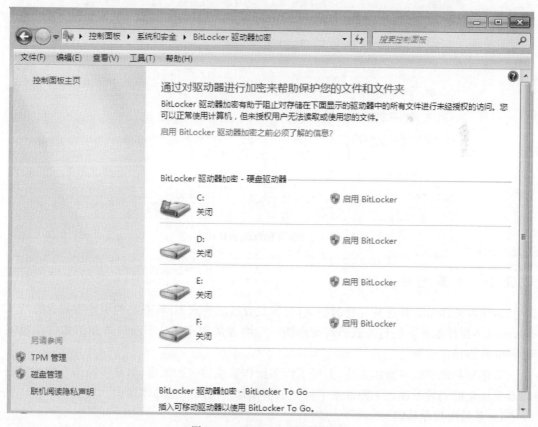

图 4-58 BitLocker 驱动器加密

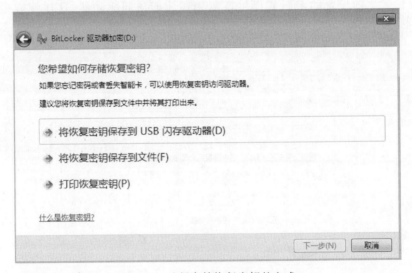

图 4-59　选择解锁驱动器的方式

图 4-60　选择存储恢复密钥的方式

4.3.3　多系统的安装

由于各操作系统都有其自身的特点,对硬盘分区的要求不同,系统的引导方式也有所不同,所以多操作系统安装与卸载都需要遵循一定的方法和原则。下面具体介绍如何正确安装和卸载多操作系统。

若想顺利地安装多操作系统,需要了解多操作系统的一些原理、引导多操作系统的过程以及最优化的安装顺序。下面就来了解一下多操作系统的一些具体知识。

1. 多系统共存基础

1) 计算机引导过程

系统加电后首先开始自检,并依据 BIOS 中设置的启动顺序,从 U 盘、硬盘、光盘或其他可引导设备开始引导操作系统。

2）实现多操作系统的思路

从上面的系统引导流程中可以看出,实现多操作系统有两种思路:一种是设置物理盘的引导顺序;另一种是修改主引导程序。

（1）对于多硬盘用户:若用户的计算机中安装了多块硬盘,则只需要在不同硬盘上安装相应的操作系统,然后在 BIOS 中指定硬盘的启动顺序即可。

（2）单硬盘用户:若用户的计算机只安装了一块硬盘,则主要通过修改主引导记录或者主分区第一个扇区引导代码的方法来实现。当然,这些过程是由 Windows 或第三方软件来完成的。

2. 多系统安装原则

安装多操作系统时,既可以从低版本安装到高版本,也可以从高版本安装到低版本。对于初学者来说,由于多系统的复杂性,为了避免失误和操作上的麻烦,建议安装多操作系统时参照以下基本原则。

1）由低到高

在安装 Windows 系列的多系统时,应采用从低版本到高版本的安装顺序。因为从高版本的操作系统中无法直接运行低版本的安装程序,并且按版本由低到高的顺序进行多操作系统的安装,可以利用高版本的系统自带的 OSLoader 程序生成引导菜单。

对需要安装 Windows 和 Linux 混合多系统的用户,安装顺序没有要求,应尽量将 Linux 系统放在最后安装,以便利用其方便灵活的多重引导管理程序 LILO 或 GRUB 来生成启动菜单。

2）独占分区

在分区规划时做好充分的考虑,使每个操作系统都安装到独立的分区中,以避免各系统文件相互覆盖;避免出现某个系统容易崩溃的情况,提高多操作系统的稳定性以及重装、卸载的方便性。

3）备份分区表

由于硬盘分区表在多系统环境下非常容易被破坏,所以用户应养成备份分区表的习惯,以做到有备无患。备份分区可以使用一些磁盘管理软件和防病毒软件,它们均提供了备份分区表的功能。

3. 多操作系统安装基本流程

多操作系统的安装应根据用户对多系统的使用要求而定,对于大多数多系统用户来说,应先确定一种常用的操作系统并将其安装在第一分区,不常用的操作系统安装在其他分区,这样有利于卸载不常用的操作系统和卸载后磁盘空间的再利用。如图 4-61 所示为多操作系统的安装流程。

对于使用全新硬盘的用户来说,可直接规划

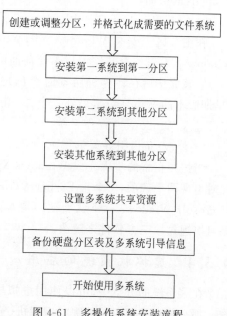

图 4-61　多操作系统安装流程

分区并开始安装;对使用旧硬盘的用户,则应先备份重要数据后再重新分区或调整分区后开始安装;对使用双硬盘并准备使用 Windows 家族多系统的用户,应在第一块硬盘安装常用系统,第二块硬盘安装不常用系统;对使用双硬盘并需要同时安装 Windows 和 Linux 多系统的用户,则应以一块硬盘安装 Windows 系统,而另一块硬盘考虑安装 Linux。

4. 多操作系统方案的选择

根据计算机用途的侧重点不同,可以选择不同的多个操作系统组合进行安装。

1)游戏与娱乐并重,兼顾普通应用

使用 Windows XP ＋ Windows 7 双系统。Windows XP 是非常经典的操作系统,而 Windows 7 是目前主流的操作系统,其界面更美观,同时具有更安全的网络控制功能和更加便捷的网络设置功能。该方案是目前较好的双系统选择方案。

2)工作、娱乐、学习

使用 Windows 7+Linux。该方案特别适合 Linux 爱好者和愿意尝试 Linux 的电脑爱好者。

3)计算机迷用户

使用 Windows 7+Windows 10+虚拟机。该方案特别适合从事 IT 工作的人员和需要熟悉计算机编程的爱好者。

5. Windows XP 与 Windows 7 双系统的安装

Windows XP 是微软经典的操作系统。Windows 7 是微软目前主流的操作系统,其漂亮的操作界面、强大的控制功能曾让众多用户期待多时。安装 Windows XP ＋ Windows 7 是一个很好的双系统安装选择。下面就 Windows XP 与 Windows 7 双系统的安装进行说明。

1)新建分区

首先使用分区软件在硬盘创建一主分区,其作用是用来安装 Windows XP。然后根据需要创建逻辑分区,当划分逻辑分区时,需预留足够的硬盘空间来安装 Windows 7,需要预留 20GB 的空间。

2)安装 Windows XP、Windows 7 操作系统

在主分区上安装 Windows XP,Windows XP 安装完成后,再在一个逻辑分区上安装 Windows 7。其安装步骤可以参照前面的有关内容,此处不再赘述。

安装完毕后在计算机启动时会出现双引导菜单,一个是 Earlier Version of Windows (早期版本的 Windows),另外一个为 Microsoft Windows 7,此时选择 Microsoft Windows 7 即可进入 Windows 7 操作系统。

3)修改、备份引导菜单

当按照正常的步骤完成 Windows XP/7 操作系统的安装后,双引导菜单已经自动生成,此时出现两个选项,一个是 Earlier Version of Windows(早期版本的 Windows),另一个为 Microsoft Windows 7,默认启动的是 Microsoft Windows 7。如果用户想要修改启动顺序,则可以通过第三方软件来解决。

4.3.4 虚拟机系统的应用

在多系统的方案中,可以使用虚拟机软件创建虚拟机,在虚拟机上安装其他的操作系统。那么什么是虚拟机的呢?虚拟机(Virtual Machine)指通过软件模拟的具有完整硬件系

统功能的、运行在一个完全隔离环境中的完整计算机系统,是逻辑上的一台计算机。但它和真实的计算机一样,都有芯片组、CPU、内存、显卡、声卡、网卡、软驱、硬盘、光驱、串口、并口、USB控制器、SCSI控制器等设备,提供这个应用程序的窗口就是虚拟机的显示器。

目前流行的虚拟机软件主要有 VMware Workstation、Virtual PC 和 VirtualBox 等,通过这些软件都可以在一台物理计算机上模拟出一台或多台虚拟的计算机,这些虚拟的计算机可以像真正的计算机一样进行工作,可以进行分区、安装操作系统、安装应用程序、访问网络资源等。虚拟机只是运行在计算机上的一个应用程序,但对于虚拟机中运行的应用程序而言,可以得到真正计算机中操作的结果。

1. 创建虚拟机

在 VMware Workstation 的官网上下载最新版本的 VM 软件,将其安装到计算机中,运行 VMware Workstation,单击"文件"菜单,选择"新建虚拟机",就可以按照新建"虚拟机向导"创建虚拟机了,如图 4-62 所示。

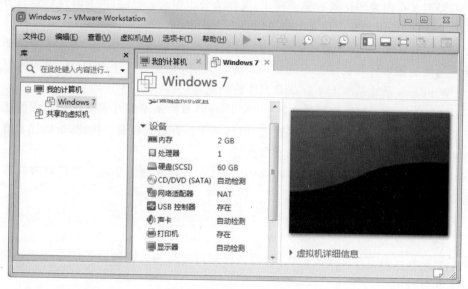

图 4-62　Windows 7 虚拟机

2. 虚拟机的应用

使用虚拟机还可为我们提供很好的实验环境,测试一下不熟悉的应用,体验不同版本的操作系统功能,可以在虚拟机上做一些在物理机上不可能完成的实验,如硬盘分区、格式化、测试病毒或木马程序等一些破坏性操作。在虚拟机中进行这些操作时,可能会导致系统崩溃,但是崩溃的只是虚拟机上的操作系统,而不是物理计算机上的操作系统。因此,借助于虚拟机,可以做各种实验,提高动手实践能力,并保证对物理机没有破坏。

注意:虚拟机软件可以在一台机器上同时运行多个系统,但它与"多启动"系统相比,虚拟机采用了完全不同的概念。虚拟机的运行完全依靠物理机的操作系统,物理机操作系统能否运行直接影响了虚拟机操作系统的运行。多系统在一台物理机上安装了多个系统,这些系统不能同时运行,在一个时刻只能运行一个系统。一个系统损坏,不会影响其他的系统,多系统在系统切换时需要重新启动机器。虚拟机多个操作系统的切换就像标准 Windows 应用程序那样切换,比较方便。

4.4 驱动程序的安装

4.4.1 什么是设备驱动程序

设备驱动程序是一种可以使计算机和设备进行通信的特殊程序,是硬件与操作系统之间的接口。操作系统只有通过这个接口才能控制硬件设备的工作。同时如果一个设备的驱动程序未能正确安装,设备便不能正常工作。因此,驱动程序是硬件的灵魂,是硬件和操作系统之间的桥梁。

设备驱动程序有官方正式版、微软 WHQL 认证版、第三方驱动以及改版驱动等版本,它们分别用于不同的场合。

(1) 官方正式版驱动是指按照芯片厂商的设计研发出来的,经过反复测试、修正,最终通过官方渠道发布出来的正式版驱动程序,又称为公版驱动。稳定性、兼容性好是官方正式版驱动最大的优点,因此推荐普通用户使用官方正式版。

(2) 微软 WHQL 认证版是微软公司对各硬件厂商驱动的一个认证,是为了测试驱动程序与操作系统的相容性及稳定性而制定的。也就是说,只要通过了 WHQL 认证的驱动程序,它与 Windows 系统基本上不存在兼容性的问题。

(3) 第三方驱动一般是指硬件产品 OEM 厂商发布的基于官方驱动优化而成的驱动程序。该驱动拥有稳定性和兼容性好等优点,因其基于官方正式版驱动优化,所以比官方正式版拥有更加完善的功能和更加强劲的整体性能。

(4) 改版驱动是指为了满足某种特殊的需要,在公版驱动的基础上进行修改而形成的驱动,其中以修改显卡驱动最为常见。

4.4.2 如何获取驱动程序

既然驱动程序有着如此重要的作用,那么应如何取得相关硬件设备的驱动程序呢？主要有以下几种途径。

1. 使用操作系统提供的驱动程序

Windows 7 系统中已经附带了大量的通用驱动程序,这样在安装系统后,无须单独安装驱动程序就能使这些硬件设备正常运行。不过 Windows 7 系统附带的驱动程序总是有限的,所以在很多时候系统附带的驱动程序并不够用,这时就需要手动来安装驱动程序了。

2. 使用附带的驱动程序盘中提供的驱动程序

一般来说,各种硬件设备的生产厂商都会针对自己硬件设备的特点开发专门的驱动程序,并采用光盘的形式在销售硬件设备的同时一并免费提供给用户。这些由设备厂商直接开发的驱动程序都有较强的针对性,它们的性能无疑比 Windows 附带的驱动程序要高一些。

3. 通过网络下载

除了购买硬件时附带的驱动程序盘之外,许多硬件厂商还会将相关驱动程序放到互联网上供用户下载。由于这些驱动程序大多是硬件厂商最新推出的升级版本,它们的性能及稳定性无疑比用户驱动程序盘中的驱动程序更好,有上网条件的用户应经常下载这些最新的硬件驱动程序,以便对系统进行升级。

4.4.3 驱动程序的安装与卸载

用户在安装驱动程序时应特别注意驱动程序的安装顺序,如果不按顺序安装,则有可能会造成频繁的非法操作、部分硬件不能被识别或出现资源冲突,甚至会出现黑屏、死机等现象。

驱动程序安装的顺序是:首先安装主板驱动,然后安装各种板卡的驱动,最后安装外设的驱动。

主板的驱动主要是芯片组的驱动程序;板卡驱动主要是安装在主板扩展插槽上的各种板卡,如显卡、声卡和网卡等;外设驱动是计算机的外部设备的驱动程序,如打印机、扫描仪和摄像头等。

1. 驱动程序的安装

准备好驱动程序后,打开驱动程序文件夹,双击文件夹中的可执行文件,一般为 setup.exe 或 install.exe,程序会自动将驱动程序安装至计算机中。

有时驱动程序并非是一个可执行文件,而是一个 INF 格式的文件,所以此时必须手动安装驱动。其安装方法为:从"开始"菜单的"设置"下启动"控制面板",然后双击"系统",打开"硬件"选项卡中的"设备管理器",如图 4-63 所示。用户如果发现某个设备前标着一个黄色的问号,且打上了一个感叹号,表示为未正确安装的设备驱动。由于 Windows 无法识别该硬件或没有相应的驱动程序,所以 Windows 就用这样的符号把设备标示出来,以便用户能及时发现未安装驱动的硬件。双击该设备,单击"重新安装驱动程序"按钮,选择安装程序的位置,单击"下一步"按钮,即可完成设备驱动程序的安装。

2. 驱动程序的卸载

当不使用某个设备时,可以将其驱动程序从计算机中卸载。方法是:在图 4-63 所示的设备管理器中,双击某个设备,如双击 USB 设备,打开如图 4-64 所示的对话框;选择"驱动程序"选项卡,可看到驱动程序信息,单击"卸载"按钮,即可卸载设备的驱动程序。

图 4-63 设备管理器

图 4-64 驱动程序卸载

注意：除了上面介绍的驱动程序的安装方法外，用户还可以安装驱动程序管理软件来获取、安装、管理驱动程序。驱动程序管理软件可以自动检测到计算机的硬件设备，提供相应的驱动程序供用户下载安装更新。目前常见的有驱动精灵、驱动人生、360驱动大师等。

4.5 常用软件的安装与卸载

4.5.1 常用软件的安装

安装好操作系统后，还需安装常用的软件，要安装哪些软件，与每个用户的需求有关。笔者认为下列软件是必需的，首先，必须安装一个安全软件如360安全卫士；其次，安装常用的办公软件，如Office或WPS、解压软件如WinRAR、聊天软件如QQ、WeChat等；再次，就是根据自己的专业需求安装所需的软件；最后所有软件安装好后，建议安装一个系统维护软件，如一键还原精灵等。

4.5.2 软件安装技巧

在安装时，首先要获取这些软件，其获取的途径主要是从网上下载或购买软件安装的光盘。从网上下载时，建议从口碑较好的共享软件网站下载。

在安装过程中会为用户提供许多提示信息，以帮助用户快速、顺利地安装软件。很多用户在安装过程中不注意这些信息，而给计算机和软件的正常使用带来问题。下面列出安装时需要注意的问题：

1. 安装路径的选择

由于C盘的文件多少直接影响系统的启动速度和运行速度。安装软件时不要使用系统默认路径，根据实际情况选择安装路径。

2. 安装类型的选择

典型安装、完全安装、最小安装、自定义安装等，根据情况选择，一般选择典型安装。

3. 附带软件的选择

大多数应用软件在安装过程中都会附带一些其他的软件安装，这里有很多恶意软件和流氓软件，一旦装上很难卸载。

4. 软件版本的选择

同一个软件可能有不同的版本，其功能也不同，所以安装时要注意选择软件的版本，同时要注意系统中是否安装该软件、是否会发生版本冲突；此外要注意安装的软件是否为绿色软件，绿色软件具有体积小、功能强、安全性高、对操作系统无污染以及占用内存小等优点。

4.5.3 软件的卸载

用户在运行软件时经常出错或软件不再使用，此时就可以对计算机中的软件进行卸载，以节省磁盘空间。当用户感觉自己计算机上的系统经常出错且运行十分缓慢、而经过常规的维护方法又无法解决时，用户的系统就需要卸载和重装了。

1. 常用软件的卸载

用户在安装了应用软件后，若对其不满意或不需要再使用时，可以将其从计算机中卸载,以释放磁盘空间。卸载软件的操作可以通过软件提供的卸载功能、也可在"控制面板"中卸载,还可以使用360安全卫士的"软件管家"卸载。

2. 操作系统的卸载

操作系统卸载的原因是系统运行效率低下,垃圾文件充斥硬盘;系统频繁出错,而故障又不能够准确定位和轻易解决;系统无法正常启动,安全模式也无法进入;因病毒、木马或无法删除的插件而影响正常操作;安装了过多的垃圾软件,导致系统速度下降,想提升系统性能。

卸载会造成系统中原有数据的丢失,为了能保留系统中原有的数据,所以卸载前需要备份一些重要的数据,主要包括:驱动程序、用户数据文件、IP地址、网关和DNS等信息。

4.5.4　系统的重装方式

重装系统的方式有如下几种。

1. 主动方式

为了使系统能长久运行,出于维护的目的,用户应定期重装系统,并对系统进行"减肥",这样可以让系统保持在最优状态下工作。

2. 被动方式

系统文件破坏,使系统无法启动,此时必须重装。

3. 覆盖方式

在原操作系统的基础上进行安装,其优点是可以保留原系统的设置,缺点是可能无法彻底解决系统中存在的问题。

4. 全新方式

对操作系统所在分区进行完全格式化后再重装。可以解决原系统中存在的错误,通常系统重装都应采用这种方式。

安装好基本操作系统后应及时安装各种驱动程序、杀毒软件并打好系统补丁,然后再安装各种应用软件、恢复备份的数据。至此,重装系统完成。

4.6　如何使用U盘安装系统

光驱已经不是计算机的标准配置了,很多计算机没有光驱,因此,需要通过U盘来启动计算机并进行系统的分区、格式化和软件安装。下面将介绍如何制作U盘启动盘、如何制作系统的安装盘。

4.6.1　制作Windows PE启动U盘

U盘启动模式有三种:一是USB-HDD,硬盘仿真模式。大部分电脑推荐使用此种格式,通过把U盘模拟成硬盘来启动安装在U盘里的Windows PE系统。二是USB-ZIP,大容量软盘仿真模式。是老式电脑上唯一可选模式,使用这种模式制作的U盘启动盘,启动后显示的盘符是A。三是USB-CDROM,光盘仿真模式。兼容性一般,其优点在于可以像光盘一样进行安装。

Windows PE是Windows Preinstallation Environment(Windows预安装环境)的缩写,是带有有限服务的最小Win32子系统。Windows PE基于以保护模式运行的Windows内

核,有各种不同的版本,它包括运行 Windows 安装程序及脚本、连接网络共享以及执行硬件验证所需要的最少功能。Windows PE 主要用于系统修复,当计算机出现问题无法启动时,可以使用 Windows PE 启动计算机,重装操作系统。

制作 Windows PE 启动盘的软件有很多,如大白菜、老毛桃、U 深度、软媒魔法、U 盘魔术师、U 启动等。下面以 U 深度为例说明其制作方法,在制作前先在本地安装好 U 深度启动盘制作工具软件,准备一个可正常使用的 U 盘,容量建议在 8GB 以上。具体步骤如下:

第一步:打开 U 深度 U 盘启动盘制作工具,把准备好的 U 盘插入电脑 USB 接口并等待软件对 U 盘进行自动识别,U 深度能够为 U 盘自动选择兼容性比较高的方式进行制作,无须修改界面中任何选项,直接单击"开始制作"按钮即可,如图 4-65 所示。

图 4-65 U 深度 U 盘启动制作软件主界面

第二步:在图 4-65 所示的界面上,有各种模式的选择,可使用默认值,直接单击"开始制作"按钮后会弹出"警告信息",提示"警告:本操作将会删除 F 盘上的所有数据,且不可恢复",请确认 U 盘中数据是否有进行备份,确认完之后单击"确定"按钮,如图 4-66 所示。

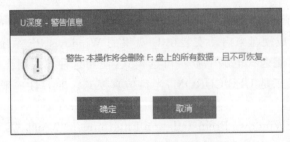

图 4-66 清空 U 盘数据警告框

第三步：等待制作 U 盘启动需要一段时间，制作过程中请勿关闭软件，等待几分钟后，制作过程结束即可，如图 4-67 所示。

图 4-67 制作 Windows PE 启动盘

第四步：制作启动 U 盘完成之后，会弹出提示"要用'模拟启动'测试 U 盘的启动情况吗？"，单击"是"按钮可进行模拟启动测试，如图 4-68 所示。

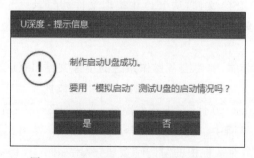

图 4-68 Windows PE 启动盘制作成功

第五步：如果看到了 U 盘启动界面，则说明了 U 盘启动盘已经制作成功，按组合键 Ctrl＋Alt 可以释放鼠标，单击右上角"关闭"按钮，退出模拟测试，如图 4-69 所示。

注意：U 盘启动盘制作成功后，打开 U 盘可看到 ISO 和 GHO 两个文件夹，你可以将 ISO 镜像包复制到 ISO 文件夹，将 GHO 镜像或者包含有 GHO 的 ISO 文件复制到 GHO 文件夹，这张启动 U 盘就是一张系统安装盘了。

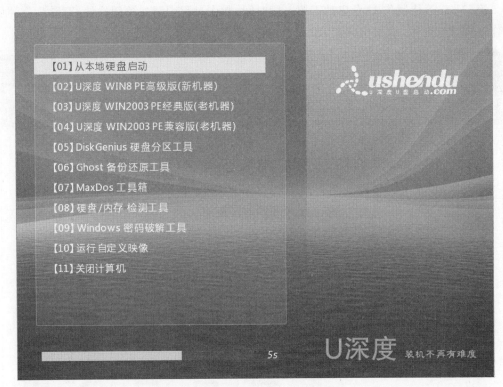

图 4-69　Windows PE 启动界面

4.6.2　制作系统安装 U 盘

制作系统安装 U 盘的软件很多,如 UltraISO(软碟通)、大白菜、老毛桃、软媒魔方等,目前最常使用的软件是 UltraISO。UltraISO 是一款功能强大的光盘映像文件制作/编辑/转换工具,它可以直接编辑 ISO 文件,从 ISO 中提取文件和目录;也可以从 CD-ROM 制作光盘映像或者将硬盘上的文件制作成 ISO 文件。下面以 UltraISO 为例讲解系统安装 U 盘的制作过程。

(1) 制作 U 盘安装盘前,需要准备操作系统的镜像文件(ISO 文件),然后根据操作系统镜像文件的大小准备一个 U 盘。需要注意的 U 盘中的数据在制作过程中会删除。

(2) 下载安装 UltraISO 软件,双击软件图标,弹出如图 4-70 所示的软件界面。

(3) 在图 4-70 所示界面中,选择“文件”→“打开”命令,弹出文件搜索框,查找操作系统镜像文件,选中之后,单击对话框中的“打开”按钮,弹出如图 4-71 所示的窗口。

(4) 在图 4-71 中显示的文件就是操作系统镜像中所包含的文件,接下来单击“启动”菜单,然后选择“写入硬盘镜像”,弹出如图 4-72 所示“写入硬盘映像”对话框。

(5) 在图 4-72 中,最上面“消息”框中显示了制作安装盘的事件和时间,当开始制作时会动态更新显示。直接单击“写入”按钮,弹出“警告 U 盘数据将丢失”的提示框,直接单击“是”按钮,UltraISO 会将操作系统镜像文件写入 U 盘,如图 4-73 所示。

(6) 当 UltraISO 将操作系统镜像文件成功写入 U 盘后,在“消息”框中会显示“刻录成功!”信息,如图 4-74 所示。至此,U 盘安装盘制作成功,该 U 盘即可作为安装盘使用。

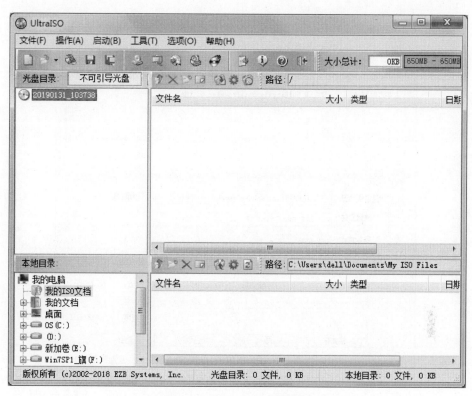

图 4-70 UltraISO 主界面

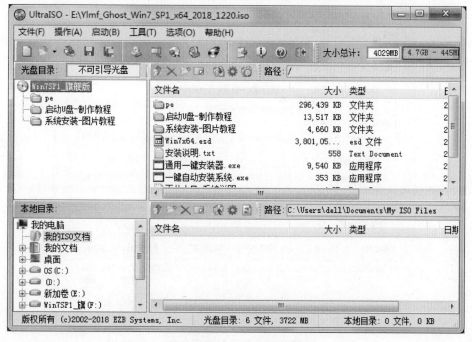

图 4-71 操作系统镜像文件

图 4-72　"写入硬盘映像"对话框

图 4-73　制作 U 盘安装盘

图 4-74 写入成功

小 结

本章介绍了文件系统的格式以及如何规划分区和分区软件的使用,同时还详细介绍了操作系统的安装方法、步骤、多系统的安装原则,简单介绍了常用软件的安装技巧以及驱动程序的安装方法和系统卸载的方法,最后介绍了 U 盘启动盘及 U 盘系统安装盘的制作方法。

习 题

1. 什么是硬盘分区？如何规划分区？
2. 如何安装操作系统？简述安装操作系统的步骤。
3. 什么是驱动程序？如何安装驱动程序？
4. 如何安装多系统？如何在虚拟机中安装系统？
5. 如何制作启动 U 盘？

第5章　Windows系统维护与优化

计算机使用一段时间后会出现各种问题,如计算机开关机时间变长、系统运行速度变慢等,这时就需要对计算机进行性能检测与优化操作,以提高计算机的工作效率。计算机性能检测与优化可以使用操作系统自带的工具实现,也可以使用第三方软件实现,并且使用第三方软件更为方便。本章将介绍系统常用的性能检测工具、系统维护软件、系统优化软件、手动优化方法,提高系统的维护技能。

5.1　计算机性能检测工具

计算机的性能主要取决于 CPU、内存、磁盘、显卡等硬件设备的性能,这些硬件搭配得当才能发挥计算机的性能。计算机性能可以通过 Windows 自带的工具进行检测,也可以通过第三方软件进行检测,下面分别介绍这两种性能检测方法。

5.1.1　Windows 7 性能监视器

Windows 7 操作系统都自带了性能监视器,可以帮助用户监视和分析系统性能并生成报告,下面简单介绍 Windows 7 性能监视器的开启与使用方法。

1. 开启 Windows 7 性能监视器

右击"计算机"图标,在弹出的快捷菜单中选择"属性",弹出如图 5-1 所示的系统界面,在该界面上,双击"控制面板主页",弹出如图 5-2 所示的控制面板界面。在该界面上单击"管理工具"选项,弹出"管理工具"界面,如图 5-3 所示。在该界面中双击"性能监视器",打开 Windows 系统"性能监视器"界面,如图 5-4 所示。Windows 性能监视器以折线图表示计算机系统资源使用情况,横坐标为时间,纵坐标为监视值。

2. Windows 7 性能监视器的使用

打开 Windows 7 性能监视器后,可以添加具体设备进行监视,下面以监视磁盘性能并生成报告为例来讲解性能监视器的使用方法。

图 5-1　系统界面

图 5-2　控制面板

在图 5-4 所示的界面中,单击绿色的"＋"按钮,弹出如图 5-5 所示的"添加计数器"对话框。在图中的下拉列表中,选择 LogicalDisk,再选择一个具体的盘,如 D：,单击"添加"按钮,最后单击"确定"按钮,完成硬盘添加。此时性能监视器页面就有了硬盘设备的信息,如图 5-6 所示。

添加硬盘设备后,创建数据收集器集,用于监视和分析硬盘使用情况并生成报告,在图 5-6 所示的界面中,右击"性能监视器",在弹出的快捷菜单中选择"新建"→"数据收集器集"选项,然后命名数据收集器集,并选择存放位置,单击"完成"按钮即可。

图 5-3　管理工具

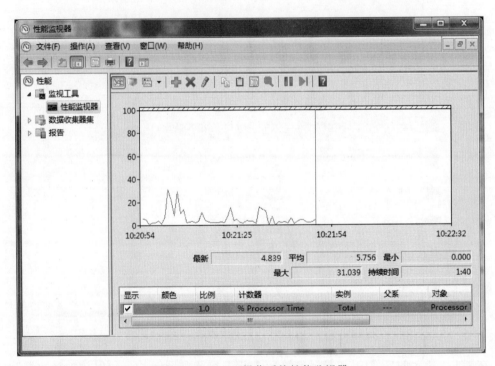

图 5-4　Windows 操作系统性能监视器

在图 5-7 所示的界面中,在"数据收集器集"和"报告"的"用户定义"目录下,均可以看到"新的数据收集器集"。在图 5-7 所示的界面上,右击"新的数据收集器集",在弹出的快捷菜单中选择"开始"选项,便开始监控硬盘使用情况,同样右击"新的数据收集器集",在弹出的快捷菜单中选择"停止"选项,则停止监控。性能监视器会生成一份系统监视日志保存在前面所选择的路径下,双击打开该日志文件,可分析硬盘在监视期间的使用情况。

图 5-5 添加硬盘设备

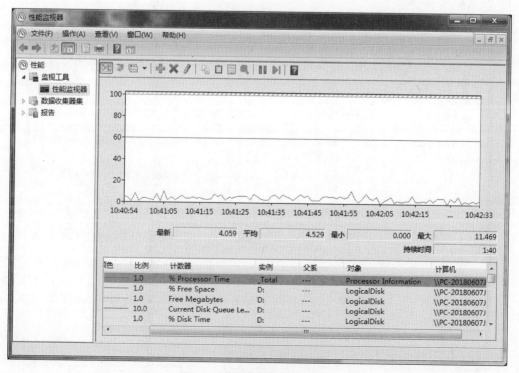

图 5-6 硬盘添加到性能监视器

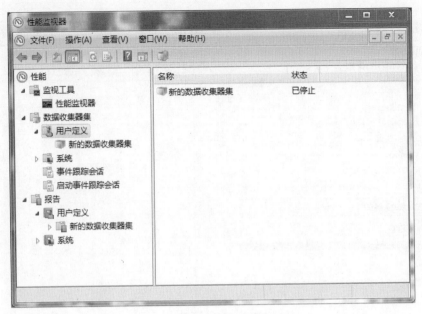

图 5-7　创建新的数据收集器集

3. Windows 7 资源监视器

在图 5-3 管理工具界面上双击"性能监视器",弹出如图 5-8 所示的"性能监视器"界面,单击"打开资源监视器"链接,弹出如图 5-9 所示的"资源监视器"界面。在该界面中,单击 CPU、磁盘、网络、内存后面的展开按钮,可以看到各硬件的资源详细使用情况。

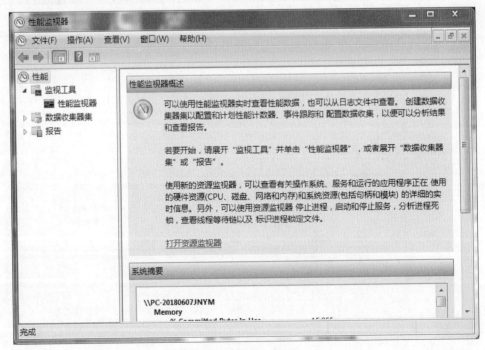

图 5-8　性能监视器

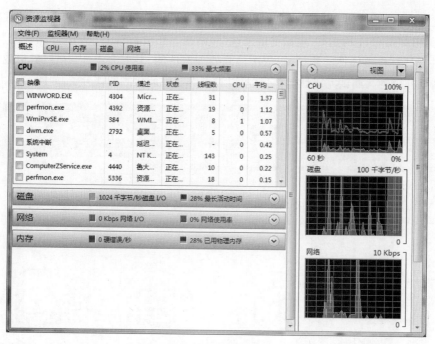

图 5-9　资源监视器

5.1.2　使用第三方软件检测计算机性能

　　常用的系统性能检测软件有鲁大师、360 安全卫士、EVEREST Ultimate 等，它们都可以检测计算机性能。可以测试计算机 CPU、内存、磁盘、主板等各硬件设备的性能，并对计算机整体性能进行评估。下面以鲁大师为例说明其使用方法。

　　运行鲁大师后，弹出如图 5-10 所示的鲁大师软件主界面，鲁大师具有"硬件体检""硬件检

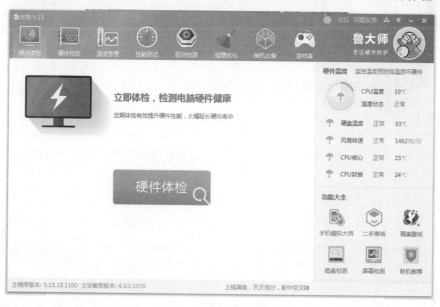

图 5-10　鲁大师主界面

测""温度管理""性能测试""驱动检测""清理优化""装机必备"等功能。单击"电脑性能测试"
选项卡,弹出如图 5-11 所示的"电脑性能测试"对话框。在对话框上,单击"开始评测"按钮,鲁
大师会进行计算机整体性能测试,它依次检测处理器性能、显卡性能、内存性能、磁盘性能,这
个过程需要几分钟。测试完成后,用户就可以看到综合性能检测的评分了,如图 5-12 所示。

图 5-11　性能测试

图 5-12　计算机综合性能检测

除了检测计算机的综合性能,鲁大师还可以单独检测计算机某一个设备的性能。单击菜单栏中的"硬件检测"选项卡,界面如图 5-13 所示。在左边的"电脑概览"选项中可以看到计算机的整体信息,包括电脑型号、操作系统、处理器、主板、内存等信息。单击左侧栏中的每一项都可以进一步了解设备的详细信息。

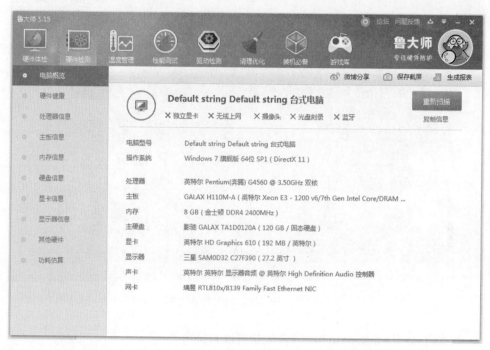

图 5-13 硬件检测

5.2 常用的系统维护软件

5.2.1 Windows PE 的使用

Windows PE 是包含有限服务的最小 Win32 子系统,基于以保护模式运行的 Windows 内核,有支持 Windows XP/7/10 的版本。Windows PE 是一个集成了许多 Windows 技术,包括 Windows 安装程序和 Windows 部署服务（Windows DS）的组件。它包括运行 Windows 安装程序及脚本、连接网络共享、自动化基本过程以及执行硬件验证所需的最小功能。

Windows PE 可以在 U 盘上运行,也可以选择直接从内存运行。如果选择从内存运行 Windows PE,Windows PE 引导载入程序将首先在内存中创建一个虚拟 RAM 磁盘;然后引导载入程序将压缩版本的 Windows PE 复制到 RAM 磁盘;最后引导载入程序安装 RAM 磁盘。就好像它是一个磁盘驱动器一样,并启动 Windows PE,Windows PE 启动后的界面如图 5-14 所示。

尽管 Windows PE 被设计得很小,但它包含 Windows 的大量核心功能。因为 Windows PE 支持 Win32（就像 Windows 7 一样）,所以大多数 Windows 应用程序都能在 Windows PE 中运行。下面介绍 Windows PE 计算机系统维护中的主要功能。

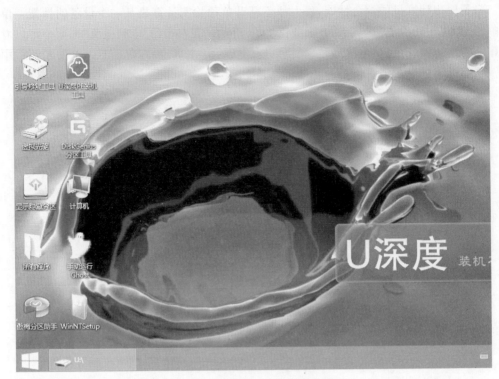

图 5-14　Windows PE 启动界面

1. 用光盘(U 盘)系统 Windows PE 轻松更改系统密码

Windows 系统的用户登录密码忘了,怎么办?如何更改 Windows 7 系统中管理员的密码?其解决方法在网络及一些杂志上也有介绍,有些方法虽然实用,但有些烦琐。使用 Windows PE 的光盘(U 盘)引导后,便可轻松解决上述问题。

2. Windows PE 对网络的支持

Windows PE 启动后就可以使用网络环境,Windows PE 支持 IPv4 和 IPv6。但它不支持其他协议,如网间分组交换/顺序分组交换（IPX/SPX）协议。可以使用 ping、net、ipconfig 等网络命令测试网络环境。

3. Windows PE 的磁盘操作功能

利用 Windows PE 创建、删除、格式化和管理 NTFS 文件系统分区,对于个人用户来说这个功能很是实用和方便。

4. 方便易用的启动工具盘

Windows PE 启动相当快捷,而且对启动环境要求不高,其功能几乎相当于安装了一个 Windows 的命令行版本。因此,对于个人计算机用户来说,只要将其刻录在一张光盘或 U 盘上,便可放心地去解决初始化系统之类的问题。

比如遇到系统无法启动的情况时,如果使用重装系统的方法来解决此类故障,势必会造成系统分区(C 盘)中的内容全部丢失,而 C 盘中可能又有尚未备份的重要数据,此时便可利用 Windows PE 光盘或 U 盘启动后,将重要的数据文件在重装系统前备份出来。此时, Windows PE 就充当硬盘系统分区中的数据拯救者角色。

此外,在国内众多技术人员的共同努力下,Windows PE 已经成为一个集多种功能于一身的超级系统维护工具,只要把 Windows PE 安装在 U 盘随身携带,到哪里都能随时拯救你的 Windows 系统,拯救你的数据。需要说明的是,这种系统维护工具是基于 Windows PE 的,Windows PE 在这里只是一个平台。如通用 PE 工具箱就是目前比较好用的 PE 工具软件,适用于目前各种 Windows 版本,具有很强的计算机系统维护功能。

5.2.2　影子系统的使用

　　影子系统(PowerShadow Master)是北京坚果比特科技有限公司于 2004 年推出的一款系统维护软件,是隔离保护 Windows 操作系统,同时创建一个和真实操作系统一模一样的虚拟化影子系统。用户进入影子模式后,所有操作都是虚拟的,不会对真正的系统产生影响,在影子系统下,对系统的一切改变,在退出影子模式后消失,从而实现系统的免维护。目前影子系统最高版本是 8.5.5,支持主流的 Windows 系统,如 Win 10/Win 8/Win 7/Win XP,并终身免费,如图 5-15 所示为影子系统控制台界面。

图 5-15　影子系统控制台

　　影子系统实时生成本机内硬盘分区的一个影子,称它为"影子模式"。影子模式和正常模式具有完全相同的结构和功能,用户可以在影子系统内做任何在正常系统内能做的一切事情。影子模式和正常模式之间的实质区别是:一切在影子模式内的操作,包括下载的文件,生成的文件资料或者更改的设定都会在退出影子模式时完全消失,不留任何操作的痕迹。

　　当安装了影子系统后,类似安装了多系统,启动时会出现正常模式、单一影子模式和完全影子模式三种模式供用户选择。正常模式就是未安装影子系统时的情况,所有分区处于开放状态;单一影子模式是只创建系统分区的影子,一切对系统分区的所有改变均不会保留,而在非系统分区的改变则全部保留;完全影子模式将会对本机内所有硬盘分区创建影

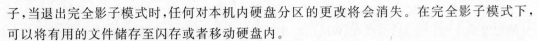

子,当退出完全影子模式时,任何对本机内硬盘分区的更改将会消失。在完全影子模式下,可以将有用的文件储存至闪存或者移动硬盘内。

影子系统具有以下优点:

1. 防范未知的新病毒

过去新病毒出来以后,首先由杀毒软件公司找到对策,用户再去升级杀毒软件,这期间总会有新病毒的牺牲品。在影子模式下,任何病毒、变种病毒、木马、流氓软件都无机可乘。

2. 大胆地运行网上下载的程序

大家经常从网上下载安装软件,虽然用杀毒软件扫描了病毒,但是系统仍然经常遭到破坏甚至导致系统崩溃,影子系统可以解决这样的问题,让您安心地试用任何软件。

3. 保护个人隐私,用电脑不留任何痕迹

影子系统可以最大限度地保护您的个人隐私。在影子模式下使用电脑,重启系统或退出影子模式后将不会留下任何使用痕迹。影子模式下您还可以放心的打开邮件里的可疑附件。

4. 系统免维护专家

影子系统能给你的操作系统最有力的保护。电脑使用一段时间后,难免会出现各种各样的系统问题,甚至是系统崩溃,用影子系统可以使电脑系统及时恢复,避免花费大量的时间来维护或者重新安装系统。

5.2.3 一键还原精灵的使用

1. 一键还原精灵介绍

一键还原精灵是一款傻瓜式的系统备份和还原工具,具有安全、快速、保密性强、压缩率高、兼容性好等特点,是目前计算机系统维护较受欢迎的工具软件。其备份和还原系统十分方便,解决了计算机系统维护人员或一般用户经常重装系统的苦恼。一键还原精灵目前使用较多的版本是10.0。

2. 一键还原精灵功能与特色

安装傻瓜,明了简约:实现一键傻瓜化操作,并可灵活选择热键。安装时不修改硬盘分区表,安装卸载方便安心,自动选择备份分区,无须担心空间是否够用。

操作简单,保密可靠:不需要用任何启动盘,只需要开机时按F11键就立即还原系统,并可设置二级密码保护,确保软件使用安全。

安全高效,性能稳定:采用Ghost为内核,备份还原系统快捷、稳定、安全,智能保护备份镜像文件,防止误删及病毒入侵,绝不破坏硬盘数据。

节约空间,维护方便:提供手动选择备份分区大小和自动根据C盘数据大小划分备份分区容量两种安装方式,同时将所要备份的分区进行高压缩备份,最大程度地节省硬盘空间,并可随时更新备份,卸载方便安全。

3. 安装与卸载

安装一键还原精灵时要注意硬盘上必须有两个以上分区。安装方法很简单,运行一键还原精灵程序,弹出如图5-16所示的主界面,在图5-16所示界面中单击“安装”即可。卸载时,在图5-16所示的界面上选择“安装”命令,在弹出的如图5-17所示对话框上单击“卸载”按钮,即可卸载一键还原精灵。

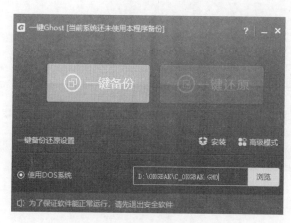

图 5-16　一键还原精灵主界面

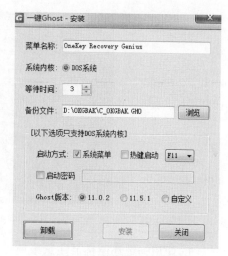

图 5-17　卸载一键还原精灵

4. 如何备份系统和还原系统

　　在图 5-16 界面上单击"一键备份"按钮,这时在屏幕中会弹出一个提示窗口,告知所备份的磁盘分区以及备份路径,确认无误后,只需要按下窗口中的"确定"按钮即可。等待电脑重启后,在系统选择界面中会多出一个 OneKey Recovery 选项,电脑将会自动选择此选项进入到备份系统的操作当中。最后我们所看到的是如图 5-18 所示的备份系统的详细过程,备份过程中不用守候在电脑前,备份系统完成后,将会自动回到电脑系统当中。

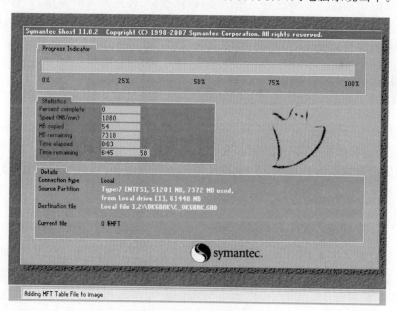

图 5-18　系统备份过程

　　备份好系统后,若要还原系统,则直接运行"一键还原精灵"软件,此时一键还原主界面如图 5-19 所示,在此界面上单击"一键还原"按钮,即可完成系统还原。如果系统无法引导时,可在启动时选择相应的菜单项,完成一键还原系统的功能。

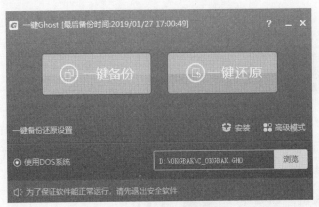

图 5-19　备份/还原系统

5. 使用一键还原精灵注意事项

安装一键还原精灵后不得更改硬盘分区数量、不得隐藏硬盘某个分区,否则将导致本软件失效。如确要更改或隐藏分区,请先卸载一键还原精灵。

不得格式化硬盘上所有分区,否则一键还原精灵可能失效。如果硬盘上有隐藏分区,则在"多分区备份还原"选项看到的分区符号与 Windows 下的不一致,切勿混淆了盘符,否则将恢复出错。

一键还原精灵有一个安全的密码系统,分别设有管理员密码及用户密码。如果设置了管理员密码,进入"高级设置"及使用安装程序的"卸载"选项时,均需输入密码,以保证一键还原精灵系统的安全性。如果设置了用户密码,在备份、还原系统时需输入密码。

如果忘记了用户密码,则可利用管理员密码重设;如果忘记了管理员密码,请卸载一键还原精灵后重新安装。

5.3　计算机系统性能优化

很多用户都有这样的体会,虽然自己的计算机是当前的主流配置,但随着系统使用时间的增加,系统的运行效率变得越来越低,会感觉到自己的系统启动速度、运行速度越来越慢,软件运行起来越来越吃力。导致系统速度下降的原因有很多,既有"软"又有"硬",为了提高系统的运行效率,优化计算机性能,应按照先"软"后"硬"顺序,对系统进行优化工作。

5.3.1　Windows 系统手动优化

操作系统优化主要是指对 Windows 中一些设置不当的项目进行修改,以加快操作系统的运行速度。操作系统的优化主要包括优化启动项、加快开机速度、加快系统运行速度等,对 Windows 系统进行优化操作,可以使用 Windows 系统的相关命令进行手动优化,还可以使用相关的优化软件进行自动优化。以下先介绍手动优化。

1. 优化启动项

随着使用时间的增加,计算机中安装的软件越来越多,计算机的开机速度及运行速度都会越来越慢。除了计算机病毒感染外,最常见的原因就是安装了太多的软件,有一些软件程序会被默认添加到系统启动项中,这样它们就会随着操作系统的启动而启动,造成开机速度缓慢。

Windows 系统提供了系统配置管理工具 msconfig,用户可以通过 msconfig 关闭自启动的程序,以加快操作系统的启动速度,具体方法是:

按 Windows＋R 组合键,在弹出的运行框中输入 msconfig,如图 5-20 所示。单击"确定"按钮,打开如图 5-21 所示的"系统配置"界面,在界面上选择"启动"选项卡,系统会显示所有的启动项,如图 5-22 所示。在图 5-22 的启动项中把不需要的启动项目取消,然后单击"确定"按钮即可。

图 5-20 运行 msconfig

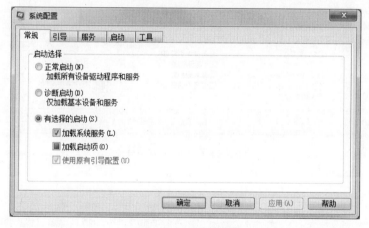

图 5-21 系统配置

2. 加快开机速度

虽然 Windows 10 操作系统的开关机速度较之前的操作系统有很大提升,但用户还是可以通过 msconfig 设置加快开机速度。

打开 msconfig 系统管理工具,在弹出的"系统配置"对话框中单击"引导"选项卡,如图 5-23 所示。单击"高级选项"按钮,弹出如图 5-24 所示的"引导高级选项"对话框,在这里选择"处理器数"复选框,单击下拉列表,选择处理器数为 4,单击"确定"按钮,返回 msconfig 主界面,再次单击"确定"按钮,重启计算机使设置生效。

3. 加快系统运行速度

计算机在使用过程中,随着打开的软件越来越多,运行的速度会越来越慢,这时用户可以通过关闭多余进程来加快系统的运行速度。方法如下:右击任务栏,在弹出的快捷菜单中选择"任务管理器"选项,弹出"Window 任务管理器"对话框,如图 5-25 所示。

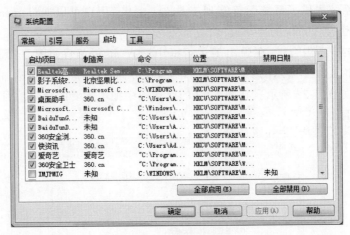

图 5-22　启动项

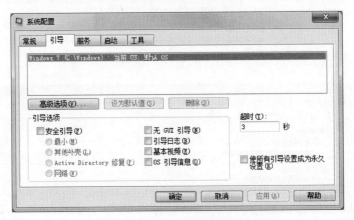

图 5-23　系统配置引导选项

图 5-24　引导高级选项

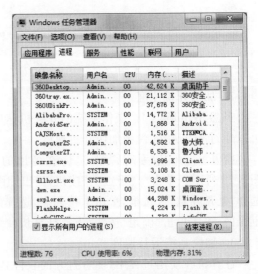

图 5-25　"任务管理器"窗口

选择"进程"选项卡,系统会显示出所有启动的程序服务进程,在进程列表中查找不再使用的服务进程,单击"结束进程"按钮结束该进程即可。

在Windows系统中,所有开启的服务,其进程都会在"任务管理器"中显示,除了常用的软件服务进程之外,还有系统进程,系统进程通常是不能被结束的,否则将会出现严重的系统问题。下面列出几个重要的系统进程:

Csrss.exe:子系统服务器进程,这是Windows操作系统最为核心的进程之一,负责图形管理,如果结束该进程,会导致蓝屏。

Winlogon.exe:管理用户登录进程,如果结束该进程,桌面背景和鼠标指针将无法进行任何操作。

Explorer.exe:资源管理进程,结束该进程将导致Windows图形界面无法使用。

Dwm.exe:桌面窗口管理进程,结束该进程,就无法支持Aero桌面效果(一种视觉效果)。

Taskhost.exe:Windows任务的主机进程,结束该进程,则系统计划定时任务会失败。

Taskmgr.exe:Windows任务管理器进程,结束该进程将会导致不可预知的问题。

4. 系统服务优化

Windows操作系统启动时,系统自动加载了很多服务,这些服务在系统、网络中发挥了很大的作用,但这些服务并不都适合用户,因此有必要将一些不需要或用不到的服务关闭,以节省内存资源,加快计算机的启动速度。另外,优化系统服务的主动权应该掌握在用户手中,因为每个系统服务的使用需要依个人实际使用情况来决定。

Windows操作系统中提供的大量服务占据了许多系统内存,且很多服务完全用不上,因此可以关闭这些服务来优化系统。关闭不需要的服务的具体操作如下:使用命令Windows + R组合键,打开"运行"窗口,键入services.msc,按Enter键,即可打开"服务"。也可进入"控制面板",双击"管理工具",打开"管理工具"窗口,再双击"服务"选项,打开"服务"窗口,窗口中就包含了Windows提供的各种服务。

一般来说,Windows 7/10系统的有些服务用到的比较少,大家可以将这些服务关闭,以提升电脑的运行速度,如蓝牙服务(Bluetooth Support Service)、智能卡服务(Smart Card)、打印机服务(Print Spooler)、远程注册表服务(Remote Registry)等,都是可以禁用的服务。需要注意的是,不要关闭一些自己不了解的服务,以免系统出现各种难以预料的问题。

注意:由于大多数用户并不明白每一项服务的含义,不能随便进行优化,因此可以考虑使用系统服务优化设置工具来完成系统服务的优化操作。

5. 磁盘的优化

磁盘是使用最频繁的硬件设备之一,随着使用时间的增加,磁盘产生的垃圾与磁盘碎片会越来越多,优化磁盘的性能,需要定期对磁盘进行清理与优化,包括清理磁盘垃圾、整理磁盘碎片、检查和修复磁盘错误。

清理磁盘垃圾:双击"计算机"图标,打开磁盘列表,选中要清理的磁盘D,右击,在弹出的快捷菜单中选择"属性"选项,弹出如图5-26所示的"本地

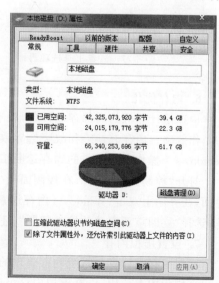

图5-26　磁盘的属性

磁盘(D:)属性"界面,单击界面上的"磁盘清理"按钮,即可对所选的磁盘进行清理。

整理磁盘碎片:磁盘在使用过程中产生的碎片会影响磁盘的性能,另外,磁盘碎片会隔断存储在磁盘上的数据,使数据不能保存在连续的磁道上。读写磁盘时,如果读取不在连续磁道上的数据,会加快磁头的磨损,影响磁盘的使用寿命,因此,优化需要定期整理磁盘碎片。

Windows 7 自带的整理磁盘碎片的工具,会定期进行磁盘碎片整理,但用户也可以手动进行整理,其方法如下:

在图 5-26 所示的对话框中,选择"工具"选项卡,弹出如图 5-27 所示的对话框中单击"立即进行碎片整理"按钮即可。

检查和修复磁盘错误:在图 5-27 所示的对话框中单击"开始检查"按钮,弹出如图 5-28 所示对话框检查磁盘,选择磁盘检查选项,单击"开始"按钮,系统将开始自动检查修复磁盘。

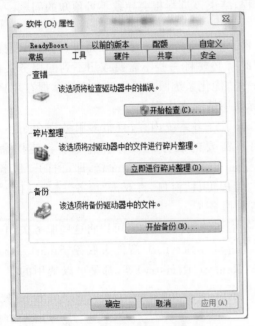

图 5-27 磁盘工具选项界面

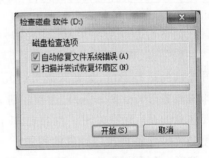

图 5-28 检查磁盘

6. 内存优化

内存是计算机的内部存储设备,用于和 CPU 高速交换数据,优化内存可以提高计算机的工作效率。内存有缺陷和故障会导致各种系统问题,如蓝屏、宕机、重启等,用户可以使用 Windows 7 操作系统提供的内存诊断工具进行内存诊断,现在介绍其具体使用方法。

打开"控制面板主页",在控制面板中选择"管理工具"弹出如图 5-29 所示的"管理工具"界面,在界面上双击"Windows 内存诊断",弹出如图 5-30 所示的"Windows 内存诊断"对话框,选择"立即重新启动并检查问题",还是"下次启动计算机时检查问题"。

7. 设置虚拟内存

虚拟内存是计算机系统内存管理的一种技术,在内存不足时,它将磁盘的一部分空间划分出来作为内存使用,设置虚拟内存可以优化系统运行。

图 5-29　管理工具

Windows 7 操作系统设置虚拟内存的方法：右击"计算机"，在弹出的快捷菜单中选择"属性"选项，弹出"计算机属性"对话框，单击左侧的"高级系统设置"，弹出如图 5-31 所示的"系统属性"对话框，单击"性能"框中的"设置"按钮，在弹出的对话框中，选择"高级"选项卡，弹出如图 5-32 所示的"性能选项"对话框，再单击"更改"按钮。弹出图 5-33 所示的"虚拟内存"对话框，取消选择"自动管理所有驱动器的分页文件大小"，然后选择"自定义大小"选项，在图中设置虚拟内存的初始大小与最大值。设置虚拟内存大小时，根据物理内存的大小来设置，微软推荐虚拟内存大小为物理内存的 1.5～2 倍，设置完成后，单击"确定"按钮，弹出计算机重启提示框，再单击"确定"按钮重启计算机即可。

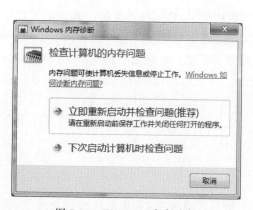

图 5-30　Windows 内存诊断

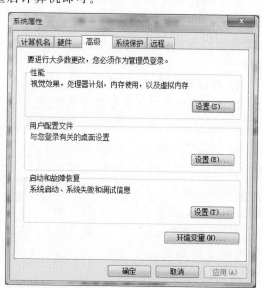

图 5-31　系统属性

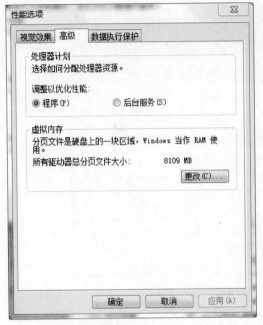

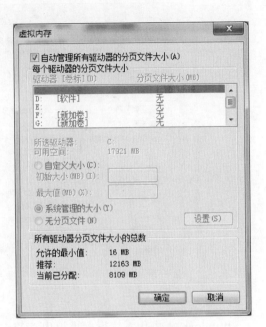

图 5-32　性能选项　　　　　　　　　图 5-33　虚拟内存设置

注意：虚拟内存并非越大越好，如果虚拟内存过大，系统会在物理内存还有很多空闲时就开始使用虚拟内存，而已经打开的程序却还滞留在物理内存中，这就必然导致内存性能的下降。

5.3.2　优化软件自动优化

除了手动优化系统外，还可以使用第三方软件对操作系统进行优化。现在常用的 Windows 系统优化软件有很多，如 Windows 优化大师、Windows 7 总管、魔方电脑大师、电脑管家以及 360 安全卫士等。本书选择 360 安全卫士优化操作系统来介绍其主要用法。

1. 操作系统优化

使用 360 安全卫士优化操作系统，可以加快开机速度、加快运行速度等。其方法是打开 360 安全卫士软件，在 360 安全卫士的主界面上，单击"优化加速"选项，弹出如图 5-34 所示的界面，单击"全面加速"按钮，360 安全卫士开始检测计算机。检测完毕后，会列出如图 5-35 所示的所有可优化项，由图 5-35 可知，该计算机中有 14 个可优化项，优化之后，开机可提速 0.5s，系统可提速 0.1% 等。单击界面上的"立即优化"按钮，弹出如图 5-36 所示"一键优化提醒"对话框。在图 5-36 所示的界面中，选择要优化的项，如果优化全部项，可选择左下角的"全选"复选框，然后单击"确认优化"按钮，待优化完成后，360 安全卫士会报告优化结果，如图 5-37 所示。

2. 给系统盘瘦身

如果系统盘占用太满，可以使用 360 安全卫士给系统盘瘦身，加快系统的运行速度，使用 360 安全卫士给系统盘瘦身的具体步骤如下：

图 5-34　优化加速

图 5-35　检测出可优化项

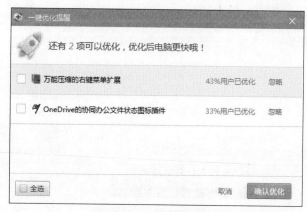

图 5-36　一键优化提醒

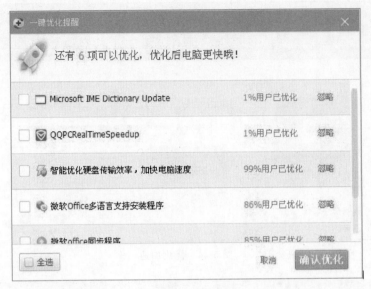

图 5-37　优化结果

　　打开 360 安全卫士软件,选择 360 安全卫士的主界面上的"电脑清理"选项,弹出如图 5-38 所示的"电脑清理"界面,选择右下角的"系统盘瘦身"选项,弹出如图 5-39 所示的"系统盘瘦身"界面,在图 5-39 所示的界面上,可以通过转移虚拟内存、关闭系统休眠功能、删除系统备份文件、文件搬移 4 种方式给系统盘瘦身。

图 5-38　电脑清理

图 5-39　系统盘瘦身

小　　结

　　本章介绍了 Windows 系统的性能检测工具和鲁大师性能检测软件的使用方法；介绍了常用的系统维护软件 Windows PE、影子系统、一键还原精灵的使用方法；还介绍了 Windows 系统手动优化方法及和使用 360 安全卫士软件自动优化系统的方法。本章介绍的软件较多，各有特色，读者可以选择使用，相信读者通过本章内容的学习，一定会在计算机系统维护技术上有一个"质"的提高。

习　　题

1. 如何使用 Windows 系统自带性能检测工具？
2. 简述一键还原精灵在系统维护中的作用。
3. 简述 Windows PE 在系统维护中的作用。
4. 简述影子系统在计算机维护中的作用。
5. 简述如何手动优化系统。

第6章 微型计算机的故障维护

6.1 微机故障概述

6.1.1 微机故障的特点

微机的故障涉及硬件、软件及使用环境等复杂因素。从微机技术发展历程来看，一台微机的正常使用时间在5年左右。若使用时间超过5年，即使微机硬件没有发生故障，仍然可以正常开机，但是由于运行新操作系统和新应用软件的硬件条件限制会导致其运行速度非常缓慢，甚至不能使用。这时虽然电子元器件远没有达到它的衰老期，但由于硬件配置不能适应新的软件要求，使得微机工作性能变得非常低下，这样就导致了微机的淘汰。另外，旧的微机往往不支持许多新的外部设备，容易造成兼容性故障。总之，微机淘汰的主要原因是硬件不能满足软件发展的需要。

微机发生故障具有一定的规律性，其故障一般随着使用时间的延长概率越来越高，一般来说要经历性能稳定期、故障多发期、产品淘汰期3个阶段。故障发生的规律符合图 6-1 所示的梯田曲线。

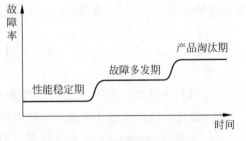

图 6-1 微机故障的梯田曲线

1. 性能稳定期

新装配的机器一般配置比较合理，能满足当前软件要求，性能较为稳定，较少发生硬件故障。加之销售商对硬件部件也有至少1年的保修期，所以该时期微机的故障类型主要为软件故障和环境故障。

2. 故障多发期

经过1年多的使用，微机进入了故障多发期。产品电子元器件的老化会导致某些元器件失效。材料的缺陷也是故障多发的原因，例如当主板太薄时，造成主板缓慢变形导致信号线断裂。若安装不小心造成板卡表面划伤，在短时间内影响不大，但经过长时间的空气氧化，将产生严重的干扰噪声。另外，软件系统的故障率也会随着使用时间的增加而大大升高。如操作系统越来越大,运行效率大大降低,计算机病毒的破坏,对注册表的损伤,以及应用程序、设备驱动程序的冲突等,都是造成故障多发的原因。微机应用环境也是导致这一时期故障多发的原因。例如长时间的潮湿、高温、灰尘、静电的积累都会对微机产生不良的影响。这一时间一般在两年左右。

3. 产品淘汰期

经过 3～5 年的使用,微机的故障率将不断增加,逐渐进入产品淘汰期。由于软件的不断升级,微机硬件逐渐无法满足软件的要求,导致很多新的软件无法正常使用。同时新的硬件设备无法识别,产生了软硬件不兼容的现象。在应用环境方面,由于主机内部灰尘日益增多,加之长期的空气潮湿,会使电路板线路、主板接口部件氧化现象严重,造成干扰信号,导致故障不断。同时由于计算机的不断发展,对微机的主要产品采用不断淘汰的策略,配件不齐也使其无法进行维修,不得不淘汰。

6.1.2　微机故障的分类

计算机系统是一个硬件与软件相结合的系统,系统在工作时,由于各种原因将会产生多种故障现象。计算机系统故障涉及硬件、软件、使用环境等复杂因素,按故障原因可分为:硬件故障、软件故障和环境故障。

1. 硬件故障

微机硬件故障主要是由部件(如 CPU、主板、内存、显卡和硬盘等)损坏或性能不良而引起的,主要体现在硬件物理失效或部件本身的供电错误、接触不良等造成微机无法正常工作。

硬件故障可以分为以下三个级别:一级故障、二级故障和三级故障。

一级故障:指板卡类故障,常常由于板卡接口、数据线接口、电源接口接触不良引起的,这类故障只需要重新拔插即可解决。

二级故障:由硬件内部的电子元件老化引起的,这类故障一般需要借助检测设备才能检测出来。修复这类故障,通常需要更换元件。

三级故障:指线路故障,这类故障要对电路进行检测才能发现。

硬件故障的一般表现为以下几个方面:

(1) 系统上电后无任何反应。

(2) 打开主机电源后,机器不工作,面板显示全无。

(3) 复位开关 RESET 不起作用。

(4) 机器加电以后,显示器有故障或无显示。

(5) 键盘不能输入。

2. 软件故障

微机软件故障主要是由于计算机系统配置错误、软件与软件之间相互冲突、软件版本不兼容、用户人为错误操作、计算机病毒、黑客攻击等原因引起的。软件故障可分为软件兼容故障、系统配置故障、计算机病毒故障、操作故障等。

软件兼容故障:指软件的版本与运行环境的配置不兼容时,造成软件不能运行、宕机、文件丢失或遭到破坏的现象。

系统配置故障:系统配置包括基本的 BIOS 设置、操作系统配置等,这些系统配置不正确造成的计算机故障被称为系统配置故障。

计算机病毒故障：由于计算机感染病毒,造成重要数据丢失或破坏而引起的计算机故障。

操作故障：指用户操作失误而导致的故障,如误删重要数据、运行了具有破坏性的程序等。

软件故障一般表现为以下几个方面：

（1）经常出现死机现象。

（2）程序运行过程中,程序无法中断,只能重新启动。

（3）开机之后,操作系统引导不起来。

（4）软件无法安装或虽能安装,但无法运行。

（5）操作系统中一些命令或功能模块丢失。

3．环境故障

微机环境故障主要是由使用环境没有满足微机规范要求引起的。计算机使用环境要求主要有以下几点。

1）温湿度引起的故障

计算机工作温度应在 5℃ ～35℃,湿度最好在 35％～80％。温度过高、过低都会影响计算机电子元件的性能,增加出错率。湿度过高,容易造成计算机元件、芯片、线路板生锈腐蚀等；湿度过低,则容易引起静电,损坏元件中的集成电路,导致计算机故障。

2）电源电压引起的故障

计算机需要在稳定的电压下工作,计算机要求的电压范围为 187V～242V。电压不稳会影响计算机线路的正常工作,如自动关机。

3）强磁场、强电场干扰

计算机中的许多设备都以磁信号作为载体记录数据,强磁场会对这些设备产生很大的影响,如磁盘受到强磁场干扰可能导致磁盘数据丢失。

4）灰尘引起的故障

计算机的机箱并不是完全封闭的,如果计算机工作环境的灰尘过多,灰尘就会进入机箱附着在电路板上,这样就会影响散热甚至电路短路。

注意：计算机故障的分类没有很明确的界限,很多硬件故障都是由于软件使用不当或使用环境不佳引起的,而很多软件故障也多由于硬件不能正常工作引起的。所以,当计算机出现故障时一定要全面分析,不能被其表象所误导。

6.2　常用故障诊断方法

计算机系统故障诊断的流程一般是：在掌握系统基本组成和基本原理的基础上,根据积累的经验,初步确定故障范围和可疑对象,然后利用常用的诊断方法逐项排除,最后进行故障定位。

6.2.1　计算机维护(修)的原则与规范

1．计算机维护(修)的基本原则

（1）先静后动原则：先静后动包含两层意思,一是指思维方法,二是指诊断方法。排除故障时,先根据故障现象,仔细分析故障类型。

（2）先软后硬原则：所谓先软后硬就是出现故障后，应首先从软件的使用方法上来分析原因，看是否能够发现问题并找到解决办法。

（3）先电源后负载原则：电源工作正常是系统正常工作的前提条件，因此，出现故障时应检查电源连接是否松动、电压是否稳定、电源工作是否正常。

（4）先主机后外设原则：计算机系统包括主机和外设两大部分，主机正常工作是系统正常工作的关键。

（5）先易后难原则：在维修中"易"具体指首先从最简单的事情和最简洁的环境做起，先解决简单故障，再解决较难的故障。有时将简单故障排除后，较难解决的那个故障也会变得容易排除。

（6）先假后真原则：有时计算机并没出现真正的故障，而是由于电源没开或数据线没有连接等原因造成的故障假象。排除故障时应先确定该硬件是否确实存在故障，检查各硬件之间的连线是否正确、安装是否正确。

2. 计算机维护（修）工具

1）常用工具

在维护计算机前，要准备好维护所需的工具，这些工具包括磁性的螺丝刀（十字／一字）、尖嘴钳、防静电软毛刷、吹气球、回形针、万用表及清洁工具等。

2）准备小空盒

维修计算机难免要拆卸计算机部件，经常需要拆下一些小螺丝，因此需要准备一个用来存放螺丝的小空盒。

3）备妥替换部件

想要维修一台故障计算机，最好先准备可以替换的部件来进行测试，这样便于快速找到故障原因。

4）软件工具

使用软件工具对计算机系统进行维护是非常方便和有效的。常见的软件工具有如下3类。一是系统维护启动U盘，该U盘启动Windows PE系统，而且U盘中有常用的工具，如分区工具、驱动精灵等；二是系统安装U盘，系统崩溃时可安装系统；三是系统维护软件，如数据恢复软件、杀毒软件等，出现数据丢失或病毒感染时使用。

3. 计算机维护（修）操作规范

1）拔去电源

在拆装任何零部件时一定要将电源断开，不要进行热插拔，以免伤害人身健康或烧坏计算机。

2）小心静电

维修计算机时应注意静电，以免烧坏计算机元件。尤其是干燥的冬季，手上经常带有静电，触摸计算机部件前应先释放静电。

3）板卡安装

拆卸计算机各部件时要注意各插接线的方位，固定计算机元件时，元件摆放不要有偏差。安装主板时，如果主板安装不平，会导致插卡接触不良，同时在固定主板时螺丝的力度要适当，否则容易造成主板变形。

6.2.2 故障的例行检查

对于计算机维修人员来说,总是首先观察到故障现象,然后再进行故障原因分析和维修工作。因此,如何从故障现象判断故障原因,这就要进行例行检查。所谓例行检查是指不需要特殊的工具和软件,通过仔细观察就能进行的简单检查,很多故障的原因并不复杂,通过例行检查就可解决。例行检查分为一级例行检查和二级例行检查。

一级例行检查是指微机设备不上电进行的检查。主要有连接状态检查、环境检查、开箱检查、电子元件检查和保险管检查等。

1. 一级例行检查

1) 连接状态检查

主要检查电源插座是否接好、插头有无松动;主机机箱后面、显示器的开关是否打开;市电插座接线是否符合"左零右火中间地"的规范。I/O 接口的插头是否都插紧到位(如显示器接头没接好,则会造成显示器无显示;音箱和声卡的接口松动,可能造成微机声音不正常甚至无声);PS/2 鼠标和键盘是否接反,音频接头是否插错位置等。

2) 环境检查

检查微机周边环境的温湿度是否过高,是否有强电磁场干扰(如微波炉、对讲机等设备的使用)以及是否有大型的启停设备,因为这些因素均会影响到微机的正常运行。

3) 开箱检查

检查机箱内板卡是否灰尘严重、导致板卡接触不良;是否有多余的螺丝等造成短路;CPU 风扇是否正常工作;CMOS 电池跳线是否处在短路放电状态;电源开关、复位按钮是否正常通断及是否能正常弹起;硬盘安装与接线是否良好等。

4) 电子元件检查

检查主板、显卡等电路板上是否有线路划伤、氧化、短路等现象;检查主板、显卡等电路板上电容是否存在鼓起、漏液、氧化等现象;检查焊点是否有虚焊、集成电路芯片是否发黄等。

5) 保险管检查

对电源、显示器等设备的保险管进行检查,如果保险丝熔断,说明电路短路电流过大,必须进行仔细检查;如果保险丝未断,但已弯曲变形,说明电路中电流较大;如果保险丝完好,但主机不工作,说明电路其他部分存在故障,使电源处于保护状态。

2. 二级例行检查

二级例行检查是指微机上电后才能进行的检查,主要包括微机设备上电后进行的一些基本检查、发热检查、BIOS 设置检查、操作系统设置检查等。

1) 基本检查

使用测电笔测试电源盒的地线、零线、机箱外壳等是否带电;使用万用表检查电压是否稳定;显示器亮度是否合适;观察主机、显示器、硬盘、键盘等指示灯是否正常;开机后是否有报警声等。

2) 发热检查

CPU 风扇、显示卡风扇是否有转速降低或不转的现象;内存条是否受到 CPU 风扇的影响,导致内存的热稳定性不好,灰尘严重;硬盘是否发热严重,引起数据错误而导致死机;

集成电路芯片是否工作时间太长，导致散热不畅等。

3）BIOS设置检查

进入BIOS设置程序检查CPU工作频率、工作电压的设置是否正确，内存参数设置是否恰当，以及硬盘工作模式设置是否正确等。

4）操作系统设置检查

在控制面板的"设备管理器"选项中检查各种板卡是否存在冲突问题；在控制面板的"添加/删除硬件"选项中卸载不必要的设备驱动；在控制面板的"网络"选项中检查网络协议的设置是否正确；在控制面板的"管理工具"选项中检查是否启动了某些不安全和多余的服务；在控制面板的"显示"选项中检查分辨率、刷新频率是否正确；通过任务管理器检查运行的进程是否太多，导致系统资源严重不足等。

6.2.3 维修的基本方法

1. 软件诊断方法

这是通过开机自检程序、随机诊断程序或自编专用诊断程序等软件来辅助诊断故障的方法。例如通过加电自检程序POST的屏幕提示和声音判断故障，通过随机的高级诊断程序DIAGNOSTICS对机器进行检查，以及通过诊断程序的出错代码了解故障的设备和故障的性质等。

2. 观察法

这是通过对比观察电路元器件的外部特征发现故障的方法，此时的观察不仅仅是用眼睛看，而是一个广义概念，包括眼观、耳听、鼻闻、手摸等感知手段。

（1）眼观：观察系统板卡的插头、插座是否歪斜，电阻、电容引脚是否相碰，表面是否烧焦，芯片表面是否开裂，主板上的铜箔是否烧断，是否有异物掉进主板的元器件之间（造成短路），同时还应查看板上是否有烧焦变色的地方，以及印刷电路板上的走线（铜箔）是否发生断裂等。

（2）耳听：监听电源风扇、硬盘电机或寻道机构、光驱等设备的工作声音是否正常。另外，一般情况下，当系统发生短路故障时，常常伴随着异常声响，随时监听可以及时发现一些事故隐患，帮助在事故发生时即时采取措施。

（3）鼻闻：检查主机、板卡中是否有烧焦的气味，便于发现故障和确定短路所在位置。

（4）手摸：用手按压管座的活动芯片，查看芯片是否松动或接触不良。另外，在系统运行时，用手触摸或靠近CPU、显示器、硬盘等设备的外壳，根据其温度可以判断设备运行是否正常。用手触摸一些芯片的表面，如果发烫，则表明该芯片已损坏。

3. 升降温法

升降温法采用的是故障促发原理，以制造故障出现的条件来促使故障频繁出现，从而观察和判断故障所在的位置；通过人为升高或降低计算机运行环境的温度，以确定故障的范围。提高计算机运行温度可以检验计算机各部件（尤其是CPU）的耐高温情况，从而及早发现事故隐患；降低计算机运行环境的温度，如果计算机的故障出现概率大大减少，则说明故障出在那些不能耐高温的部件中。该方法可以缩小故障诊断范围。例如，计算机在夏天故障率较高，则说明故障是由器件的热稳定不好造成的。

4. 交换法

将怀疑有问题的设备与功能正常的设备互相交换,通过观察故障现象是否消失来判断故障原因,这是维修中应用最广泛的一种方法。当出现故障时,如果能找到相同型号的计算机部件或外设,那么使用交换法就可以快速判定是否是元件本身出现了问题。

5. 清洁法

灰尘是导致微机故障的重要隐患,对于处于使用环境较差或使用时间较长的计算机,首先应进行清洁。可用毛刷轻轻刷去主板、外设上的灰尘。其次,由于板卡上一些插卡或芯片采用插脚形式,所以由于灰尘原因容易造成引脚氧化、接触不良,可用橡皮擦擦去表面氧化层,重新插接好后,开机检查故障是否已被排除。

6. 最小系统法

这是能使微机运行最基本的硬件和软件环境的方法,最小系统法是缩小微机故障范围的有效方法。最小系统法分硬件最小系统法和软件最小系统法。硬件的最小系统由电源、主板、CPU、内存组成。在该系统中没有任何信号线的连接,只有电源到主板的电源连接。维修中通过故障测试卡来判断这一核心部分是否可正常工作。软件的最小系统由电源、主板、CPU、内存、显卡、显示器、键盘和硬盘组成。在操作系统中可以根据情况卸载一些常驻内存程序,卸载一些硬件驱动程序等。这个最小系统主要用来判断系统是否可完成正常的启动与运行。

7. 敲打法

这个方法用于解决板卡接触不良、虚焊或金属氧化电阻增大等原因造成的故障,其方法是用手轻轻敲击机箱外壳及显示器等有可能发生因接触不良或虚焊造成故障问题的位置。

8. 拔插法

拔插法是通过将板卡、芯片的"插入"或"拔出"来寻找故障原因的方法,是确定板卡故障最简捷的方法。采用拔插法的具体操作步骤是:关机切断电源后将板卡逐个拔出,每拔出一个板卡的同时开机观察机器运行状态。一旦拔出某个部件后运行正常,那么就可以确定该部件有故障或相应 I/O 总线插槽及负载有故障。若拔出所有插件板后,系统启动仍不正常,则故障很可能就在主板上。拔插法还可解决因板卡接触不良引起的计算机部件故障,方法是将板卡拔出后再重新正确插入。

6.3　计算机的日常维护

在日常使用计算机时,良好的使用习惯可以使计算机系统运行更加稳定,而且能延长计算机的使用寿命。良好的使用习惯包括避免频繁地开关机、不要轻易触摸机箱内元器件、不移动运行中的计算机等。计算机在使用过程中,需要经常对计算机各部件进行维护保养,以减少各部件的损坏,使计算机保持最佳的工作状态。除了硬件维护保养,计算机软件也需要维护。如修复系统漏洞、查杀计算机病毒、备份重要数据等。

6.3.1　台式机的日常维护

1. 主板的维护

主板是连接计算机其他部件的一个电路板,上面有各种各样的插槽,计算机其他部件就是通过这些插槽连接在一起,构成一个整体。有很多的计算机硬件故障都是因为计算机主板与其他部件接触不良或主板损坏造成的。对主板的维护主要是除尘除湿。因为如果灰尘过多,则有可能导致主板与各部件之间接触不良,产生很多未知故障;而湿度过高时,灰尘会吸收空气中的水分,此时灰尘就会呈现一定的导电性,容易引起短路或使信号传输错误。常见的主机宕机、重启、开机报警、找不到键盘鼠标等,很多是由于主板灰尘过多造成的。

2. CPU 的维护

CPU 发热量很大,为了防止 CPU 被烧毁,应加强对 CPU 温度的监控、尽量避免超频使用,且应选用质量较好的散热风扇、正确使用硅脂。另外,还要注意对 CPU 风扇的清洁维护,以保证 CPU 的散热效果。在清洁 CPU 散热风扇时,需将其拆下来进行清理,具体操作方法可分为清除灰尘、加油、清除油垢等几步。

首先,清除灰尘。方法是用刷子顺着风扇马达轴心边转边刷,同时对散热片也要一起清理,这样才能达到清洁效果。其次,加油。由于风扇经过长期运转,在转轴处积了不少灰尘,将其清除后需在转轴上滴几滴润滑油。最后,清除油垢。如果加油后,风扇转动时还有响声,就应拆下风扇,使用无水酒精或磁头清洁剂清理转轴上的油垢。

3. 内存的维护

内存是计算机中最容易出现故障的部件之一,如果在按下机箱电源后黑屏、报警、不能通过自检,大部分情况下,故障是源于内存。内存的维护主要是保证内存条金手指的清洁。内存条长时间使用,金手指表面会发生氧化,清洁时可以使用橡皮擦擦拭金手指,同时使用小毛刷清理内存条插槽。在升级内存条时,要尽量选择与以前品牌、频率一样的内存条来搭配使用,这样可避免系统运行不正常等故障。

4. 硬盘驱动器的维护

硬盘驱动器是集精密机械、微电子电路及电磁转换为一体的较为贵重的部件。一般来说,使用中应注意以下一些问题:

(1) 装卸时,要轻拿轻放,当硬盘处于工作状态时,不要搬移机器。

(2) 拆下存储或搬运时,要装入抗静电的塑料袋之中包装好。

(3) 注意使用环境的温度和清洁条件,每隔一定的时间要对重要的数据做一次备份。

(4) 硬盘在工作时不能突然关电后重新进行冷启动,以免损坏硬盘和数据。

(5) 利用抗病毒软件对硬盘进行定期的病毒检测,以防病毒侵蚀。

5. 光驱和光盘的维护

1) 光驱的维护

光驱是计算机中一个重要的驱动器,对其进行经常性维护尤其重要。首先,需控制光驱的工作温度和湿度;其次,定时除尘。方法是关闭计算机电源,使用照相机镜头刷轻轻刷去激光头上的灰尘,然后用橡皮球吹去尘埃,注意不要用清洁剂之类的化学溶剂擦洗。在除尘时,一定要切断电源,切记不可在通电情况下用眼睛去查看激光头,因激光头发出的是不可见红外线,具有较强的能量,直视会对眼睛造成永久性伤害。

2) 光盘的维护

光盘与硬盘一样是存储数据的介质,但其维护与硬盘有所区别。在使用时,不要用手触摸光盘的信号部分,取拿时用手指抠拿光盘中心定位孔和光盘边缘,更不要将两张光盘裸露重叠地放置,那样会将录有信号的凸凹处磨损;使用后的光盘应从光驱中取出放入保护盒内垂直存放；不要用坚硬锐利的物品碰撞、刻画，也不要在光盘上面粘贴标记或用钢笔、圆珠笔等做记号；更不要将其他重物压在上面，以免造成变形报废；切勿将光盘放置于阳光直射处或潮湿高温的地方，也不要靠近甲醛黏合剂等挥发性化学物品旁边，以防片基老化；若遇光盘被污染，切勿使用化学清洁剂清洗，正确的方法是用电吹风的微风吹去灰尘，用清洁柔软的丝绸从光盘中心向边沿辐射状轻轻擦拭。

6. 键盘的维护

键盘是使用最频繁的输入设备，同时也是最容易出故障的外部设备之一，在长期使用中，键盘按键之间的空隙会积累大量灰尘，有可能导致键盘不能正常工作。使用时一般应注意以下事项：

（1）操作键盘时，按键的时间不宜过长，正确的动作应是"敲键"。

（2）从键盘上输入信息时，敲键的动作要适当，不可用力过大，以防键的机械部件受损而失效。

（3）应注意保持键盘的清洁。在清洁键盘时，需首先将键盘倒过来，轻轻地敲打键盘背面，有些碎屑可以落下来，但不可用力过猛。然后，再将键盘翻过来，用吸尘器进行清除。必要时，也可以拆下键盘四周的固定螺钉，打开键盘，用软纱布蘸无水酒精或清洁剂对其内部进行清洗，晾干以后，再将其安装好即可。

（4）在拆卸或更换键盘之前必须关掉主机电源，再拔下与主机相连的电缆插头。长期不使用时，可用罩子罩住，以防尘、防水等。

7. 鼠标的维护

鼠标的维护一是要防止摔碰，猛烈的摔碰会使鼠标定位失灵，按键灵敏度下降，影响鼠标的使用寿命；二是要经常清洁光源处，现在的鼠标多为光电鼠标，在清洁时断开鼠标与主机的连接，可以使用刷子清洁鼠标底部的光源处，清洁鼠标后应使用刷子清洁鼠标垫上的灰尘；三是清洁鼠标外壳，鼠标握在手中，手心的汗液与灰尘混合形成污垢也会污染鼠标的外壳，所以应经常对其进行清洁，当清洁鼠标外壳时，应用软纱布沾少许的清洁液或无水酒精对其进行擦拭。

8. 显卡与显示器的维护

显卡主要负责计算机的图像处理工作，发热量大，因此对显卡的维护最重要的是保证其散热良好。如果显卡温度过高，会导致计算机工作不稳定，出现蓝屏、宕机等现象。显卡的维护一是清洁显卡风扇，使用防静电软毛刷清除显卡及风扇表面的灰尘；二是使用橡皮擦清洁显卡金手指；三是使用皮吹风清除显卡插槽的灰尘。

显示器是计算机最主要的输出设备，显示器的维护主要包括以下几个方面：一是正确使用显示器，启动微机时先打开显示器开关，然后再打开主机电源开关，长时间不用显示器，应及时关闭以延长其使用寿命；二是避免对液晶显示器的液晶屏施加压力，以免划伤保护层，损坏液晶分子。清洁显示器屏幕和外壳时，用软纱布蘸一点专用的清洁剂，轻轻擦拭即可。

9. 机箱与电源的维护

机箱与电源是一体的，在维护时应一起进行维护。对机箱的维护主要包括三个方面：一是机箱摆放要平稳，保证机箱内的计算机元件能正常工作；二是避免撞击，撞击会导致机箱变形，最重要的是机箱内的计算机元件也会因撞击导致损坏；三是保持散热良好，使用时要保持机箱内空气流通,使计算机工作产生的热量能及时散出。

电源的维护保养主要包括两个方面:一是保持散热良好,如果电源散热不好,会导致温度过高而影响其供电的稳定性,维护时检查散热风扇是否转动正常,清除风扇灰尘并添加润滑油;二是清除灰尘,电源堆积过多灰尘会影响其散热,应定期打开电源,使用软毛刷清除内部的灰尘。

6.3.2 笔记本电脑的维护

随着笔记本电脑的高度普及,如何正确使用和维护笔记本电脑显得尤为重要,这里主要介绍笔记本电脑使用时的注意事项及其机身的维护方法。

1. 笔记本电脑使用时的注意事项

(1) 忌摔:笔记本电脑一般都装在便携包中,放置时一定要把包放在稳妥安全的地方。

(2) 怕脏:一方面,笔记本电脑经常会被带到不同的环境中去使用,比台式机更容易被弄脏;另一方面,由于笔记本电脑非常精密,因此,比台式机更不耐脏,需要更加精心呵护。

(3) 禁拆:如果是台式机,即使用户不懂计算机,拆开了可能也不会产生严重后果,而笔记本电脑则不同,私自拆装有可能会带来严重后果。

(4) 尽量少用光驱:光驱是计算机中最易衰老的部件,而且笔记本电脑的光驱都是专用产品,价格比台式机的光驱高很多,因此,用户在使用笔记本电脑的光驱时应小心使用,且尽量少用。

(5) 散热问题:散热问题可能是笔记本电脑设计中的难题之一。由于空间和能源的限制,在笔记本电脑中不可能安装像台式机中使用的那种大风扇。因此,使用时要注意为笔记本电脑保持良好的通风条件,不要阻挡散热孔。另外,如果机器是通过底板散热,则应避免把机器长期摆放在热的不良导体上使用。

2. 笔记本电脑机身的维护方法

如果笔记本电脑的外壳变脏,可根据外壳的材料选用合适的方法来清洁。

1) LCD 屏幕的维护

LCD 显示屏是非常精密的设备,因此需要小心维护。LCD 显示屏表面覆盖玻璃,可用柔软的优质脱脂棉清洁 LCD 表面的玻璃。如有必要,可使用少量的清洁剂,但必须先将液体喷在脱脂棉上后,再擦拭 LCD 荧屏。在不用笔记本电脑时,应关闭 LCD 屏幕以防止灰尘的堆积。不要用指尖或尖物在 LCD 表面上滑动,以免划伤表面。当关闭时,不要在盖子上按或在上面放任何物件以免使 LCD 发生破裂。

2) 触摸板的维护

当使用触摸板时应注意以下几点:只能用手指而不能用笔或其他尖物触击触摸板;当使用触摸板时,确保手是干净且干燥的;只用一个手指,避免在触摸板上一次触即多点,这样可能会造成不稳定的现象;手指在触摸板上的动作应是轻柔的。

注意:无论是台式机还是笔记本,除了养成良好的使用习惯,还应该注意其使用环境的要求。计算机的工作环境主要涉及温湿度、洁净度、防止强光照射、防止电磁场干扰、电网环境等方面。在一个合适的环境中使用计算机,会使计算机正常而健康地运行,可以减少维护计算机的工作量和延长其使用寿命。

6.4 常见故障实例分析

计算机的故障多种多样,对故障的处理除了要了解计算机的基本原理,掌握一定的计算机维护理论之外,还必须有一定的经验积累,只有经过一段时间的训练后才能正确处理计算机的故障。下面就列出计算机中常见的故障及解决办法。

6.4.1 常见软件故障

前面介绍了常见软件故障的原因之一就是操作系统设置故障,下面列出常见操作系统的设置不当引起的故障。

1. 计算机无故重启

有时计算机关机之后会自动重启,这类故障一般是由于系统设置不当导致的,可以通过修改操作系统的设置来修复,步骤如下:

(1) 右击"计算机"图标,在弹出的快捷菜单中选择"属性"选项,弹出"系统"对话框,单击对话框左侧的"高级系统设置",弹出"系统属性"对话框,再单击"启动和故障恢复"选项卡中的"设置"按钮,弹出如图 6-2 所示的"启动和故障恢复"对话框。

图 6-2 "启动和故障恢复"对话框

(2) 在图 6-2 的"系统失败"栏中,将"自动重新启动"前复选框的"√"去掉即可。

2. 桌面图标变成白色方块

这个故障是由于用户操作失误更改了操作系统桌面图标设置导致的,还原操作系统桌面图标的默认设置即可解决这类故障。具体操作步骤如下:

(1) 在桌面空白处右击,在弹出的快捷菜单中选择"个性化"选项,弹出如图 6-3 所示的"个性化设置"对话框。

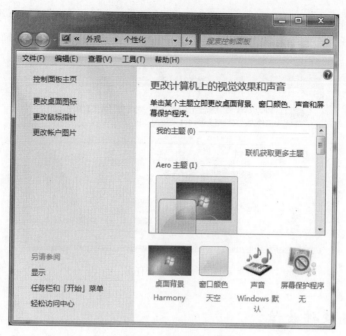

图 6-3　个性化设置

（2）在图 6-3 所示的对话框中单击"更改桌面图标"选项，弹出如图 6-4 所示的"桌面图标设置"对话框，在该对话框中单击"还原默认设置"按钮，再单击"确定"按钮即可。

3. 进入系统后桌面没有任何图标

这个故障大多数情况是由于用户操作不当造成系统资源管理器进程损坏引起的，恢复资源管理器进程可排除，具体步骤如下：

（1）按 Ctrl＋Alt＋Del 组合键，打开如图 6-5 所示的"任务管理器"，切换到"进程"选项卡，查看是否有 explorer.exe 这个进程。

图 6-4　桌面图标设置

图 6-5　任务管理器

（2）如果没有 explorer.exe 这个进程，就选择"文件"→"新建任务"选项，弹出如图 6-6 所示的"创建新任务"对话框，在"打开"文本框中输入 explorer，然后单击"确定"按钮即可。

图 6-6　创建新任务

6.4.2　常见硬件故障

计算机硬件故障涉及主板、CPU、硬盘、内存及各种板卡等设备，这些硬件故障会导致各种各样的问题，影响计算机的正常使用。本节介绍常见的硬件故障。

1. CPU 常见故障分析

CPU 常见故障包括散热故障、与主板接触不良、参数设置错误等。常表现为系统死机；在操作过程中系统运行不稳定或无故崩溃；以及系统没有任何反应，即按下电源开关，机箱喇叭无任何鸣叫声，无法开机。

1）散热故障

指 CPU 风扇散热较差、散热片与 CPU 接触不良以及导热硅脂涂的不均匀等导致 CPU 温度过高而引起的故障，如黑屏、自动关机等。

2）与主板接触不良

CPU 与主板接触不良会导致计算机无法开机、无显示，这类故障比较容易处理，将 CPU 重新拔插即可。需要注意的是，在安装 CPU 时用力要适度均匀，安装过松或过紧都会导致 CPU 与主板接触不良。

3）参数设置错误

在 CMOS 中错误地设置了 CPU 工作参数，如 CPU 工作电压、外频、倍频等参数错误，会导致计算机无法开机。由于超频引起的死机、无法启动及黑屏等是常见现象。

此外，要注意目前一般采用的是封装 CPU，其核心十分脆弱，在安装风扇时稍不注意，便会被压坏，或由于安装错误造成 CPU 烧坏。

2. 主板的故障分析

主板是负责连接计算机配件的桥梁，其工作稳定性直接影响着计算机能否正常运行。主板所集成的组件和电路多且复杂，常见的故障有元件接触不良、温度失常、主板接口损坏、电容故障等。主板故障一般通过逐步拔除或替换板卡来确定，当排除这些配件出现故障的可能后，即可将目标锁定在主板上。

1）元件接触不良

主板最常见的故障就是元件接触不良,包括芯片、内存、各类板卡等都可能会有接触不良的现象。芯片和内存接触不良,计算机通常就无法开机。板卡接触不良会造成功能丧失,如网卡接触不良会检测不到网卡,从而无法连接网络;显卡接触不良会造成显示异常,还可能造成开机无法显示并发出报警声。这类故障只需将元件重新拔插即可。

2）温度失常

主板是各种部件的载体,由于各部件工作时会大量发热,因此主板温度会比较高。通常,主板都提供了严格的温度监控和保护装置。主板温度过高会产生报警并进入自我保护状态,拒绝加电启动,导致计算机无法开机。

3）主板接口损坏

主板接口(IDE接口或SATA接口)损坏会造成计算机无法开机。接口损坏大多是由于用户直接拔插硬件或安装硬件设备用力过猛造成的,此时则需要更换主板来解决。

4）主板电容故障

电容长期在高温下工作会造成电解质变质,从而使容量发生变化。主板上的电容漏液或爆裂,电容的容量减小或失容,电容便会失去滤波的功能,使提供负载电流中的交流成分加大,造成CPU、内存、相关板卡工作不稳定,表现为容易死机或系统不稳定,经常出现蓝屏。电容问题有时候还会造成计算机开机延迟,即接通电源后,过几分钟才能启动开机。

主板故障主要由工作环境、人为原因、接触不良、器件质量、兼容性和短路、断路等原因引起。

（1）工作环境引起的故障。静电常造成主板上芯片被击穿,主板遇到电源损坏或电网电压瞬间产生的尖峰脉冲时,往往会损坏主板供电插头附近的芯片,主板上的灰尘也会造成信号短路。

（2）人为原因引起的故障。带电拔插各种板卡以及在装板卡时用力不当造成对接口、芯片等的损坏。

（3）接触不良引起的故障。各种芯片、插座、接口因锈蚀、氧化、折断、开关接触不良而产生的故障。

（4）器件质量问题。由于芯片和其他器件质量不良导致计算机运行不稳定。

（5）硬件不兼容。由于硬件不兼容,将可能造成计算机不能启动或死机(这里所说的硬件不兼容主要包括:主板与显卡驱动不兼容、主板与内存不兼容以及主板与驱动程序不兼容)。

（6）短路、断路引起的故障。由于各种连接线不应接通的地方短路,应接通的地方断开引起的故障。

3. 常见内存故障分析

内存作为计算机的重要部件之一,对计算机工作的稳定性和可靠性起着至关重要的作用。内存质量的好坏和可靠性的高低直接影响着计算机能否长时间稳定的工作。另外,内存也是出现故障率较高的部件之一,在平时对计算机故障维修过程中,接触最多的也是常说的"内存报警,开机黑屏"。常见的内存故障原因是接触不良、与主板不兼容、温度过高等。

1）内存接触不良

内存接触不良是最常见的内存故障,它通常是由于内存金手指表面氧化或内存插槽中有灰尘或污垢引起的,内存接触不良会导致计算机开机时发出"嘀嘀"的长鸣声或黑屏。拔出内存,清洁内存插槽和内存金手指,再插回内存插槽即可解决。

2)内存与主板不兼容

内存与主板不兼容会导致计算机蓝屏、内存无法自检、计算机自动重启、系统运行缓慢等故障。内存插在主板上打开机器,就出现"嘀嘀"的报警声,不能正常开机,而把内存插在另一个主板上,即可长时间稳定可靠运行,没有报警声。此类故障只能通过更换内存来解决。

3)内存温度过高

内存工作时会产生热量,而且内存在主板上的位置距离 CPU 比较近,CPU 工作时发热量也大,如果热量不能及时散出,会影响到内存,使内存温度升高过快,工作不稳定,从而导致死机。这类故障可以调整 CPU 风扇的位置,不要将热风吹向内存,或者为 CPU 更换大功率的散热风扇。

4)内存本身质量问题

开机自检时主机能够发现内存存在错误缺陷,不能够通过自检则发出"嘀嘀"报警声,提示用户检查内存。有时内存损坏会导致安装系统时提示"解压缩文件时出错,无法正确解开某一文件"。内存质量问题还会造成系统运行不稳定,经常出现蓝屏。有的还会导致计算机频繁重启,有的在安装系统过程中,会经常意外地退出安装。

4. 显卡常见故障分析

常见的显卡故障现象有开机无显示、显示颜色不正常、花屏、黑屏、死机等,这主要由于显卡接触不良、显卡与主板不兼容、散热不良、分辨率设置不当等原因造成。

1)显卡接触不良

显卡接触不良会导致很多问题,如开机无显示并发出一长两短的报警声或显示器黑屏等。解决显卡接触不良的问题需要重新拔插显卡、清洁灰尘和金手指。

2)显卡与主板不兼容

为计算机更换一块新的显卡后,在开机时会出现显卡驱动程序载入,但运行一段时间后,驱动程序丢失,这种情况往往是显卡与主板不兼容引起的。显卡与主板不兼容还会导致经常宕机、无故重启等现象。检测显卡与主板是否兼容,可以在计算机上安装另外一块显卡,如果故障解除,则说明原显卡与主板不兼容,只能更换显卡。

3)散热不良

显卡发热量大,如果显卡散热不良,会造成显卡温度过高,导致显示器花屏、重启、死机等。显卡散热不良可能是由于灰尘积累过多,或者显卡散热风扇损坏引起的。

检测显卡散热是否良好,可在计算机工作时,观察显卡散热风扇转动是否正常,并使用鲁大师等软件检测显卡温度。如果显卡散热风扇转动异常或者计算机工作一段时间后,显卡温度过高,表明显卡散热不良。

4)分辨率设置不当

显卡分辨率设置不当会导致显示器花屏,针对这类故障,可重新设置显卡的分辨率。具体设置方法很简单,这里不再赘述。

6.4.3 开关机故障分析

1. 通电即开机故障

打开市电电源盒开关,微机即自行启动;微机电源插头插在市电插座,微机即自动开启；还有的机器前一天晚上关好后，但未关闭市电电源盒，第二天，微机自动启动。

产生上述故障现象的原因大致有三个，一是外部电源方面的原因，二是主机电源方面的原因，三是 BIOS 设置的原因。

1）外部电源方面的原因

由于 ATX 电源是靠检测电平信号来启动的，用户插入电源插头都会产生一个短暂的冲击电流，这很容易引起 ATX 电源的误动作，使微机自行启动。家中的微机如果与冰箱、空调这些大功率的家用电器使用一条线路，当这些电器启动时，会产生接近正常工作时 10 倍的电流，使该电路的电压明显下降，造成机器重新启动。

2）主机电源方面的原因

电源的功率小，质量差，负载加大时，不能使用或重启。电源功率小，质量很差时，负载不大时能正常使用，而负载稍微加大，如更换新的显卡、加装刻录机或刻录机与光驱同时工作时都会引起重新启动的现象。

3）BIOS 设置的原因

大部分的主板都支持上电自动开机功能，这对远程控制微机的用户来说极为方便。可以通过 BIOS 参数设定为开机、关机、回到停电之前的状态等。如果不需要该功能，可在 BIOS 中将其关闭。

2. 需要多次开机才能启动

有些微机总是第一次开机不成功，要按 Reset 键或是关机以后再开机才能成功开机，有的甚至要反复开关好几次才会成功。

产生上述故障现象的原因，主要有如下几个：

1）电源功率不足

现在 PCI-E 显卡随着性能的增强、速度的加快，要求的功率也相应地增大，加上微机中加装了刻录机、双硬盘等设备，可能导致整机供电不足，从而出现首次开机的不成功现象。

2）主板的 bug

另一个可能的原因是主板设计或 BIOS 中存在错误。对于 ATX 电源来说，只要市电开关打开以后，主机电源即已开始工作，当用户按下 Power 按钮时，主板因为无法提供开机所需的瞬间电压，则可能导致首次开机失败。解决的办法是更换一个功率较大的优质电源或升级 BIOS。

3）机箱设计不合理

有些机箱内部空间较小，当安装了主板、硬盘和软驱后，"压迫"了 Reset 和 Power 按钮的位置，可能造成这两个按钮不能正常复位，导致开机异常。如果是旧微机，原来使用一直正常，但突然出现这种开机不正常的现象，则有可能是升级了某个部件（刻录机或硬盘）的原因。

4）主板与新增硬件的冲突

新增的 IDE 设备，应当注意 IDE 设备的主从跳线设置问题。有些主板因为 BIOS 问题，不能把新硬盘设为主盘，否则就不能开机启动。解决的办法是尝试各种跳线接法，直至找到稳定方式为止。

5）BIOS 中 ACPI 管理的影响

当有些主板升级了 BIOS 后，ACPI（高级配置电源接口）部分可能会被修改，或是进行系统优化时,不经意修改了 ACPI 管理选项,这都可能会引起电源的不正常,从而影响开机。

6)主板短路或灰尘的影响

有些主板焊接工艺不好或安装时不规范,新机器时还能勉强使用,但时间一长就因为部件的异常接触或短路导致电池很快掉电,在不能正常开机时经常伴随 CMOS 信息丢失,换新电池也很快耗尽电池。另外,主板上积累了太多的灰尘时,也可能会导致接触不良,开机异常。对于这些故障,应检查主板的塑料支架是否脱落,导致主板和机箱接触。另外,还可以用电工工具检测主板是否有短路漏电的情况。

6.4.4 系统死机故障分析

在硬件、软件和环境 3 个因素中,任何一个环节发生故障都可能造成死机,该故障在系统故障中发生频率较高。根据死机故障发生的时机不同死机原因也各不相同,下面就开机过程中出现死机、在启动操作系统时发生死机、在使用一些应用程序过程中死机以及关机时出现死机等死机的原因进行分析。

1. 开机过程中出现死机

在启动计算机时,只听到硬盘自检声音而看不到屏幕显示,或开机自检时发出报警声,计算机不工作或在开机自检时出现错误提示等。

故障原因可能是 BIOS 设置不当、计算机移动时设备遭受震动、灰尘腐蚀电路及接口、内存条故障、CPU 超频、硬件兼容问题、硬件设备质量问题以及 BIOS 升级失败等。维修方法可根据死机发生原因,分别进行处理。

(1)如果计算机在移动之后发生死机,可以判断为移动过程中受到震动,引起计算机死机。这是因为移动造成计算机内部器件松动,从而导致接触不良。

(2)如果计算机是在设置 BIOS 之后发生死机,可将 BIOS 设置改回来或恢复到默认值。

(3)如果计算机是在 CPU 超频之后死机,可以判断为超频引起的死机,将 CPU 频率恢复即可。

(4)如屏幕提示"无效的启动盘",则表明是系统文件丢失、损坏,或硬盘分区表损坏,此时只需修复系统文件或恢复分区表即可。

(5)如果不是上述问题,可检查是否是灰尘、设备松动以及接口腐蚀引起的接触不良,此时需清理灰尘和设备接口。

(6)如果故障依然存在,则需用替换法排除硬件的兼容性问题和设备质量问题。

2. 在启动操作系统时发生死机

在计算机通过自检,开始装入操作系统时或刚刚启动到桌面时出现死机。

上述故障原因可能是系统文件丢失或损坏、感染病毒、初始化文件遭破坏、非正常关机、注册表错误、硬盘有坏道以及运行程序过多导致系统资源不足等。

维修方法可根据故障发生原因,分别处理。

(1)启动时提示无法找到系统文件,则可能是系统文件丢失或损坏造成的,需从其他相同操作系统的计算机中复制丢失的文件。

(2)启动时出现蓝屏,提示系统无法找到指定文件,则可能是硬盘坏道导致系统文件无法读取造成的,此时需使用启动盘启动计算机,运行磁盘扫描程序,检测并修复磁盘坏道。

（3）若没有出现上述故障，用杀毒软件查杀病毒，再重新启动。

（4）用安全模式启动，然后再重新启动，查看是否死机。

（5）恢复注册表，再启动。

（6）选择"开始"→"运行"命令，在弹出的"运行"对话框中输入 cmd 并按 Enter 键，进入命令行状态，在命令行状态下输入 sfc 并使用相应参数，开始检查修复。

3. 在使用一些应用程序过程中死机

计算机一直运行良好，只在执行某些应用程序或游戏时出现死机。

故障原因可能是病毒感染、硬盘剩余空间太少或碎片太多、软件升级不当、非法卸载软件或误操作、后台加载的程序太多造成系统资源匮乏而导致死机，或硬件资源冲突、CPU 等设备散热不良、电压不稳等导致死机。

维修时针对上述原因，分别使用相应的处理方法。使用最新的杀毒软件在安全模式下杀毒，定期整理磁盘碎片，检查开机自启动程序，以及在设备管理器中检查是否有硬件资源冲突等。

4. 关机时出现死机

关机时出现死机的故障原因要在操作系统的关机过程中去寻找原因，Windows 关机过程是先完成所有磁盘写操作，清除磁盘缓存；然后执行关闭窗口程序，关闭所有当前运行的程序，将所有保护模式的驱动程序转换成实模式；最后退出系统，关闭电源。因此，此时出现死机的原因可能是：选择退出 Windows 时的声音文件损坏，BIOS 设置不兼容，在 BIOS 中高级电源管理的设置不当、没有在实模式下为视频卡分配一个 IRQ，某一个程序或 TSR 程序可能没有正确关闭，以及加载了一个不兼容的、损坏的或冲突的设备驱动程序等。

维修方法如下：首先，确定"退出 Windows"声音文件是否已损坏，选择"开始"→"设置"→"控制面板"，双击"声音和音频设备"在"声音"框中，选择"声音"标签，在"程序事件框"中，选择"退出 Windows"，选择"无"，然后单击"确定"按钮关闭计算机。如果能正常关闭，则说明故障是由退出声音文件所引起的。其次，应在 CMOS 中检查 CPU 外频、电源管理、病毒检测、IRQ 中断开闭。若用户对 CMOS 操作不太了解，则建议将 CMOS 恢复到出厂默认设置即可。再次，还需检查硬件不兼容或安装的驱动不兼容问题。

6.4.5 系统蓝屏故障分析

1. 出现系统蓝屏的原因

出现系统蓝屏的原因有很多，主要包括系统无法打开文件、打开的文件太多、不正确的函数运算、运算中反馈了无效的代码、无法找到指定的扇区或磁道、系统无法找到指定的文件或系统找不到指定的路径、装载了错误格式的程序、主内存或虚拟内存不足无法处理相应指令、系统无法将资料写入指定的磁盘、无法中止系统关机、内存拒绝存取、内存控制模块读取错误、内存控制模块地址错误或无效、网络繁忙或发生意外的错误以及指定的程序不是Windows 或 MS-DOS 程序等。

2. 维修方法

重启计算机，并按下面步骤进行维修。

（1）用杀毒软件查杀病毒，排除病毒造成的蓝屏故障。

（2）进入"控制面板"→"管理工具"→"事件查看器"，检查"系统"和"应用程序"中的类型标志为"错误"的事件,双击事件类型,弹出"事件属性"对话框,查找错误的原因,然后进行针对性的修复。

(3) 使用"安全模式"启动或恢复注册表,从而修复蓝屏。

对于虚拟内存不足造成系统多任务运算错误的蓝屏维修,可通过删除临时文件、交换文件,释放硬盘空间,以及手动配置虚拟内存进行修复。对于 CPU 超频导致运算错误的蓝屏维修,可通过恢复 CPU 频率进行修复,对于系统硬件冲突导致的蓝屏,可通过进入"控制面板"→"系统"→"设备管理器"→"是否存在黄色的感叹号",将其删除,并重启进行修复。对于注册表中存在错误或损坏导致的蓝屏,由于注册表中保存着 Windows 的硬件配置、应用程序设置和用户资料等重要数据,一旦注册表出现错误或被破坏,则非常有可能导致"蓝屏",此时应恢复注册表。

6.4.6 计算机自动重启故障分析

计算机自动重启有很多方面的原因,可能是硬件方面的原因,也可能是软件方面的原因。

1. 硬件方面的原因

(1) 电压不稳。计算机的开关机的电压范围为 180~240V,若低于 180V 或高于 240V,则会自动重启或关机。

(2) 电源功率不足。劣质的电源不能提供足够的电压,当系统中的设备增多,功耗变大,劣质电源输出的电压就会急剧降低,导致重启。

(3) 主机开关电源接头松动、接触不良、未能插紧。电源插座使用一段时间后簧片的弹性变差,导致插头和簧片接触不良,电阻不断变化,电流随之起伏,导致重启。

(4) CPU 原因。CPU 内部部分功能电路、二级缓存损坏,计算机也能启动,甚至可以进入正常的桌面进行正常操作,但当执行一些特殊功能时就会重启或死机。如播放 VCD、玩游戏等。此外,CPU 散热不良或测温失灵也会引起重启,由于 CPU 长时间使用后散热器积尘太多,或 CPU 与散热器之间有异物,温度过高造成重启。

(5) 内存原因。内存条的某个芯片不完全损坏,有时可能通过自检,但是在运行时,可能会因内存发热量大而导致功能失效而重启。

(6) RESET 开关质量问题。开关弹性减弱或机箱上的按钮按下去不易弹起时,就会在使用过程中,因为偶尔触碰机箱而导致重启。

(7) 接入外设时重启。接入并口、串口、USB 设备时重启,因为外设故障,从而导致电源短路引起重启。

(8) 强磁干扰。有时计算机的重启和死机是因为机箱内部 CPU 风扇、显卡风扇、显卡、主板、硬盘的干扰。另外,若有来自外界的动力线、变频空调等大型的起停设备的干扰,也会出现意外的重启或死机现象。

(9) 主板短路原因。装机时螺钉落入主机内,或机箱变形等将造成主板短路保护,开机后主机没有反应。

2. 软件方面的原因

(1) 病毒原因。计算机感染了病毒或上网时被他人恶意侵入了计算机,通常会导致计算机重启。

(2) 系统文件损坏。系统在启动时会无法完成初始化而强迫重新启动。

（3）定时软件或计划任务软件导致重启。在"计划任务栏"中设置了重启或加载了某些程序将导致重启。

6.4.7　计算机黑屏故障分析

计算机黑屏的原因有很多，主要有：显示器数据线接触不良，内存、显卡、CPU、RESET热启动连线，灰尘和短路等问题。解决此类故障要采用最小系统法、交换法和拔插法等方法综合应用排除故障。

计算机黑屏故障的维修方法如下：

（1）检查计算机的外部连线是否接好，把各个连线重新插一遍。

（2）如果问题依然存在，则打开机箱查看机箱内有无多余金属物，或主板机箱是否变形造成短路，机箱内有无烧焦的糊味，以及主板上有无烧毁的芯片。

（3）清理主板上的灰尘后启动计算机，查看故障是否被排除。

（4）可以拔掉主板上的 RESET 线及其他开关、指示灯线后进行尝试。因为有些质量不过关的机箱的 RESET 线在使用一段时间后，由于高温等原因会造成短路，从而使计算机一直处于热启状态。

（5）如果上述方法不能解决问题，接着使用最小系统法，将硬盘、软驱、光驱的数据线拔掉，然后开机。如果这时显示器有开机画面，说明问题在这些设备中，再逐一把上述设备接上，当接入某一个设备时故障重新出现，则说明故障是由此设备造成的。

（6）如果还没解决问题，则说明故障可能在内存、显卡、CPU 这几个设备中。可使用拔插法、交换法等方法分别检查内存、显卡、CPU 等设备。一般先清理设备的灰尘、金手指等，然后再更换插槽，最后再挑选一个好的设备测试。

（7）如果不是内存、显卡、CPU 的故障，则说明故障可能集中在主板上。对于主板先仔细检查有无芯片烧毁、CPU 周围的电容有无损坏、主板有无变形、有无与机箱接触等，再将BIOS 放电，最后采用隔离法，将主板安置在机外接上内存、显卡、CPU 等测试，如果正常，再将主板安装到机箱内测试，直到找到故障原因为止。

6.4.8　其他故障分析

1. 随机性故障分析

随机性故障产生的主要原因是由于硬件品质不良、环境干扰、计算机病毒、操作系统等原因引起的。此时，要进行一级例行检查，检查是否存在线路连接、接触性等故障；进行二级例行检查，检查是否存在 BIOS 设置、发热等故障；检查是否由于硬件设备质量、集成电路芯片热稳定性差，电路抗干扰能力差，或芯片之间的信号相互干扰等因素造成的。

2. 不兼容故障分析

解决硬件兼容问题有效的方法是：升级最新的主板 BIOS、显卡 BIOS 以及最新的硬件驱动程序和最新版的 DirectX 等。不兼容故障处理方法如下：主板与显卡不兼容，通过安装补丁程序解决；主板供电不足造成的兼容性问题，更新主板、电源或 BIOS；主板与内存条不兼容问题，更换内存条；主板和硬盘之间的不兼容，更换硬盘或升级主板 BIOS；声卡与主板总线插座不兼容问题，更换声卡插座；DMA 引发的兼容性问题，更新主板 BIOS；操作系统的兼容性问题，更新系统修正包；操作系统的资源冲突，手动调整。

3. 灰尘引起的故障

当微机在灰尘较大的环境中工作时,印刷电路板、显示器和软驱磁头等设备会产生附着力很强的污垢,使这些设备绝缘程度下降,漏电电流增加而烧毁电子元件,从而使微机系统瘫痪。灰尘将造成以下故障:使电源插座接触不良,造成电压不稳;使电路板各触点阻抗变小,产生短路;使键盘操作失灵;使显示器产生高压打火;使存储数据的磁盘失效;使CPU产生错误信号等。

4. Windows 系统启动缓慢

Windows 系统启动缓慢主要的原因有:外置 USB 硬盘速度较慢,对微机的启动速度有较明显的影响,因此应尽量在启动后再连接 USB 设备;Windows 启动时会对光驱进行检测,如果光驱中放了光盘,会延长启动时间;网卡设置不当也会明显影响系统启动速度;当设置了"文件和打印机共享"时,会出现启动非常慢的问题;Windows 定义了过多的分区,使启动变得很慢;桌面上有过多图标也会降低系统启动速度;杀毒软件提供了系统启动扫描功能,这也会耗费很多启动时间;Windows 安装的字体过多时也会导致启动速度变慢;Windows 的补丁程序也会造成系统启动变慢。

小　　结

本章从计算机维护的角度具体介绍了微机故障的特点分类,然后详细介绍了软、硬件故障的特点、产生的原因,计算机维护的基本原则与规范、维护工具及维护方法。并介绍了台式机、笔记本电脑的日常维护方法。最后对常见的软件故障、硬件故障开关机故障、系统死机故障、系统蓝屏故障、黑屏故障等故障进行了分析,相信对读者判断和解决故障有很大的帮助。

习　　题

1. 微型计算机故障的特点是什么?
2. 简述微型机故障的分类和表现。
3. 什么是例行检查? 例行检查在故障诊断中的作用是什么?
4. 常见微型机故障的诊断方法有哪些?
5. POST 自检对维修工作有什么指导意义?
6. 故障诊断的基本原则是什么?
7. 分析计算机自动重启故障的原因。
8. 分析计算机黑屏的原因。

第7章 注册表与组策略

"注册表"是从 Windows 95 开始引入的概念,注册表中存放着各种信息,如计算机的全部硬件配置、软件配置、状态信息、文件扩展名与应用程序的关联等。因而它直接控制着 Windows 的启动、硬件驱动程序的装载以及一些 Windows 应用程序的运行,在整个系统中起着核心作用。Windows XP/7/8/10 的注册表的文件都保存在 C:\Windows\system32\config 目录下。

由于注册表是保存所有硬件驱动程序及各种应用程序的数据库,所以当 Windows 操作系统处理硬件驱动程序时,需要从注册表中获得相关信息,同样,当操作系统处理应用程序时,也需从注册表中提取有关信息。因此,Windows 操作系统一旦离开注册表,就得不到它需求的信息,从而无法正常工作。如果注册表受到了破坏,也会引起系统的异常,甚至会导致整个系统的瘫痪。

7.1 注 册 表

7.1.1 注册表的结构

注册表是一个庞大的树状分层数据库,如图 7-1 所示。下面简要介绍注册表的根键、主键和子健、键值项和键值项数据类型的概念。

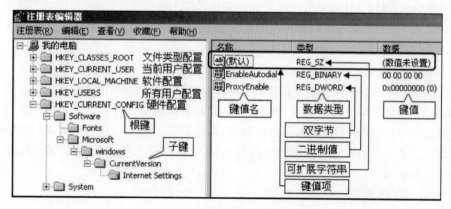

图 7-1 注册表的结构

1. 根键

打开"注册表编辑器",可看到注册表共有五个组成部分：HKEY_CLASSES_ROOT、HKEY_CURRENT_USER、HKEY_USERS、HKEY_LOCAL_MACHINE、HKEY_CURRENT_CONFIG,这五个以 HKEY 开始的称为根键(主关键字),下面分别介绍这五个根键。

1) HKEY_CLASSES_ROOT

HKEY_CLASSES_ROOT 根键保存了所有应用程序运行所必需的信息,如不同类型的文件和与之对应的应用程序的关联。当用户双击一个文档时,系统即会通过这些信息启动相应的应用程序。

2) HKEY_CURRENT_USER

HKEY_CURRENT_USER 根键保存了本地计算机中存放的当前登录的用户信息,包括用户名和暂存的密码。当用户登录 Windows 操作系统时,操作系统会将用户信息从 HKEY_USERS 中复制到 HKEY_CURRENT_USER 中。实际上它就是 HKEY_USERS\.DEFAULT 下面的一部分内容。如果在 HKEY_USERS\.DEFAULT 下面没有用户登录的其他内容,那么这两个根键包含的内容是完全相同的。

3) HKEY_USERS

HKEY_USERS 根键中保存了计算机所有用户信息,当用户登录操作系统时,用户信息会被操作系统复制到 HKEY_CURRENT_USER 中。HKEY_USERS 的.DEFAULT 子键与当前登录用户的 HKEY_CURRENT_USERS 根键中的信息是一样的。

4) HKEY_LOCAL_MACHINE

HKEY_LOCAL_MACHINE 根键中保存了计算机中所有的硬件配置信息,用来控制系统和软件的设置。这些设置是针对那些使用 Windows 系统的用户而设置的,是一个公共配置信息,它与具体用户无关。

5) HKEY_CURRENT_CONFIG

HKEY_CURRENT_CONFIG 根键中保存了本地计算机在系统启动时所需的硬件配置文件。

2. 主键和子键

在注册表的左窗格中,所有的数据都是通过一种树状结构以根键、主键和子键的方式组织起来的,十分类似于目录结构。主键和子键类似于资源管理器中的文件夹与子文件夹,在主键下面是子键,如同文件夹下有子文件夹。如果某个主键包含子键,则在代表主键的文件夹的左边有一个 ▷ 号,单击 ▷ 号,则可展开该主键下的子键,如图 7-2 所示。如 SOFTWARE 为主键,CBSTEST 为子键。

3. 键值项

键值项类似于文件夹的文件,主键和子键可以包含一个或多个键值项,而键值项由键值名、键值类型、键值三部分组成。在注册表编辑器的右窗格中保存的均为键值项数据。注册表就是通过根键、主键和子键来管理各种信息,而这些信息都是以各种形式的"键值项数据"保存下来。图 7-3 中选中的键值项的键值名为"DriversPath",键值类型为"REG_SZ",键值数据为"C:\Drivers"。

4. 键值项数据类型

Windows 7 注册表内的键值类型有如下几种：二进制值、DWORD(32 位)值、DWORD

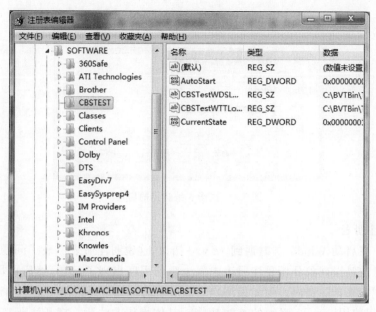

图 7-2　主键与子键

图 7-3　键值项

(64 位)值、字符串值、多字符串值和可扩充的字符串值。在通过修改注册表来维护计算机时,常用到的键值类型是 DWORD 值和字符串值,其他的键值类型使用频率并不高。

7.1.2　注册表编辑器

注册表编辑器文件存放在系统文件夹 Windows 下,文件名为 regedit.exe。用户利用注册表编辑器来管理注册表,可通过修改相关的键值达到解决故障、对系统进行各种维护的目的。

1. 运行注册表编辑器

选择"开始"→"运行"命令,在弹出的"运行"对话框中输入 regedit,如图 7-4 所示;或进入 C:\Windows 目录找到 regedit.exe 文件并双击,即可打开注册表编辑器。

图 7-4　注册表编辑器的启动

2. 搜索注册表

很多用户在启动 Windows 时遇到 *.vxd 错误,这说明注册表出现了问题,此时用户可根据提示信息或错误现象分析是注册表中哪个驱动程序出现了问题,然后可以将这些错误对应的子键删除来排除错误。但如果用户对注册表的结构不是很熟悉且不知道对应的子键的位置,则可以使用 regedit 强大的查找功能。具体操作方法为:打开注册表编辑器,单击"编辑"菜单中的"查找"命令,弹出如图 7-5 所示的"查找"对话框,然后输入要查找的内容,即可进行查找。

图 7-5　注册表查找

在查找过程中若用户想取消当前的查找进程,则只需单击"取消"按钮即可。系统在查找时,若查找到指定的匹配字符串,则系统将快速地定位到这些程序对应的子键或键值数据上,右击这些子键或键值数据,再从弹出的快捷菜单中选择"删除"选项即可将其删除。单击"查找下一个"按钮或按 F3 键,将进入下一个匹配字符串的查找进程。

3. 编辑主键与键值

1) 创建主键和子键

在注册表编辑器左窗格显示主键或子键的层次关系,用户可以在左窗格内创建新的主键(或子键)。例如,需要在 HKEY_CURRENT_USER\Software 分支下创建一个 MYSOFT 主键,其操作步骤如下:

首先,打开注册表,指向要创建新主键的位置,如 HKEY_CURRENT_USER\Software 分支。

其次,在注册表编辑器窗口中右击,弹出如图 7-6 所示的快捷菜单或选择"编辑"→"新建"命令。

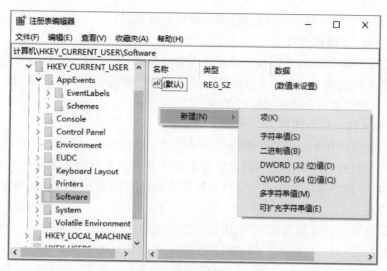

图 7-6　创建主键或子键

再次,选择"新建"→"项"命令,在 Software 主键下创建了一个新的主键(或子键)"新项 ♯1",在该"新项 ♯1"框内输入 MYSOFT,然后按 Enter 键。

2) 创建注册表键值项数据

首先,打开注册表编辑器,找到要创建键值的主键或子键,确定"键值项数据"创建的位置。

其次,在注册表编辑器中右击,在弹出的快捷菜单选择"新建"选项,再选择新建"键值项数据"的数据类型:字符串值或 DWORD 值。

再次,在"新值♯1"框内输入"键值项"的名称,选择要修改的"键值项"并右击,在弹出的快捷菜单中选择"重命名"选项,对"键值项"名称修改,如图 7-7 所示。

图 7-7　新建键值项数据

最后,用鼠标指向并双击该键值项,即可创建键值数据。

4.删除主键、子键和键值

删除注册表中没有用的主键和子键可以优化注册表,但在删除这些分支之前必须要确认这些分支是无用的或冗余的。具体删除方法是选中要删除的主键或子键,按 Del 键,或者右击,在弹出的快捷菜单中选择"删除"选项。

5.键值形式修改后的作用

用户可以使用注册表编辑器查看键值及其形式。键值有多种形式,如开关型(On/Off、0/1)、数值型(二进制、DWORD 值)以及字符串型。开关型主要用于系统的复选框、检查框等,而数值型用于控制选项的数值。字符串型通常用于系统显示信息。这些键值的修改可参见前面的介绍。

在通常情况下,与"控制面板"中的图标有关的注册表选项在修改后可以立即发生作用。例如,用户可以在注册表中的 HKEY_CURRENT_USER\Control Panel\keyboard 分支下修改 KeyboardDelay 和 KeyboardSpeed 键值数值,如图 7-8 所示,然后在"控制面板"的"键盘"图标中查看键盘速度。

图 7-8　修改键盘速度

注意:在注册表中经常出现双重入口(分支)。例如,有一些在 HKEY_CLASSES_ROOT 中的键同样会在 HKEY_LOCAL_MACHINE 中出现,如果这些相同的分支出现在两个不同的根键中,那么哪个根键有效呢? 注册表的子键均有严格的组织,如果相同的信息出现在超过一个的子键中,假如用户只修改了一个子键,那么该修改能否作用于系统取决于该子键的等级。一般来说,系统信息优先于用户等级。例如,一个设置项同时出现在 HKEY_LOCAL_MACHINE 和 HKEY_USER 子键中,通常由 HKEY_LOCAL_MACHINE 中的数据起作用。需要注意的是,这种情况只发生在用户直接编辑注册表时,如果用户从"控制面板"中更改系统配置,则所有出现该设置项的地方均会发生相应的改变。

7.1.3　注册表的维护与优化

注册表是 Windows 操作系统的核心文件,它存储和管理着整个操作系统和应用软件的重要数据,一旦注册表受到损坏将会引起各种故障。为了防止此类故障的发生,管理和维护好注册表就显得非常重要。前面介绍了注册表文件所在的文件夹在系统中的存放位置,用户可以通过直接备份这些文件夹来备份注册表,也可以使用注册表编辑器来备份注册表,另外还可以使用注册表的备份工具来备份。下面就介绍在 Windows 注册表的备份和恢复的基本方法。

1. 注册表的备份与还原

Windows 7/10 下要备份和还原注册表可以使用注册表编辑器来完成。在进行备份时,首先打开"注册表编辑器",在"文件"菜单中选择"导出"命令,再输入备份的文件名,保存即可,如图 7-9 所示。当恢复注册表时,在"文件"菜单中选择"导入"命令或直接双击保存的文件名即可完成操作。

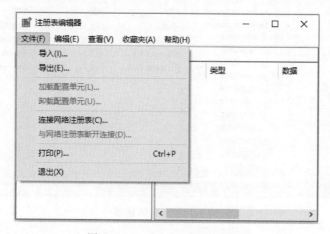

图 7-9 Windows 7 备份注册表

除此之外,还可以使用系统还原功能来恢复注册表,如果系统还可以启动,则可以通过下列步骤恢复系统,即恢复注册表。方法为:选择"开始"→"所有程序"→"附件"→"系统工具"→"系统还原"命令,在"系统还原"对话框中选择一个较早的还原点,单击"下一步"按钮确认,系统即会重新启动,并将系统注册表还原到指定时间的状态。

注意:上述方法主要适用于 Windows 系统还未瘫痪或能进入安全模式时恢复注册表使用。如果系统不能正常启动,则可以使用上次正常启动的注册表配置。方法是:在计算机通过自检后,按 F8 键进入启动菜单,选择"最后一次正确的配置"选项。这样系统即可正常启动,同时将注册表恢复为上次的注册表。如果使用"最后一次正确的配置"选项无效,则可以在启动菜单中选择"安全模式"选项,这样系统即可自动修复注册表中的错误,使系统能够启动。在进入"安全模式"后可以结合使用备份文件或使用系统还原进行恢复。如果使用"安全模式"仍无法启动,则可以在启动菜单中选择"带命令行的安全模式"选项启动,启动后进入命令行,进入 C:\Windows,输入 regedit 后按 Enter 键,可以进入图形界面的注册表编辑器,然后使用备份的注册表文件进行恢复。

2. 注册表的优化

前面已经介绍过注册表在操作系统中的核心地位,它存放着各种参数,控制着整个系统的运行。随着系统使用时间的增加,注册表也越来越大,其中可能存放着许多垃圾信息,这些垃圾信息不仅占用硬盘空间,而且还降低系统的运行速度。所以为了保证系统的高效运行,必须对注册表进行垃圾信息的定期清除,从而优化注册表。下面介绍手动清理垃圾信息优化注册表的具体方法。

1) 删除注册表中无效的键值

在 HKEY_LOCAL_MACHINE 和 HKEY_CURRENT_USER 根键下有很多用户用不到或根本不需要的键值,可以找到后将其删除,例如在 HKEY_LOCAL_MACHINE\SYSTEM\Current ControlSet\Control\Keyboard Layouts 子键下对应着语言的种类和输入法等,可以根据自己的需要有选择性地进行删除,如图 7-10 所示。

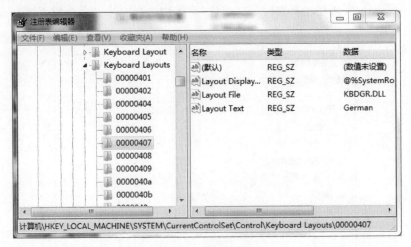

图 7-10 无效的键值

2) 删除已卸载软件的残留键值

许多软件在卸载后,仍然会在注册表文件中留下一些信息,这些信息实际已经没有用处。它们一般都保存在 HKEY_LOCAL_MACHINE\SOFTWARE 和 HKEY_CURRENT_USER\ Software 子键中。通过注册表编辑器的"编辑"菜单中的"查找"命令,可在这些子键中查找到那些已经被卸载的软件残留信息子键并将其删除。

3) 删除多余的 DLL 文件

在 Windows 7 的 System32 文件夹下有大量的 DLL 文件,这些文件可能被系统或应用程序共享。但是由于经常安装和卸载软件,就会在 System32 文件夹下留下一些 DLL 垃圾文件。删除方法是: 在 HKEY_LOCAL_MACHINE\SOFTWARE\Microsoft\ Windows\CurrentVersion\SharedDlls 子键的右窗口中记录着有关程序共享的 DLL 信息,每个 DLL 文件的键值说明它已被几个应用程序共享,如果键值是 0X00000000,则表明不被任何程序共享,可删除对应的 DLL 文件。

4) 删除注册表中安装软件的信息垃圾

虽然大多数基于 Windows 的软件都自带了卸载程序或是为 Windows 的"添加/删除程序"提供了卸载信息,但它们大多数在卸载时并不会将注册表中有关信息文件删除,这些信息主要是软件在安装时写到注册表中的有关生产商、ID 号和用户名等。久而久之,这样无用的软件信息越来越多,使系统变得非常臃肿。

清除方法是首先打开注册表编辑器的 HKEY_CURRENT_USER\Software 子键,该子键目录中的子键一般以软件生产商命名,例如微软公司出品的软件都包含在 Microsoft

子键中。然后对某些软件是否被删除进行确定，如果确定软件已被删除，即可将其对应的键值全部删除。

3. 修改注册表优化系统性能

通过修改注册表相关键值优化系统性能的方法有很多，下面介绍几个常见方法。

1）加快窗口显示速度

找到 HKEY_CURRENT_USER\Control Panel\Desktop\WindowMetrics 子键，在右侧窗口中将 MinAnimate 键值改为 0，此时即可改变窗口从任务栏弹出，及最小化等动作的速度，从而加快窗口显示速度。

2）启动磁盘的自动优化功能

找到 HKEY_LOCAL_MACHINE\SOFTWARE\Microsoft\Dfrg\BootOptimizeFunction 子键，在右侧窗口中将 Enable 键值改为 Y，可以启动磁盘的自动优化功能。

3）加快开机速度

在注册表编辑器中找到 HKEY_LOCAL_MACHINE\SYSTEM\CurrentControlSet\Control\SessionManager\MemoryManagement\PrefetchParameters 子键，在右侧窗口中找到 EnablePrefetcher，然后双击此项，将数值数据修改为 0，单击"确定"按钮即可。EnablePrefetcher 参数表示操作系统启动预加载的文件数，预加载的文件越少，操作系统启动越快，开机速度也就越快。

4）加快关机速度

在注册表编辑器中找到 HKEY_LOCAL_MACHINE\SYSTEM\CurrentControlSet\Control，单击 Control，在右侧栏中会列出 Control 参数，找到 WaitToKillServiceTimeout，双击此项，将数值数据改为 2000，单击"确定"按钮即可。WaitToKillServiceTimeout 参数表示关闭服务程序的等待时间，其值越小，表明服务程序关闭越快，关机速度也就越快。

注意：除了可以手动清理注册表中的垃圾信息之外，还可以通过软件来清理注册表，而且这也是我们常用的方法。清理注册表垃圾信息的软件有很多，如 360 安全卫士的"电脑清理"功能可清理注册表的垃圾信息。

7.1.4 设置注册表维护计算机

前面已经介绍了注册表维护在计算机整个系统维护中的地位，以及注册表备份和维护的具体方法，在日常工作中用户也可以通过正确设置注册表来维护计算机系统，下面就结合实例加以说明。

1. 隐藏驱动器盘符

在前面介绍分区软件时，曾讲到使用分区软件可以隐藏重要的分区，如备份文件的分区。或者拒绝他人使用你硬盘某个分区，可以将它们隐藏起来，使得该分区不受外界的干扰，从而减少病毒的传染机会。此时可以通过注册表来实现隐藏分区，具体操作如下所示：

运行注册表编辑器，查找 HKEY_CURRENT_USER\Software\Microsoft\Windows\CurrentVersion\ Policies\Explorer，在右侧窗口中找到 NoDrives 项或新建一个"DWORD值的键值项"，双击该键值项弹出对话框，并在"进制"选项组中选中"十进制"单选按钮，在"数据"编辑框中输入需要隐藏的驱动器号码。一般用 2^n 来表示驱动器的盘符，例如 2^0（1）表示 A 盘，2^1（2）表示 B 盘，2^2（4）表示 C 盘，以此类推，D 盘为 8，E 盘为 16，F 盘为 32，G 盘为 64,H 盘为 128。如果想隐藏几个驱动器,则需将几个驱动器的值相加即可;如果要隐藏 C 盘、D 盘,则只需在数据框中输入 12(4+8)即可;如要隐藏所有驱动器,则需输入十六进制 FFFFFFFF。

2. 隐藏"网上邻居"图标

为了安全考虑,有时需要将"网上邻居"隐藏起来,使网络不可见,从而禁止非法用户使用网络资源。此时可通过修改注册表的方法,具体操作如下所示:

运行注册表编辑器,查找 HKEY_CURRENT_USER\Software\Microsoft\Windows\CurrentVersion\Policies\Explorer,在右侧窗口中右击,在弹出的快捷菜单中选择"新建/DWORD 值"选项,会出现一个名称为"新值#1"的键值项,将"新值#1"更名为 NoNetHood。双击 NoNetHood,将其值设置为 1(十六进制),若将该键值删除或将该值设置为 0,则不隐藏。

3. 如何禁止查看指定磁盘驱动器的内容

如果某个驱动器中存放了重要的数据,不希望用户查看该驱动器的内容,此时除了隐藏驱动器外,还可以通过注册表来禁止查看。具体操作如下所示:

(1) 运行注册表编辑器,找到 HKEY_CURRENT_USER\Software\Microsoft\Windows\CurrentVersion\Policies\Explorer 子键。

(2) 在该子键的右侧窗口新建一个 DWORD 类型的键值项 NoViewOnDrive,同时设置该键值项的键值。该键值如果以二进制表示,则某位数字为 0,即表示所对应的驱动器可以查看;数字为 1,则表示禁止查看。0~25 位依次表示 A~Z 的 26 个驱动器盘符。如"……1000"(省略号表示若干个 0),1 在数字串中的位置是 4,则对应 A~Z 的字母为 D,表示禁止查看 D 盘的内容。将该数字串换算成十六进制就是 00000008,因此若要禁止查看 D 盘,则只需修改 NoViewOnDrive 的键值数据为 00000008 即可。

4. 如何更改操作系统默认的搜索路径以减少木马的威胁

系统默认的搜索路径顺序先是 Windows\System32 目录,然后才是 Windows 目录。如果一个破坏程序顶替 regedit.exe,并放到 Windows\System32 目录下,则运行 regedit.exe 后将会优先执行该程序,这样就会使系统出现故障。通过更改默认的搜索路径即可解决这个问题。具体操作如下所示:

(1) 在注册表编辑器中查找子键 HKEY_LOCAL_MACHINE\SYSTEM\ControlSet001\Control\Session Manager\Environment。

(2) 在右侧窗口找到 path 键值,用鼠标左键双击此项,将其默认的"%System Root%\System32;%SystemRoot%"这两组以分号间隔的变量的前后顺序对换,即改为"%SystemRoot%;%SystemRoot%\System32"。注意变量之间的半角分号不能写错。

5. 如何禁止使用"控制面板"

为了保护系统的安全,防止他人私自使用"控制面板"而造成不必要的麻烦,可利用注册表把"控制面板"完全禁止使用。具体操作如下所示:

(1) 在注册表编辑器中查找子键:HKEY_CURRENT_USER\Software\Microsoft\Windows\CurrentVersion\Policies\Explorer。

(2) 在其右侧窗口新建或修改 DWORD 值 NoControlPanel,并将其修改为 1 即可。

6. 禁用注册表编辑器（regedit）

由于计算机的很多故障是由于非法用户修改注册表造成的,因此为了减少因非法修改注册表造成的计算机故障,可修改注册表使非法用户无法使用。具体操作如下所示：

在注册表编辑器中查找子键 HKEY_CURRENT_USER\Software\Microsoft\Windows\CurrentVersion\Policies\System 中的一个键名为 DisableRegistryTools 的十六进制的值,由 0 改为 1 即可。

7. 在注册表中清除病毒

当系统带有病毒无法彻底清除时,可通过修改注册表来清除病毒,方法是修改注册表的如下分支：

（1）将 HKEY_LOCAL_MACHINE\SOFTWARE\Microsoft\Shared Tools\MSConfig 分支下带有 ▷ 的分支展开,删除其下带有 ▷ 的子分支。

（2）将 HKEY_CURRENT_USER\Software\Microsoft\Windows\CurrentVersion\Explorer\MountPoints2 分支下带有 ▷ 的分支展开,并删除其下带有 ▷ 的子分支。

（3）将 HKEY_CURRENT_USER\Software\Microsoft\Windows\CurrentVersion\Policies 分支下带有 ▷ 的分支展开,并删除其下带有 ▷ 的子分支。

8. 自动关闭停止响应的程序

在注册表编辑器中打开 HKEY_CURRENT_USER\Control Panel\Desktop 子键,在右侧窗口中将键值 AutoEndTasks 的值改为 1。默认值为 0 表示手工关闭,为 1 表示为自动关闭停止响应的程序。

9. 系统崩溃后自动重新启动

系统崩溃后会出现蓝屏、死机等现象,开机重启时也会检查磁盘,十分费时,所以当系统崩溃后可将其设置为重新启动。方法是在 HKEY_LOCAL_MACHINE\SYSTEM\CurrentControlSet\Control\CrashControl 子键下,将 AutoReboot 键值改为 1。

10. 更改注册表隐藏桌面图标

利用注册表编辑器,用户可以将桌面上各种图标隐藏,使桌面只剩下"开始"按钮和任务栏,具体操作如下所示：

（1）打开注册表编辑器,找到 HKEY_CURRENT_USER/Software/Microsoft/Windows/CurrentVersion/Policies/Explorer 子键。

（2）新建一个 DWORD 的键值项,将其命名为 NoDesktop,然后将其值改为 1,重启计算机即可。

若要恢复桌面图标的显示,可在注册表编辑器中找到该 NoDesktop 值项并将其删除,然后重启计算机即可。

7.2 Windows 组策略的应用

注册表是 Windows 系统中保存系统软件和应用软件配置的数据库,随着 Windows 功能越来越丰富,注册表中的配置项目也越来越多,很多配置都可以自定义设置。但这些配置分布在注册表的各个角落,如果是手工配置,则显得十分困难和繁杂。组策略可将系统重要的配置功能汇集成各种配置模块,供用户直接使用,从而方便用户管理和维护计算机。

7.2.1 组策略的基础知识

什么是"组策略"呢？其实组策略就是介于控制面板和注册表之间的一种修改系统、设置程序的工具。简单地说，组策略的设置就是在修改注册表中的配置。当然，组策略使用了更完善的管理组织方法，比手工修改注册表更方便、更灵活、更容易，同时功能也更强大，它可设置的项目比控制面板多。

在启动组策略时，用户只需选择"开始"→"运行"命令，然后在弹出的"运行"窗口中输入gpedit. msc，最后单击"确定"按钮，即可启动 Windows 7 组策略编辑器。如图 7-11 所示为组策略主界面(注："组策略"程序 gpedit. msc 位于 C:\Windows\system32 中)。

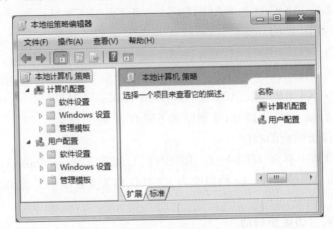

图 7-11　组策略主界面

使用"组策略"可以对计算机进行两个方面的设置：一个方面是"计算机配置"，另一个方面是"用户配置"，所有策略的设置都将保存到注册表的相关项目中。对计算机策略的设置保存到注册表的 HKEY_LOCAL_MACHINE 的相关项中，而对用户的策略设置将保存到 HKEY_CURRENT_USER 相关项中。

组策略的功能主要由"管理模板"和"Windows 设置"两项来实现，它可以使系统更加个性化。利用"Windows 设置"中的账户策略、本地策略及软件限制策略，可使系统更安全。

7.2.2 系统的个性化设置

1. 隐藏或删除资源管理器中的项目

一直以来，资源管理器就是 Windows 系统中最重要的工具，计算机用户可以通过对它的个性化设置高效、安全地管理资源。依次展开"用户配置"→"管理模板"→"Windows 组件"→"Windows 资源管理器"，可以看到"Windows 资源管理器"节点下的所有设置。在这里可以进行很多个性化的设置。

下面以"删除文件不放'回收站'"为例详细介绍其设置方法，其他有关组策略的设置不再详述。展开"用户配置"→"管理模板"→"Windows 组件"→"Windows 资源管理器"，弹出如图 7-12 所示的"本地组策略编辑器"界面；在右侧窗口中双击"不要将已删除的文件移到'回收站'"，弹出如图 7-13 所示的对话框；选中"已启用"，最后单击"确定"按钮即可。这样以后每次删除文件时，文件将被永久删除。如果禁用或不配置此设置，使用 Windows 资源管理器删除的文件或文件夹将会被放在"回收站"中。

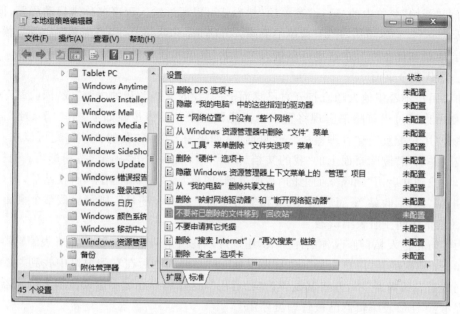

图 7-12 "本地组策略编辑器"界面

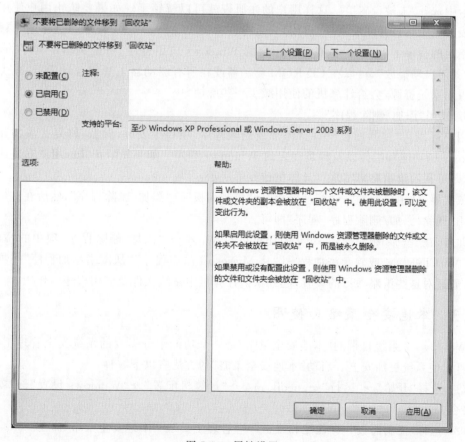

图 7-13 属性设置

2. 有关"开始"菜单和任务栏的设置

打开"开始"菜单中的"运行"菜单项,然后就可以通过输入程序名称来启动程序,但此时也可以将"运行"菜单项从"开始"菜单中删除。方法是:依次展开"用户配置"→"管理模板"→"'开始'菜单和任务栏",在这里可以进行"'开始'菜单和任务栏"的相关设置。

3. 隐藏整个桌面

如果用户不希望他人随意打开自己桌面上的"我的文档""我的电脑"或"回收站"等系统图标,则可以通过组策略来实现将整个桌面隐藏起来。具体步骤如下:在"组策略"窗口中依次展开"用户配置"→"管理模板"→"桌面"。如果需要隐藏"我的文档",则可以在右侧窗口中找到并启用"删除桌面上的'我的文档'图标"项,然后单击"确定"按钮即可;同样在右侧窗口中找到并启用"删除桌面上的'我的电脑'图标"或"从桌面删除'回收站'",即可删除"我的电脑"或"回收站";而启用"隐藏和禁用桌面上的所有项目",则可隐藏整个桌面。

4. 禁止访问注册表编辑器

为了防止他人私自修改你的注册表,用户可以在组策略中禁止访问注册表编辑器,具体步骤如下:依次展开"用户配置"→"管理模板"→"系统",然后在右侧窗口中找到并双击"阻止访问注册表编辑器"项,并将其设置为"已启用",这样用户在试图启动注册表编辑器时,系统将提示:"注册表编辑器已被管理员停用"。

另外,如果用户的注册表编辑器被锁死,也可以双击此设置,在弹出的对话框的"设置"选项卡中选择"未被设置"项,这样用户的注册表就可以解锁了。如果要防止用户使用其他注册表编辑工具打开注册表,应启用"只运行许可的 Windows 应用程序",这样用户就只能运行指定的程序了。启用"不要运行指定的 Windows 应用程序"可限制指定程序的运行。启用"关闭自动播放",可以在 CD-ROM 驱动器或在所有驱动器上禁用自动运行,减少自动运行占用系统资源,会给计算机的使用减少一些麻烦。

5. 禁用"添加/删除程序"

用户可以从"控制面板"中的"添加或删除程序"项目中安装、卸载、修复并添加和删除 Windows 的功能和组件以及种类很多的 Windows 程序。如果想阻止其他用户安装或卸载程序,则可利用组策略来实现。具体操作如下所示:

依次展开"用户配置"→"管理模板"→"控制面板"→"添加/删除程序",然后在右侧窗口中启用"删除'添加/删除程序'程序"即可。

此外,在"添加/删除程序"分支中还可以对 Windows"添加/删除程序"项中的"添加新程序""从 CD-ROM 或软盘添加程序""从 Microsoft 添加程序""从网络添加程序"等项进行隐藏,通过对这些策略项目的设置,起到保护计算机中系统文件及应用程序的作用。

7.2.3 本地安全策略的使用

Windows 7 系统自带的"本地安全策略"是一个功能十分强大的系统安全管理工具,利用它可以使系统更加安全。启动"本地安全策略"的方法有以下 3 种:

(1) 选择"开始"→"运行"→gpedit.msc→"计算机配置"→"Windows 设置"→"安全设置"命令。

(2) 选择"控制面板"→"性能和维护"→"管理工具"→"本地安全策略"命令。

(3) 选择"开始"→"运行"→secpol.msc 命令。

通过上述方法打开如图 7-14 所示的"本地安全策略"主界面,在该界面上可进行账户策略、本地策略、公钥策略以及软件限制策略等策略的设置,通过这些设置使系统更加安全。

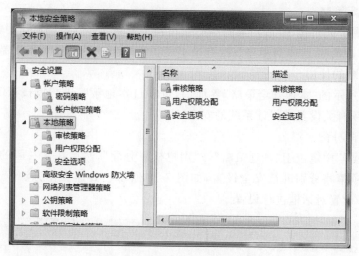

图 7-14 "本地安全策略"主界面

1. 账户策略的使用

在账户策略中可进行密码策略和账户锁定策略的设定,通过该操作可以加强账户使用安全。

1)密码策略

在"安全设置"中,先定位于"账户策略"→"密码策略",在其右侧设置窗口中,可进行密码复杂性要求、密码长度以及密码的存留期的设置,以使用户的系统密码相对安全,不易破解。防破解的一个重要手段就是定期更新密码,用户可据此进行如下设置:右击"密码最长存留期",在弹出的快捷菜单中选择"属性"命令,如图 7-15 所示。

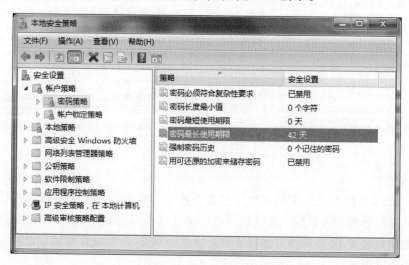

图 7-15 密码策略的设置

2）密码设置

系统安全一直就是人们十分关注的焦点问题。用户可通过组策略设置密码（口令）的最小长度，具体内容如图 7-15 所示。

3）账户锁定策略

在安全设置中先定位于"账户策略"→"账户锁定策略"，在其右侧窗口中将"账户锁定阈值"的默认值 0 改为 3，这样当用户 3 次登录不成功时即会被锁定，0 为不限制登录次数。

2. 本地策略的使用

在图 7-14 所示的"本地安全策略"界面中，可通过本地策略进行审核策略、用户权限分配以及安全选项有关设置来保证系统的安全。

1）用户权限分配

在"安全设置"中定位于"本地策略"→"用户权限分配"，然后在其右侧的设置视图中可针对其下的各项策略分别进行安全设置，如图 7-16 所示。具体操作方法：选中要修改项，双击鼠标，打开设置对话框进行设置。

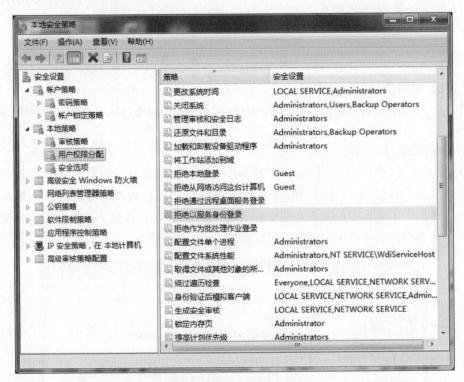

图 7-16　用户权限分配

2）安全选项

在"安全设置"中定位于"本地策略"→"安全选项"，然后在其右侧的设置视图中可针对其下的各项策略分别进行设置。在这里可进行交互式登录、网络安全及网络访问等安全设置。设置的项目很多，具体操作方法：选中要修改项双击，打开设置对话框进行设置。下面举几个例子加以说明。

操作步骤如下：在"本地安全策略"左侧列表的"安全设置"目录树中，依次展开"本地策略"→"安全选项",出现如图 7-17 所示的"安全选项"设置,在右侧窗口中有很多设置项目,找到"网络访问:不允许 SAM 账户和共享的匿名枚举"双击,将弹出如图 7-18 所示的"属性"对话框,单击"已启用""应用"按钮使设置生效。

图 7-17 "安全选项"设置

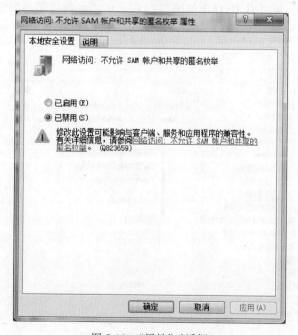

图 7-18 "属性"对话框

7.2.4 软件限制策略的使用

软件限制策略是本地安全策略的一个重要组成部分,同时它也是一种技术,通过这种技术,管理员可以决定一个程序是否可以运行。该策略允许管理员针对一个指定的文件或某种类型的文件,通过制定相应的规则对其进行标识,同时赋予这些文件相应的安全级别,从而允许或限制这些文件的运行。利用这个机制,用户就可以对一些已知名称或类型的病毒进行预防。当用户登录系统后,软件限制策略会自动地作用于用户,如果自行启动的文件被规则标识为不允许运行或用户试图运行标识为不允许运行的文件时都将运行失败。

1. 软件限制策略的打开方法

以管理员或管理员组的成员身份登录系统,一般通过下面3种方法打开。

(1) 在"开始"菜单的"运行"处运行 secpol. msc 命令,启动本地安全策略编辑器,展开"安全设置",选择"软件限制策略"项。

(2) 在"开始"菜单的"运行"处运行 gpedit. msc 命令,启动组策略编辑器,依次展开"'本地计算机'策略"→"计算机设置"→"Windows 设置"→"安全设置",选择"软件限制策略"项。

(3) 选择"开始"→"设置"→"控制面板"→"管理工具"→"本地安全策略"命令。

2. 软件限制策略规则的介绍

1) 规则的创建

第一次使用软件限制策略时,在图 7-14 所示的界面上选中"软件限制策略",单击"操作"菜单项,选择"创建软件限制策略",此时软件限制策略下增加了"安全级别"和"其他规则"两项。其中安全级别分为"不允许"和"不受限"两种,其中"不允许"将禁止该程序运行,不论用户的权限如何;而"不受限"允许用户依据其拥有的权限运行程序。"其他规则"有两个默认规则,要添加新规则,可以右击,弹出如图 7-19 所示的添加软件限制策略的窗口,创建规则。

图 7-19　添加软件限制策略

2）软件限制策略的规则

由图 7-19 可知,软件限制策略的规则主要有证书规则、哈希规则(散列规则)、网络区域规则、路径规则 4 种,下面将分别介绍。

证书规则:利用与文件关联的签名证书对文件进行标识。该规则适用于脚本和 Windows 安装程序包。

散列规则:利用散列算法计算出指定文件的散列,并以此散列对文件进行唯一标识。只要文件的内容不变,则移动和重命名均不会对规则产生影响。该规则适用于所有的可执行代码。

网络区域规则:利用应用程序下载的 Internet 区域进行标识。该规则主要应用于 Windows 的安装程序包。

路径规则:利用文件的路径对文件进行标识,这里的路径可以是一个完整的文件名称或以通配符表示的一类文件和路径。该规则中一旦路径改变或文件重命名,规则便会失去效力。该规则中支持通配符(如 ＊ 和 ？ 等),同时也可以使用环境变量(如％temp％、％systemdrive％等)。

在实际应用软件限制策略预防病毒时,通常需要新建哈希规则和路径规则,文件的安全级别要设定为"不允许的"。

3. 软件限制策略优先级别

在软件限制策略的四个规则中,如果对同一个文件设置了几个规则,那么哪个规则起作用呢? 这四个规则的优先级从高到低排序依次为:哈希规则→证书规则→路径规则→网络区域规则。而在实际的应用中,一般只用到散列规则和路径规则。

4. 软件限制策略执行原则

软件限制策略可以有多个规则作用于同一个文件,此时限制策略的执行原则是按如下规则起作用的。

(1) 如果多于一个规则作用于同一个程序,则优先级别最高的规则起作用。

(2) 如果多于一个的同类规则作用于同一个程序,则同类规则中最具限制力的规则起作用。如果对同一文件做两次散列(不受限、不允许),则不允许优先。

(3) 规则越具体越优先。如果做了 ＊.exe 为不允许,1.exe 为不受限,则 1.exe 的规则优先。因为 ＊.exe 为一类文件,而 1.exe 为一个具体的文件。

5. 使用软件限制策略注意事项

(1) 不要修改默认的域策略,也不要连接外域策略。

(2) 坚持为软件限制策略建立独立的组策略对象。

(3) 如果应用软件限制策略出现预期之外的问题,则应以安全模式启动计算机修正策略。

(4) 为了获得最好的限制效果,应连同访问策略一起使用软件限制策略。

(5) 在软件限制策略应用前应在测试环境进行测试。

(6) 慎重使用"不允许的"默认策略。

(7) 不要删除系统自动建立的注册表路径规则。

6. 软件限制策略的解除

有时可能因为错误的设置而导致某些系统组件无法运行(例如禁止运行所有 msc 后缀

的文件而无法打开组策略编辑器),在这种情况下用户只要重新启动系统到安全模式,然后使用 Administrator 账号登录并删除或修改这一策略即可。因为在安全模式下使用 Administrator 账号登录是不受这些策略影响的。

小　结

本章介绍了注册表和组策略的基本概念,介绍了注册表的结构及维护优化方法,结合实例介绍了如何通过修改注册表来维护计算机系统。本章还介绍了本地安全策略和软件限制策略在计算机维护中的应用,并给出了相应的设置实例。实现理论与实践相结合。

习　题

1. 什么是注册表? 如何备份和恢复注册表?
2. 如何通过设置注册表来维护计算机?
3. 什么是组策略? 如何启动组策略编辑器?
4. 什么是本地安全策略的使用? 如何启动本地安全策略?
5. 什么是软件限制策略? 什么是软件限制策略优先级别? 什么是软件限制策略执行原则?
6. 举例说明如何设置软件限制策略。
7. 简述软件限制策略在计算机维护中的作用。

第8章　计算机的安全维护

计算机病毒、木马、恶意软件、钓鱼网站一直困扰着广大计算机用户,它们会导致严重的计算机软件故障,这不仅干扰了计算机用户的正常使用,还可能会造成用户经济上的损失。预防和排除计算机病毒、木马和恶意软件是计算机安全维护的重要内容,也是我们每一个计算机维护人员必须掌握的技能。本章将从计算机病毒、木马、恶意软件和钓鱼网站的基本概念出发,讲解如何有效检测、预防和清除计算机中的病毒、木马和恶意软件,提高计算机系统安全维护的技能。

8.1　计算机病毒的排除

8.1.1　计算机病毒概述

1. 计算机病毒的定义

从广义上讲,凡能够引起计算机故障、破坏计算机数据的程序均可统称为计算机病毒。1994 年 2 月 18 日,我国正式颁布实施了《中华人民共和国计算机信息系统安全保护条例》,在《条例》第二十八条中明确指出:计算机病毒,是指编制或者在计算机程序中插入的破坏计算机功能或者毁坏数据,影响计算机使用,并能自我复制的一组计算机指令或者程序代码。

2. 计算机病毒的特点

一般正常的程序是首先由用户调用,然后由系统分配资源,最后完成用户交给的任务,其目的对用户是可见的、透明的;而病毒具有正常程序的一切特性,它隐藏在正常程序中,当用户调用正常程序时窃取到系统的控制权,先于正常程序执行、对用户是未知的且未经用户允许的。计算机病毒的特点,具体表现在以下几个方面:

(1)传染性。传染性是病毒的基本特征,它会通过各种渠道如 U 盘、网络等从已被感染的计算机扩散到未被感染的计算机。在某些情况下造成被感染的计算机工作失常甚至瘫痪。

(2)潜伏性。大部分的病毒在将系统感染之后一般不会马上发作,它可长期隐藏在系统中,只要在满足其特定条件时,它就会启动其表现模块,按预先设定的时间发作。例如黑色星期五病毒,它平常隐藏在系统中,用户无法觉察,等到条件具备时瞬间爆发,对系统进行破坏。

（3）隐蔽性。计算机病毒具有很强的隐蔽性，有些可以通过杀毒软件查杀，而有些病毒杀毒软件根本无法查出；有些则时隐时现、变化无常，这类病毒处理起来通常很困难。

（4）破坏性。当计算机中毒后，可能会导致程序无法正常运行，同时计算机内的文件也有可能被删除或受到不同程度的损坏。

（5）可触发性。病毒因某个事件或数值的出现，诱使病毒实施感染或进行攻击的特性称为可触发性。为了隐蔽自己，病毒必须潜伏，少做动作，但若病毒完全不动，一直潜伏，则既不能感染也不能进行破坏，便失去了杀伤力，所以病毒既要隐蔽又要维持杀伤力，它必须具有可触发性。病毒的触发机制就是用来控制感染和破坏动作的频率的，它具有预定的触发条件，这些条件可能是时间、日期、文件类型或某些特定数据等。

3. 计算机病毒的表现

系统一旦感染计算机病毒，一定会有一些异常现象，这些异常现象一般包括以下几个方面：

（1）系统无法启动。引导病毒修改了硬盘的引导信息或删除了某些启动文件，导致引导文件损坏，使计算机 POST 自检后死机，不能进入系统。

（2）文件丢失或被破坏。计算机中的文件莫名丢失、文件图标被更换、文件的大小和名称被修改以及文件的内容变成乱码；原本可正常打开的文件无法打开，病毒修改了文件的格式和文件的链接位置，使文件损坏。

（3）性能下降。系统运行速度变慢，运行程序时报内存不够，硬盘经常出现不明的读写操作；在未运行程序时，硬盘指示灯不断闪烁甚至长亮不熄；计算机经常死机。

（4）系统资源消耗加剧。硬盘中的存储空间急剧减少，系统基本内存发生变化，CPU的使用率保持在 80% 以上，这是由于病毒占用了内存和 CPU 资源，在后台运行了大量非法操作，影响系统运行速度，使系统的运行速度明显减慢。

（5）其他异常现象。系统时间和日期无故发生变化；网络时断时连；用鼠标双击磁盘打不开，进入资源管理器打开磁盘文件夹时，发现其中有与文件夹名相同的可执行文件；自动打开 IE 浏览器链接到不明网站；计算机的输入/输出端口不能正常使用。

以上这些表现是计算机感染病毒后用户在使用计算机时直接感受到的。在计算机系统内部，很多病毒是以进程的形式出现的，可以通过打开系统进程列表来查看正在运行的进程，通过进程名称及路径判断是否产生病毒。

4. 计算机病毒的危害

计算机病毒的危害按照其攻击的目标可分为攻击内存、攻击文件、攻击系统数据区、干扰系统正常运行、攻击磁盘等。

（1）攻击内存。内存是计算机病毒最主要的攻击目标之一。计算机病毒在发作时额外地占用和消耗系统的内存资源，导致系统资源匮乏，进而引起死机。病毒攻击内存的方式主要有占用大量内存、改变内存总量、禁止分配内存和消耗内存等。

（2）攻击文件。文件也是病毒主要攻击的目标之一。当一些文件被病毒感染后，如果不采取特殊的修复方法，则文件很难恢复原样。病毒对文件的攻击方式主要有删除、改名、替换内容、丢失部分程序代码、内容颠倒、变碎片、假冒文件、丢失文件簇或丢失数据文件等。

（3）攻击系统数据区。对系统数据区进行攻击，通常会导致灾难性后果。攻击部位主要包括硬盘主引导扇区、Boot 扇区、FAT 表和文件目录等。当这些部位被攻击后，普通用户很难恢复其中的数据。

（4）干扰系统正常运行。病毒会干扰系统的正常运行，其方式也是花样繁多的，主要表现方式有不执行命令、干扰内部命令的执行、虚假报警、打不开文件、内部栈溢出、占用特殊数据区、重启动、死机、强制游戏以及扰乱串并行口等。还可影响计算机运行速度，当病毒激活时，其内部的时间延迟程序便会启动。该程序在时钟中纳入了时间的循环计数，迫使计算机空转，从而导致计算机速度明显下降。

（5）攻击磁盘。表现为攻击磁盘数据、不写盘、写操作变读操作、引导扇区病毒修改或覆盖硬盘原来的主引导记录（如硬盘逻辑锁病毒）。

5．计算机病毒的分类

计算机病毒主要可分为以下几类：

（1）引导扇区病毒。病毒修改或覆盖硬盘原来的主引导记录。一些病毒本身就包括了完整的主引导记录程序，有少数几种病毒甚至对引导扇区参数进行加密处理。所有引导区病毒基本上都是内存驻留型的，当微机启动时，病毒就被加载到内存中，直到系统关机为止，病毒一直存在。所以引导型病毒基本上都会减少可用的内存容量。

（2）文件病毒。文件病毒的工作原理是文件病毒被激活后，病毒会立刻获得控制权。病毒首先检查系统内存，查看内存中是否已经有病毒代码存在，如果没有，则将病毒代码装入内存，然后执行病毒设计的一些功能，例如破坏功能以及显示信息或动画等。为了保证能够定时发作，病毒往往会修改系统的时钟中断，确保在合适时激活，完成这些工作后，病毒再将控制权交回至被感染的程序。

（3）宏病毒。宏病毒主要运行在微软公司的 Office 软件中。宏病毒利用了宏语言 VBA，VBA 语言可以对文本和数据表进行完整的控制，可以调用操作系统的任意功能，甚至包括格式化硬盘这种操作。病毒脚本语言是一种嵌入在某个软件中的一种语言，它具有一定的控制结构，可用来向计算机发送指令，但它们的语法规则比较简单。

（4）蠕虫病毒。蠕虫病毒以网络为寄生环境，以网络上节点计算机为基本感染单位，通过网络设计上的缺陷，从而达到占用整个网络资源的目的。蠕虫病毒往往利用系统漏洞或利用欺骗方法进行传播。蠕虫病毒传播过程，首先由扫描模块负责探测主机的漏洞，当程序向某个主机发送探测漏洞的信息并收到成功的反馈信息后，就得到一个可传播的对象；然后攻击模块自动攻击找到漏洞的主机，取得该主机的权限；最后复制模块通过原主机和新主机的交互，将蠕虫病毒复制到新主机中并启动。

（5）木马病毒。木马现在已经被归于病毒的一种，刚刚出来的时候，木马本身并不具备病毒的明显特征，木马只是一款客户端控制软件。

8.1.2 计算机木马病毒

1．木马病毒的基本概念

木马这个名字来源于特洛伊战争，木马本身并不具备病毒的明显特征，木马只是一款客户端控制软件，但经过多年的发展，结合多种病毒技术，现在已经对网络环境构成相当严重的威胁。

木马病毒与一般的病毒不同，它不会自我繁殖，也并不会"刻意"地去感染其他文件，它通过将自身伪装，从而吸引用户下载执行。木马病毒可能会造成用户系统的破坏、信息被窃或丢失、系统瘫痪等。木马程序分为服务器端和客户端两个部分,服务器端程序一般被伪装并安装在受害者的计算机中,以后程序将随该计算机每次运行而自动加载;而客户端一般安装在控制者的计算机中。

木马程序与远程控制程序的基本区别在于,远程控制程序是在用户明确授权后运行,并在用户主机上有明显的控制图标;而木马程序常常利用系统漏洞或用户的疏忽进入用户的计算机系统,它是隐蔽运行的,一般会修改注册表的启动项或者修改打开文件的关联而获得自动运行的机会。大多数木马程序具有多重备份,可以互相恢复,使得用户无法用简单的手工删除方法轻易删除。木马也有多种类型,如网页点击类木马、下载类木马、破坏型木马、邮件炸弹木马以及键盘记录木马等。

2. 木马病毒的主要技术

现在流行的木马病毒技术主要有:线程插入、服务启动、捆绑应用程序、伪装成系统文件、自动运行等。

线程插入技术:将自己的代码嵌入正在运行的进程中的技术。理论上说,在 Windows 中的每个进程都有自己的私有内存空间,别的进程是不允许对这个私有空间进行操作的。但木马可以利用系统漏洞和软件设计上的缺陷,让自己的核心代码运行在别的进程的内存空间。这样不仅能很好地隐藏自己,也能更好地保护自己。

服务启动技术:木马伪装成系统的关键服务,随系统一起启动。这种启动方式的优先级极高,通常在杀毒软件启动前就已经占领了系统,让杀毒软件全部失效。

捆绑应用程序技术:木马把自身同某些常用的应用程序捆绑在一起,在运行这些软件的同时完成启动,俗称"挂马"。

伪装技术:木马的名称与系统启动的关键进程相同,如同真假"美猴王"一般,让用户无法分辨真伪,这是木马最常用的伪装技术之一。

自动运行技术:Autorun 是微软的 Windows 系统的一种自动运行的文件命令,主要用于对于移动设备的自动运行。本是微软为了方便用户使用 CD-ROM、U 盘等移动设备而设置的程序,而现在却被很多病毒利用。大家很熟悉的熊猫烧香就是这一类。中毒以后每个盘符下面都会生成负责控制自动运行的 Autorun.ini 文件及病毒文件,当任意盘符被双击时就会触发病毒,感染整个系统。

3. 木马病毒的传播途径

木马的传播途径主要有三种,第一种是捆绑应用程序传播,通常木马会绑定在一些正常的程序中,吸引用户下载,一旦用户下载运行,其中隐藏的木马也一并被激活。第二种是利用 QQ 找到 IP,然后扫描系统漏洞。比如远程桌面,默认共享是否打开,猜测 Windows 用户密码,上传木马程序。第三种是最新的网页漏洞。比如 jpg 漏洞,还有最近的 ani 漏洞,其原理是骗过 IE,把一个程序改名为后缀是 jpg 或者 ani 的文件,让人通过 IE 打开,其实本身是放在其他地方的木马客户端。一些木马会隐藏在网页的脚本中,在用户通过浏览器执行脚本时利用网站技术强制用户加载木马。

8.1.3 计算机病毒的预防与清除

1. 计算机病毒的预防

计算机病毒的预防,可以通过修补系统漏洞、安装杀毒软件和防火墙以及使用软件限制策略来实现,同时在使用计算机时提高安全防范意识。

(1) 提高安全防范意识。在使用计算机的过程中需要增强安全防护意识,加强管理,同时防止病毒的入侵。例如,不要访问非法网站,对网上传播的文件要多加注意,密码设置最好采用数字和字母的混合且不少于8位。不使用来历不明的光盘、U盘或在使用前先查毒。由于病毒具有潜伏性,可能机器中有隐蔽着的病毒,所以要经常对磁盘进行检查。总之,预防与消除病毒是一项长期工作,不是一劳永逸的,应坚持不懈。

(2) 修补系统漏洞。Windows 操作系统的用户量多,系统漏洞也是层出不穷,需要及时修补操作系统的漏洞,这样才能减少病毒入侵的威胁。

(3) 安装杀毒软件和防火墙。使用杀毒软件可最大程度地保护计算机不受病毒感染,保障计机的安全运行。目前,多数杀毒软件都带有实时病毒防火墙,可监控来自计算机外部的病毒,保护计算机免受病毒感染。防火墙是一种被动防卫技术,是一种网络安全防护措施,它采用隔离控制技术,是设置在内部网络和外部网络之间的一道屏障,用来分隔内部网络和外部网络的地址,使外部网络无从查探内部网络的 IP 地址,从而不会与内部系统发生直接的数据交流。

(4) 使用软件限制策略预防病毒。软件限制策略是一种决定程序是否可以运行的技术。病毒要实施破坏,必须进入到系统,但如果病毒进入系统后而无法运行,它就不可能对系统造成破坏,也就成功预防了病毒。因此,可以利用软件限制策略对系统的关键路径、关键文件做散列规则和路径规则来限制病毒文件的运行。

此外,预防病毒、避免损失还要注意如下几点:首先,备份重要资料。数据资料是最重要的,硬盘有价,数据无价,系统坏了可重新安装,硬盘坏了可再买一个,但是硬盘中的数据若丢失则可能永远无法找回,为了避免重要数据的损坏,一定要经常备份。其次,尽量不要随便在他人机器或公用机器上使用可移动储存介质,否则有可能会感染病毒。再次,当使用新软件或网上下载的软件时,应先杀毒再使用,或在影子模式下试用以减少中毒机会。最后,不要轻易打开电子邮件的附件,很多病毒都是通过电子邮件传播的。不要以为只打开熟人发送的附件就一定安全,有的病毒会自动检查受害人计算机上的通讯录并向其中的所有地址自动发送带毒文件。

2. 计算机病毒的清除

清除计算机病毒的方法有三种:一是利用影子系统等系统还原类的软件,二是借助反病毒软件消除,三是手工清除。但是用手工方法消除病毒不仅烦琐,而且对技术人员专业水平要求较高,只有具备一定的计算机专业知识的人员才会使用。

借助影子系统等系统保护软件,使得系统在影子模式下运行,从而保护了真正的系统,即使感染病毒,只要重新启动,系统即恢复到真实系统的状态。

借用反病毒软件进行病毒的消除,利用反病毒软件自动进行检测和杀毒,适合于病毒传播范围较广的情况。

8.1.4 计算机病毒的手工清除

手工清除计算机病毒必须具备扎实的操作系统的基础理论知识,特别要求对操作系统的系统文件、文件夹、自启动程序、系统进程和系统服务有较深入的了解。此外还必须对各种计算机病毒的基本原理及特性有所了解。下面将详细介绍计算机病毒的手工清除方法。

1. 计算机病毒经常感染的系统路径

计算机病毒要实施感染,首先必须进入到系统,然后才能实施破坏的目的。那么系统中哪些地方是病毒经常"光顾"的呢? 下面列出一些病毒常"光顾"的地方。

(1) C 盘根目录 C:\。

(2) Internet 临时文件夹和用户的临时文件夹。

(3) 程序文件夹 C:\Program Files。

(4) IE 浏览器文件夹 C:\Program Files\Internet Explorer。

(5) 系统文件夹 C:\Windows、C:\Windows\system32、C:\Windows\Prefetch、C:\Windows\Config、C:\Program Files\Common Files、C:\Windows\system32\drivers 等。

2. 如何发现病毒

在系统中如何发现病毒是从事计算机维护人员必须掌握的基本技能,这些技能主要是熟悉操作系统的一些基础知识。

(1) 熟悉操作系统文件的命名规则。Windows 系统文件命名方法一般都有一定的意义,而病毒、木马大多是使用数字作为文件名,如 1. exe 等。

(2) 仔细鉴别系统文件名称。病毒为了使自己不被发现,想尽办法隐藏自己,例如,它们使用与系统文件类似的名称,如用 explorer. exe 或 expirer. exe 命名文件,以混淆explorer. exe 系统文件。其中,将字母 l 改为数字 1 或字母 i 等人们不易察觉的区别未冒充源系统文件。

(3) 熟悉常见的 Windows 系统文件所在位置。

病毒为了隐藏自己,它们使用相同的系统文件名,但存放在不同的文件夹下,使用户不易发觉。

(4) 时刻注意系统的运行异常情况。例如,系统是否突然变慢等。

(5) 经常检查文件的建立时间,通过建立时间可以发现病毒。一般情况下,病毒文件通常是当前日期。

(6) 通过任务管理器查看进程与用户名是否匹配。注意辨别哪些进程是用户的,哪些是系统的,一般来说有些进程是系统的,有些进程是用户的。如 services. exe、winlogon. exe其用户名为 system,如果用户名为用户的,则很可能是木马。

(7) 备份系统正常时的系统文件。有时木马病毒一般都隐藏在 system32 目录下,针对这一点用户可以在安装好系统和必要的应用程序后,对该目录下的 EXE、DLL 文件作一次记录或备份,一旦发现异常,再比较在 system32 目录下这些文件有无变化。如果发现多了一些 dll、exe 文件,此时通过查看创建时间就能较为容易地判断出是否被木马"光顾"了。

3. 如何清除病毒

1) 破坏病毒文件,使其无法运行

破坏病毒文件的方法有很多,例如可以使用暴力删除工具删除;可以使用右键粉碎文件;做软件限制策略禁止文件的运行;改变病毒文件位置使其调用不成功;以及在 DOS 提示符下用 ECHO 命令将输出字符重定向到病毒文件,从而破坏病毒文件,如 ECHO PIG > a. exe,即破坏了 a. exe。

2) 借助于软件,如 process explorer、autoruns 查找木马

打开进程浏览器 process explorer 选择 IEXPLORE. EXE/查看/下级窗格视图/DLLS

即可看到 IEXPLORE. EXE 调用模块 ＊. nls，如果在 c:\windows\system32 下的为正常，如果不是 system32 下的就可删除。IEXPLORE. EXE 文件的路径为 C:\Program Files\Internet Explorer。发现不正常模块可通过 Windows 桌面"开始"→"运行"：regsvr32 /u 命令来删除木马模块。

3）清理注册表

① 检查注册表的关键项

HKEY_LOCAL_MACHINE\Software\Microsoft\Windows\CurrentVersion\Run 先查看键值中是否有自己不熟悉的自启动文件，它的扩展名一般为 EXE，然后记住木马程序的文件名，再在整个注册表中进行搜索，若搜索到相同文件名的键值则将其删除，接着再到计算机中找到木马文件并将其彻底删除。

检查 HKEY_LOCAL_MACHINE 和 HKEY_CURRENT_USER\SOFTWARE\Microsoft\Internet Explorer\Main 中的几项，如果发现键值被修改了，则只要根据判断将该值改回即可。

需要注意的就是，在对注册表进行修改之前，先要对它进行备份，以防错误的操作引起系统崩溃。

② 检查系统配置文件

在 Windows XP 系统中，打开系统配置实用程序，首先检查启动组下有哪些陌生的启动项，然后再检查 win. ini 和 system. ini 两个重要文件。其中，win. ini 控制着用户窗口环境的概貌，system. ini 则包含整个系统的信息，而这些信息又是 Windows 启动时所需要的重要配置信息。这两个文件会在系统启动时被加载，所以一些木马也常常混迹其中。例如，在 win. ini 中发现"run＝某程序"和"load＝某程序"的语句，则此时即用 msconfig 的编辑将其删除。

③ 检查文件关联

如果系统在打开某一类文件时出现异常，此时应检查打开这类文件的应用程序是否出现异常。例如，正常情况下 txt 文件的打开方式为 Notepad. exe 文件，如果一旦中了文件关联类的木马，此时打开一个 txt 文件，原本应用 Notepad 打开该文件的，现在则变成了启动木马程序。注册表中 HKEY_CLASSES_ROOT\. txt\shellnew 可以看出启动程序。

解决文件的关联问题有两种方法：第一种是直接修改注册表，第二种是进入控制面板进行修改。下面进行简单介绍。

直接修改注册表。如果木马是关联的 EXE 文件，则需找到如下键值，并查看 command 下的命令是否正常。

```
HKEY_CLASSES_ROOT\exefile\shell\open\command
HKEY_LOCAL_MACHINE\Software\CLASSES\exefile\shell\open\command
```

进入控制面板修改。选择"文件夹选项—文件类型"，然后单击"高级"，在弹出的菜单中选择"应用程序"命令，查看该应用程序是否是正常的应用程序。

此外，还可以通过禁用某些系统服务、计划和任务、组策略的登录自动加载项等方法检查那些随机启动的项目，从而限制病毒文件的运行。

计算机病毒目前十分猖獗，但并不可怕。只要了解计算机病毒的特征，熟悉计算机操作系统的系统文件命名规则,仔细识别系统文件名及其常用系统文件存放的路径,了解病毒在注册表中的加载位置等,即可查找并清除病毒。同时病毒的清除方法具有通用性,多数病毒均可采用上述方法进行查杀。

8.2　恶意软件

　　恶意软件(流氓软件)是指在未明确提示用户或未经用户许可的情况下,在用户计算机或其他终端上安装运行,侵害用户合法权益的软件(不包含受我国法律法规保护的计算机软件)。流氓软件是介于计算机病毒和正规软件之间的软件,属于灰色软件。

8.2.1　恶意软件的概述

1. 恶意软件的分类

　　根据不同的特征和危害,恶意软件主要分为:广告软件、间谍软件、浏览器劫持软件、行为记录软件以及恶意共享软件等。

　　(1)广告软件。广告软件是指未经用户允许,下载并安装在用户的计算机上,或与其他软件捆绑,通过弹出式广告等形式牟取商业利益的程序。此类软件往往会强制安装且无法卸载;在后台收集用户信息牟利,危及用户隐私;频繁弹出广告,消耗系统资源,使系统运行变慢等。

　　(2)间谍软件。间谍软件是一种能够在用户不知情的情况下,在其计算机上安装后门、收集用户信息的软件。用户的隐私数据和重要信息会被"后门程序"捕获,并被发送给黑客和商业公司等。这些"后门程序"甚至能使用户的计算机被远程操纵,从而组成庞大的"僵尸网络",这是目前网络安全的重要隐患之一。

　　(3)浏览器劫持软件。浏览器劫持软件是一种恶意程序,它通过浏览器插件、BHO(浏览器辅助对象)、Winsock LSP 等形式对用户的浏览器进行篡改,使用户的浏览器配置不正常,且被强行引导到商业网站。用户在浏览网站时会被强行安装此类插件,普通用户根本无法将其卸载。一旦被该软件劫持,用户只要上网就会被强行引导到其指定的网站,严重影响正常的上网浏览。

　　(4)行为记录软件。行为记录软件是指未经用户许可,窃取并分析用户隐私数据,记录用户计算机使用习惯、网络浏览习惯等个人行为的软件。它危及用户隐私,可能被黑客利用进行网络诈骗。例如,一些软件会在后台记录用户访问过的网站并加以分析,然后将这些信息发送给专门的商业公司或机构,此类机构会据此窥测用户的爱好,并进行相应的广告推广或商业活动。

　　(5)恶意共享软件。恶意共享软件是指某些共享软件为了获取利益,采用诱骗手段、试用陷阱等方式强迫用户注册,或在软件体内捆绑各类恶意插件,未经允许即将其安装到用户的计算机中。它使用"试用陷阱"强迫用户进行注册,否则可能会丢失个人资料等数据。软件集成的插件可能会造成用户浏览器被劫持、隐私被窃取等。如果用户安装某一媒体播放软件,则会被强迫安装与播放功能毫无关系的软件(如搜索插件、下载软件等)而不给出明确提示。并且用户卸载播放器软件时不会自动卸载这些附加安装的软件。随着网络的不断发展,流氓软件的分类也越来越细,一些新种类的流氓软件不断出现,分类标准必然会随之进行调整。

2. 恶意软件的表现形式

恶意软件的表现形式主要有以下几个方面：

（1）强制安装。当用户在安装一个正常软件时，恶意软件可能会通过正常软件偷偷地进行安装，没有可选择的提示。如用户在装 A 软件时，一不小心就可能会同时安装了 B、C 这样的软件。

（2）无法彻底删除。用户通过手工方式或通过它提供的卸载方式卸载后，注册表的有关的数据项仍然存在，重启后这些软件仍然会自动运行。

（3）恶意监视浏览器。劫持用户的浏览器、修改用户浏览器或其他相关设置，迫使用户访问特定网站或导致用户无法正常上网。

（4）恶意下载。流氓软件为了保护自己，因此会不通过任何用户的确认去删除其他的软件，从而保证自己能够在机器中长久驻留。

（5）弹出广告。在未明确提示用户或未经用户许可的情况下，利用安装在用户计算机或其他终端上的软件弹出广告的行为。

（6）其他侵犯用户知情权、选择权的恶意行为。

3. 感染恶意软件的途径

由于受到利益的驱使，恶意软件的传播方法几乎覆盖了用户的各种操作，主要表现在如下几个方面。

（1）当安装一些国外知名软件的汉化版时，可能其中就包含有恶意软件。

（2）安装免费软件。很多免费软件的制作者为了能够达到自己的收入需求，在不得已的情况下捆绑了一些恶意软件，从而实现自己的收支平衡。

（3）安装盗版游戏。有很多盗版游戏光盘中其实也捆绑了恶意软件，当用户运行一个游戏或安装一个游戏时，捆绑在一起的恶意软件也同时进行了安装。

（4）由于系统漏洞和 IE 漏洞的存在，在浏览网页时极有可能会利用该漏洞被安装上恶意软件。

（5）通过在线下载文件感染或在线交流时感染。

（6）由于使用盗版操作系统，机器在安装系统时可能被安装上恶意软件。

总之，恶意软件是无孔不入，用户必须小心操作，以防系统感染。

4. 恶意软件使用的技术

恶意软件使用的技术很多，并且随着计算机技术的不断发展，恶意软件的技术也在不断发展。常用的恶意软件技术有如下几种：

（1）Rootkit 技术。Rootkit（Administrator）是提供给用户管理员权限使用的工具集，该工具集一般可以加载到一个内核程序中，对操作系统内核进行挂钩和保护，做到保护和引入入侵者的作用。它必须要深入到系统的最内核层，做一些修改和挂钩。流氓软件经常使用这种技术，从而使自己的文件和注册表被删除。这也是恶意软件广泛采用的技术，对自己的文件进行强有力的保护。

（2）IE 插件。通过 BHO、UrlSearchHook 劫持浏览器，BHO 是浏览器辅助对象，在浏览器启动时会调用这个 BHO，从而帮助浏览器完成一些额外的工作。但该功能逐渐被恶意软件肆意利用，导致用户在启动浏览器时会被加载相当多的 BHO，而这些 BHO 中的大部

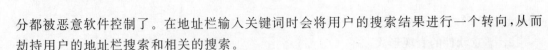

分都被恶意软件控制了。在地址栏输入关键词时会将用户的搜索结果进行一个转向,从而劫持用户的地址栏搜索和相关的搜索。

(3)修改系统启动项。在系统启动项中加入自己的一个启动,用户每次开机时都会将恶意软件启动起来。

(4)修改文件关联。恶意软件修改某个 TXT 文件关联后,用户可能双击任何一个 TXT 文件后都可能把恶意软件运行起来。

(5)修改系统服务。在 Windows XP 系统中有很多系统服务。恶意软件也可以把自己加到系统服务项中,且一直保持运行状态。例如,人们在工作时会制定计划任务,恶意软件也可能有计划任务,计划任务是 Windows 提供的一套自动运行的机制,利用它可以定义某一个工作从几点开始,或者是从周几开始。恶意软件会把自己的计划任务加到该机制中。

8.2.2　恶意软件的预防与清除

1. 恶意软件的预防

恶意软件的预防十分重要,用户在使用计算机时应做到以下几点:

(1)应养成良好的计算机使用习惯。谨防共享软件中的恶意软件,在安装共享软件时,应注意每一步的操作,这样就会大大降低恶意软件被安装的概率。

(2)用杀毒软件和防火墙筑起一道"城墙"。以前杀毒软件和防火墙对于流氓软件总是"无能为力",而随着恶意软件的日益猖獗,杀毒软件也都逐渐致力于恶意软件的防范。

(3)努力避开使用 IE 核心浏览器。因为基于 IE 核心的浏览器是恶意软件"生根发芽的沃土"。IE 新版本的推出,相信会解决这个难题。

2. 恶意软件的清除

恶意软件的清除分为手工清除和软件清除两种。手工清除可以解决基本的、简单的问题,对操作者的要求也不是很高,用户完全可以实现的。而借助软件则可以更好地实现彻底清除,值得用户信赖。

1)使用手动清除

(1)在注册表的自启动项目中查看有无不正常的启动项,若发现即将其删除。

(2)使用注册表编辑器查找恶意软件的名称,若找到将该软件后将其删除。

(3)使用 msconfig 中的启动标签中是否有不正常的启动项。

(4)进入安全模式,在安全模式下搜索恶意软件名,找到执行文件(有些为动态链接)后彻底删除它们。

(5)使用 Windows 7 自带的恶意程序扫描器,开始/运行/输入 MRT.EXE。

2)使用软件清除

可以直接或在安全模式下使用各种工具软件(如 360 杀毒、金山清理专家以及 Windows 恶意软件清理助手等)联合查杀。

8.3　钓鱼网站

由 CNNIC 牵头筹建的互联网域名管理技术国家工程实验室与国际反钓鱼工作组(APWG)、中国反钓鱼网站联盟(APAC)联合发布了《全球中文钓鱼网站现状统计分析报告(2016年)》(以下简称《报告》)。根据《报告》数据显示,2016年我国钓鱼网站数量同比增长150.96%,主要仿冒对象为淘宝、中国移动和各大银行等。这表明中文用户面临的网络钓鱼攻击威胁愈发严峻。钓鱼网站使用的域名主要有.COM、.CC、.PW、.NET等。移动互联网的钓鱼行为超过其在传统互联网钓鱼行为的51.95%,成为钓鱼攻击新趋势。

中国反钓鱼网站联盟官网发布《2018年12月钓鱼网站处理简报》。本报告发布2018年12月中国反钓鱼网站联盟共处理钓鱼网站1816个,累计认定并处理钓鱼网站435 139个。

8.3.1 钓鱼网站的概述

1. 钓鱼网站的定义

所谓"钓鱼网站"是一种网络欺诈行为,指不法分子利用各种手段,仿冒真实网站的URL地址以及页面内容,或者利用真实网站服务器程序上的漏洞在站点的某些网页中插入危险的HTML代码,以此来骗取用户银行或信用卡账号、密码等私人资料。一般来说钓鱼网站结构很简单,只有一个或几个页面,URL和真实网站有细微差别。钓鱼网站严重地影响了在线金融服务、电子商务的发展,危害公众利益,影响公众对使用互联网的操作信任。

2. 钓鱼网站的危害

网络钓鱼其实就是网络上众多诱骗手法中的一种,由于它的手段基本就是通过大量发送声称来自于银行或其他知名机构的欺骗性垃圾邮件作为诱饵,引诱收信人输入敏感信息(如用户名、口令、账号ID、信用卡详细信息)的一种攻击方式,通常这个攻击过程很像现实生活中的钓鱼过程,所以就被称之为"网络上的钓鱼"。它的最大危害就是会窃取用户银行卡的账号、密码等重要信息,使用户受到经济上的损失。

3. 钓鱼网站的传播途径

目前互联网上活跃的钓鱼网站传播途径主要有以下几种:一是通过Email、论坛、博客、SNS网站批量发布钓鱼网站链接;二是通过QQ、MSN、阿里旺旺等客户端聊天工具发送传播钓鱼网站链接;三是通过搜索引擎传播链接;四是通过病毒传播链接,感染病毒后弹出模仿QQ、阿里旺旺等聊天工具窗口,用户点击后进入钓鱼网站;五是通过恶意导航网站、恶意下载网站弹出仿真悬浮窗口,点击后进入钓鱼网站等。

8.3.2 钓鱼网站的防范

防范钓鱼网站首先要加强防范意识,不受中奖或其他物质奖励诱惑,提高人们对网站真伪性验证的辨别能力。下面简要说明钓鱼网站的辨别方法。

1. 查验"可信网站"

通过第三方网站身份诚信认证辨别网站真实性。目前不少网站已在网站首页安装了第三方网站身份诚信认证——"可信网站",可帮助网民判断网站的真实性。"可信网站"验证服务,通过对企业域名注册信息、网站信息和企业工商登记信息进行严格交互审核来验证网站真实身份,通过认证后,企业网站就进入中国互联网络信息中心运行的国家最高目录数据库中的"可信网站"数据库中,从而全面提升企业网站的诚信级别。网民可通过点击网站页面底部的"可信网站"标识确认网站的真实身份。

2. 核对网站域名

假冒网站一般和真实网站有细微区别,有疑问时要仔细辨别其不同之处。比如在域名方面,假冒网站通常将原来的英文字母 I 替换为数字 1、COM 换成 CN、CCTV 换成 CCYV 或者 CCTV-VIP 来仿造域名。

3. 比较网站内容

假冒网站上的字体样式与真实网站的字体样式不一致,并且模糊不清。一般假网站只有一个页面,没有任何链接,用户可通过点击栏目或图片中的各个链接看是否能打开来辨别真伪。另外真实网站的首页不仅内容丰富,而且还能提供详细的联系方式等真实信息。

4. 查询网站备案

通过 ICP 备案可以查询网站的基本情况。对于没有合法备案的非经营性网站或没有取得 ICP 许可证的经营性网站,根据网站性质,将予以罚款,严重的将被关闭。

8.4　修复系统漏洞

8.4.1　系统漏洞的基本概念

操作系统漏洞是操作系统在硬件、软件、协议的具体实现和系统安全策略等方面存在的缺陷和不足。系统漏洞随着时间的推移,用户的深入使用,逐步被暴露出来。漏洞本身不会对系统造成危害,但不法分子会利用这些漏洞对用户的计算机发起攻击,窃取计算机中的重要资料,甚至破坏用户的计算机系统。因此系统漏洞是计算机安全的主要隐患,为了维护计算机的安全,用户必须及时修复系统漏洞。

操作系统漏洞产生的主要原因如下:一是受编程人员的能力、经验和当时安全技术所限;二是由于硬件原因。编程人员无法弥补硬件的漏洞,从而使硬件问题表现在了软件上;三是由于人为因素。程序开发人员在程序中留了后门。

操作系统漏洞的修复方法可以使用系统漏洞扫描助手,也可以使用 360 安全卫士的"系统修复"功能。下面以 360 安全卫士修复系统漏洞为例简要说明其使用方法。

8.4.2　使用 360 修复系统漏洞

启动 360 安全卫士,在其主界面上单击"系统修复"菜单,弹出如图 8-1 所示的"开始漏洞修复"对话框,单击"单项修复"按钮,弹出"常规修复、漏洞修复、软件修复、驱动修复"四个菜单项,单击"漏洞修复",系统进行扫描。扫描完成后跳转至如图 8-2 所示的"选择要修复的漏洞"对话框,单击"一键修复"按钮,将跳转至如图 8-3 所示的"下载并安装漏洞补丁"对话框。全部漏洞修复完成后,将显示修复结果,单击"返回"按钮完成系统修复(如图 8-4 所示)。

图 8-1　开始漏洞修复

图 8-2　选择要修复的漏洞

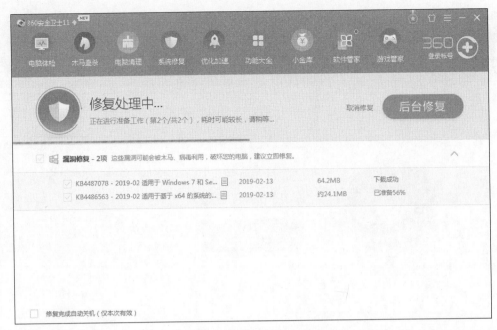

图 8-3 下载并安装漏洞补丁

图 8-4 漏洞修复完成

8.5 硬盘数据安全维护

随着大数据时代的来临,数据安全问题日益突出,为防止数据被破坏或丢失,维护数据安全已成为计算机维护不可缺少的一部分。硬盘数据恢复是一项非常重要的计算机安全维护技能,要想掌握这项技能,首先应该了解数据丢失的原因,然后了解丢失的数据是否能够恢复、哪些类型的数据能够恢复;接着还需要认识比较常用的数据恢复软件,并能够熟练操作这些软件;最后再熟悉硬盘数据恢复的基本流程,不能做一些盲目的无用操作。

8.5.1 数据丢失的原因

1. 硬件原因

因计算机存储设备的硬件故障、磁盘划伤、磁头变形、芯片组或其他元器件损坏等造成数据丢失或破坏。通常表现为无法识别硬盘,启动计算机时伴有"咔嚓咔嚓"或"哐当、哐当"的杂音;或电机不转,通电后无任何声音造成读写错误等现象。

2. 软件原因

因受病毒感染、硬盘零磁道损坏、系统错误或瘫痪造成数据丢失或破坏。通常表现为操作系统丢失、无法正常启动系统、磁盘读写错误、找不到所需要的文件、文件打不开或打开乱码,以及提示某个硬盘分区没有格式化等。

3. 自然原因

因自然灾害造成的数据被破坏,或由于断电、意外电磁干扰造成数据丢失或破坏。通常表现为硬盘损坏或无法识别、找不到文件、文件打不开或打开后乱码等。

4. 人为原因

因人员的误操作造成的数据破坏。通常表现为操作系统丢失、无法正常启动、找不到所需要的文件、文件打不开或打开后乱码、提示某个硬盘分区没有格式化、硬盘被强制格式化,以及硬盘无法识别或发出异响等。

8.5.2 数据可恢复的原因

在日常使用计算机的过程中常常会因为上述原因造成数据丢失,但由于误删除、误格式化等原因造成的数据丢失情况居多。文件丢失之所以能够恢复是由于以下原因:文件存储在硬盘、U 盘、内存卡等存储设备的扇区中,其他程序不能改变已经存有文件数据的扇区;删除或格式化操作只改变文件系统关键字节,使操作系统看不到文件,这个时候文件数据还是存在的,只是由于操作系统认为文件已经删除,这个文件数据所在的区域也就没有了操作系统的"保护",任何数据的写入都有可能覆盖文件数据所在区域,所以在文件数据被覆盖之前,文件可以被恢复,不过文件数据一旦被覆盖,将完全无法恢复。

误删除的数据恢复:删除文件只是对文件做了删除标记,被删除的文件所占用的空间不会发生任何变化,所以误删除的文件只要不被新的数据覆盖就可以完美恢复。

误分区后的数据恢复:误分区指删除原有分区并重建新分区。执行分区操作只对分区表进行操作,不会破坏分区内数据。所以如果只是做了分区操作而并没有进行格式化操作的情况下数据可以完整的恢复出来。如果分区后格式化了新的分区,可能对数据造成小部分破坏,大部分数据还是可以恢复出来的。

误格式化的数据恢复:误格式化情况比较复杂,还要看格式化前所使用的文件系统是FAT 格式还是 NTFS 格式,并且与格式化操作时的两种格式有关系,对数据恢复来说,虽然比较麻烦,但还是可以恢复的。

误克隆的数据恢复:误克隆是使用 Ghost 软件误克隆分区(多个分区误操作后变成一

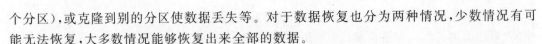

个分区),或克隆到别的分区使数据丢失等。对于数据恢复也分为两种情况,少数情况有可能无法恢复,大多数情况能够恢复出来全部的数据。

病毒感染的数据恢复:不是很厉害的病毒感染所造成的数据丢失,可以恢复全部数据。但有些病毒不但更改数据,而且还对数据加密,这样恢复出来的数据,会有部分缺失。

使用数据恢复软件时需注意以下几点:

(1) 文件丢失之后,请不要再往原分区写入任何数据。因为写入数据时,系统会随机写入到它认为是空闲的扇区中,从而导致"已删除文件"被二次破坏,完全不可恢复。

(2) 下载和安装数据恢复软件时,千万不要下载或安装到有数据需要恢复的分区里,以免造成数据二次破坏。

(3) 严禁将扫描到的文件恢复到有数据需要恢复的分区里。如要恢复 D 盘的文件,恢复的文件只允许恢复到原分区之外的分区。因为恢复文件等于是给磁盘写入新的文件,如果恢复到原来的分区,极有可能造成文件二次破坏。

(4) 如果丢失的文件位于操作系统所在的分区(如 C 盘),应立即关闭电脑供电,因为正常关机时操作系统会写入大量数据到系统盘,导致丢失的文件数据被破坏。所以需要直接关闭电源,然后使用 U 盘启动盘,启动到 PE 系统,然后再进行数据恢复操作。

(5) 文件丢失之后不要进行磁盘检查,chkdsk 磁盘检查可以修复一些微小损坏的文件目录,但也会破坏原来的数据,极有可能造成文件永久性丢失。所以,在重启系统提示是否进行 chkdsk 磁盘检查时,一定要在 10s 之内按任意键跳过检查,进入操作系统。

8.5.3　常用数据恢复软件

常见的数据恢复软件有 Speed Recovery(闪电数据恢复软件)、EasyRecovery、FinalData、DiskGenius 等,它们在使用上各有优缺点。

Speed Recovery 是一款由专注于数据恢复研究、开发及服务的武汉佳佳易用科技有限公司开发的专业数据恢复软件。它可以有效解决各种硬件、软件或人为误操作引起的文件、数据丢失问题,支持硬盘、移动硬盘、U 盘、内存卡等多种设备;支持 MBR、GPT 等分区方式;支持 FAT16、FAT32、NTFS、exFat 等多种文件系统;支持大容量硬盘,适用于 Windows XP/7/8/10 等常用的操作系统。

EasyRecovery 是世界著名数据恢复公司 Ontrack 的杰出之作,它是一个功能非常强大的硬盘数据恢复工具,能够恢复丢失的数据以及重建文件系统。无论是因为误删除、还是格式化,甚至是硬盘分区丢失导致的文件丢失,都可以通过它很轻松地恢复。

FinalData 数据恢复软件能够恢复完全删除的文件和目录,也可以对数据盘中的主引导扇区和 FAT 表损坏丢失的数据进行恢复,还可以对一些病毒破坏的数据文件进行恢复。

DiskGenius 是一款具备基本的分区建立、删除、格式化等磁盘管理功能的硬盘分区软件,同时也是一款数据恢复软件,提供了强大的已丢失分区搜索功能;误删除文件恢复,误格式化及分区被破坏后的文件恢复功能;分区镜像备份与还原功能;分区复制、硬盘复制功能;快速分区功能;分区表错误检查与修复功能;坏道检测与修复功能。

本书以 Speed Recovery 和 EasyRecovery 为例简单说明其使用方法,读者可根据需要选择使用。

1. 闪电数据恢复软件的使用

运行 Speed Recovery,弹出如图 8-5 所示的"闪电数据恢复"软件的主界面,在主界面上可看到闪电数据恢复软件有:深度恢复、误删文件恢复、误格式化恢复、U 盘/内存卡恢复、误清空回收站、磁盘分区丢失等六大主要功能。使用时请根据具体情况选择对应的功能,如果选错功能,恢复效果可能很差。

图 8-5 "闪电数据恢复"主界面

深度恢复是各种原因丢失的数据,适用范围广,恢复能力强,但由于本功能需要对数据存储设备进行完全深度扫描,扫描所需时间比其他功能更长,如果不确定数据丢失原因,可以使用深度恢复;误删文件恢复是恢复误删除的文件或目录,适用于 Shift+Del 删除的文件,快速恢复误删除的文件;误格式化恢复是专业恢复误格式化的分区数据;U 盘/内存卡恢复是专业恢复 U 盘、内存卡功能,对 U 盘、内存卡等 USB 存储设备做特别处理,恢复效果更好;误清空回收站是专业恢复误清空回收站丢失的数据;磁盘分区丢失是快速恢复丢失的分区数据,使用智能扫描技术,一般只需几分钟就可以找到所有丢失的分区。

1) 误删除文件的恢复

在图 8-5 所示界面上单击"误删文件恢复"按钮,然后单击"开始恢复"按钮,跳转至如图 8-6 所示的对话框。单击需要恢复文件的分区,这里选择 E 分区,再单击"扫描"按钮,弹出如图 8-7 所示的扫描对话框。在该对话框的左侧用鼠标左键单击树形控件或列表控件上的小方框,勾选需要恢复的文件,左下角显示当前勾选的文件数量。如选择 01 本地磁盘(E)删除文件(59 个),其中丢失的文件 6 个,回收站有 51 个、VM 文件夹下 1 个,E 盘根目录下 1个。现在勾选恢复 E 盘根目录下的"一键还原精灵"文件,如图 8-8 所示,单击"恢复"按钮,弹

出如图 8-9 所示的"准备恢复文件"对话框。单击"选择目录"按钮,选择恢复的文件保存在哪
个目录,这里选择 C 盘桌面,然后单击"确定"按钮,弹出如图 8-10 所示的恢复成功信息框。

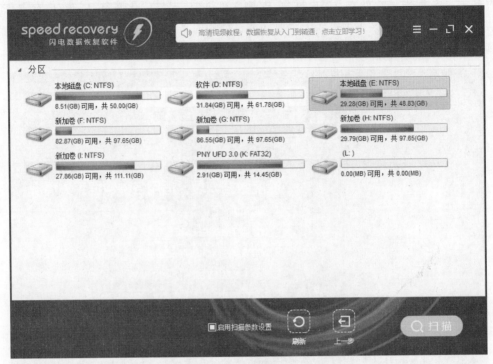

图 8-6　选择扫描分区

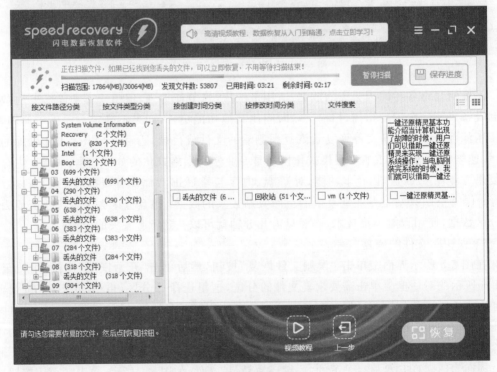

图 8-7　扫描对话框

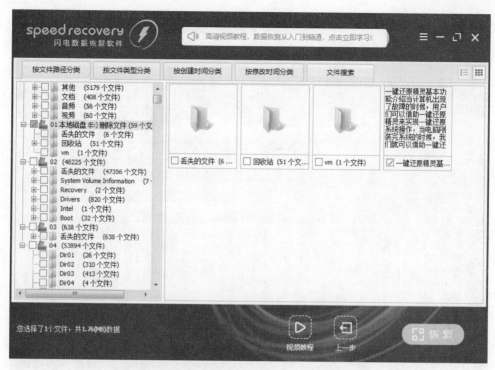

图 8-8　恢复 E 盘根目录下的"一键还原精灵"文件

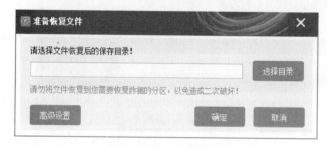

图 8-9　选择恢复保存目录

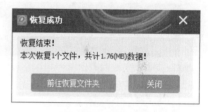

图 8-10　恢复成功

恢复过程中注意：

（1）扫描过程中，如果找到要恢复的文件，可以单击"暂停扫描"按钮。

（2）请不要将文件恢复到有数据需要恢复的分区里，以免造成二次破坏。

（3）如果在原始目录里没有找到您删除的文件，请在"丢失的文件"目录里面找。

（4）如果"丢失的文件"目录里面也没有，请在"00 找到的文件"分支里面找，这里可以看到，已经找到很多删除的文件。

2）恢复误清空回收站文件

在图 8-5 所示的主界面上单击"误清空回收站"按钮，跳转至如图 8-11 所示界面，单击"开始恢复"按钮，选择需要恢复文件的分区，这里选择 E 分区。弹出如图 8-12 所示对话框，扫描结束后，弹出如图 8-13 所示的对话框。在该对话框中，选择 01 本地磁盘（E：）53 个文件，勾选"第 1 章 微型计算机"文件，单击"恢复"按钮，同样是选择恢复文件目录，单击确定即可恢复成功。

图 8-11 误清空回收站

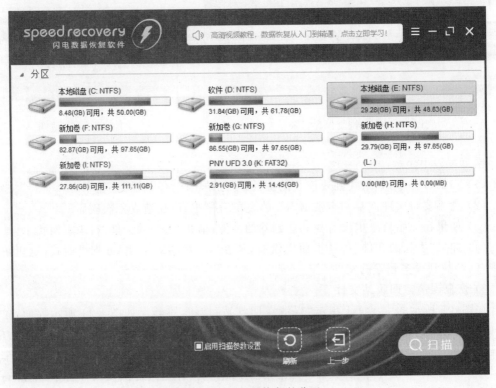

图 8-12 选择要恢复的分区

图 8-13　选择要恢复的文件

注意：闪电恢复软件免费版本一次只能恢复一个文件。

2. EasyRecovery 软件的使用

EasyRecovery 是 Ontrack 公司开发的一款数据恢复软件，EasyRecovery 数据恢复软件可以恢复硬盘中已经删除或者已经丢失的数据，U 盘中丢失的数据也可以通过这款软件恢复出来。EasyRecovery Windows 支持多种文件系统，包括 NTFS、FAT、FAT16 和 FAT32。读者可从 http://www.easyrecoverychina.com 下载最新的版本使用。本书以 EasyRecovery 12.0 版本为例，简单介绍其使用方法。

安装运行 EasyRecovery，弹出如图 8-14 所示的"选择恢复内容"主界面，在该用户界面包含 3 个主要的恢复选项：

（1）全部。此选项可以恢复从特定驱动器或选定位置恢复的所有数据。

（2）文档、文件夹和电子邮件。此选项可以恢复各种电子邮件客户端的 Office 文档（包含 Word、Excel、PowerPoint 文件）、文件夹（所有文件夹里的内容）和电子邮件。

（3）多媒体文件。选择此选项来恢复照片（JPG、PNG、BMP 等）、音频（MP3、WMA、WAV 等）和视频文件（MPEG、MOV、FLV 等）。

在图 8-14 中，根据要恢复的数据类型，选择要恢复的数据类型，这里以恢复"E:\mhd\课程分配统计表.xlsx"为例说明其恢复过程：

首先，在图 8-14 中选择恢复内容界面上，勾选"办公文档"和"文件夹"前的复选框；

其次，单击"下一个"按钮，弹出如图 8-15 所示的"选择位置"界面，从共同位置或任何已连接驱动器中选择一个位置。这例选择 E 盘；

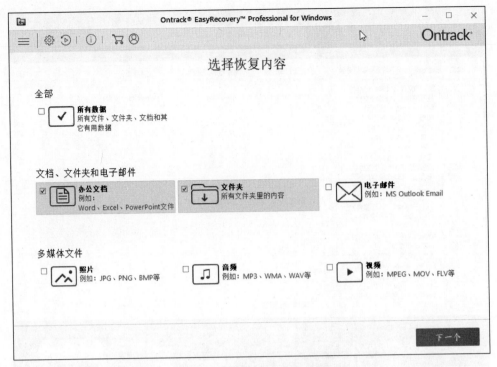

图 8-14　选择恢复内容主界面

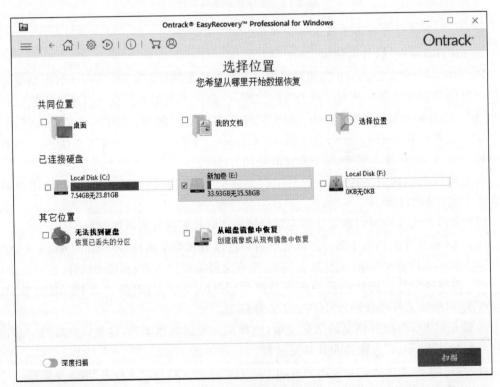

图 8-15　选择位置

再次,单击"扫描"按钮,扫描完成后弹出如图 8-16 所示的扫描结果对话框;

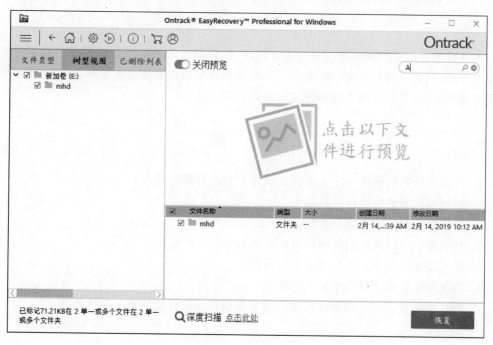

图 8-16　扫描结果

最后,在该对话框中,选择"已删除列表"选项卡,再双击"mhd 文件夹",可看到已删除的文件,如图 8-17 所示。选择需要恢复的文件"课程分配统计表.xlsx",单击"恢复"按钮,选择恢复文件存放位置。要求必须是 E 盘以外的位置,即可完成恢复。

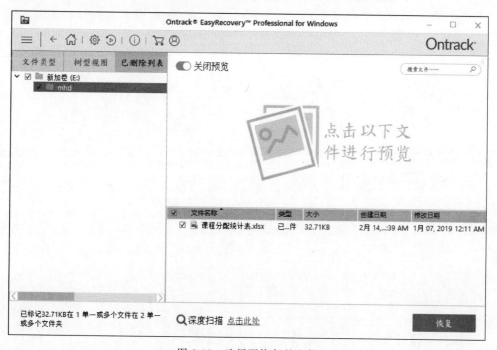

图 8-17　选择要恢复的文件

小　　结

　　本章首先介绍计算机病毒、木马、恶意软件、钓鱼网站的基本概念以及手工排除计算机病毒的方法,其次介绍了使用360安全卫士的系统修复功能修复系统漏洞,还介绍硬盘数据安全的维护方法,最后介绍了数据恢复软件的使用方法。

习　　题

1. 什么是计算机病毒? 什么是恶意软件? 它们有哪些特点?
2. 如何预防和清除计算机病毒?
3. 简述恶意软件的预防和清除。
4. 什么是钓鱼网站? 钓鱼网站有什么特点?
5. 什么是系统漏洞? 如何修复系统漏洞?
6. 简述防火墙在计算机维护中的作用。
7. 为什么硬盘丢失的数据可恢复? 使用数据恢复软件要注意的问题是什么?

第9章　计算机系统维护技术实验

　　计算机维护(修)技术是一门技术性、实践性、应用性很强的课程,除了计算机维护(修)基本理论的介绍外,实践训练是提高计算机维护(修)技能的重要环节。本章结合计算机维护技术的教学实践,精心选择了 16 个实验,每个实验 2 学时,分两部分:第一部分是计算机系统维护的基本实验;第二部分计算机系统维护提高实验。分别供不同专业、不同层次、不同学时的学生选用。实验项目的内容安排上比较全面,基本涵盖了目前计算机维护技术所需的基本技能的训练。

9.1　计算机系统维护基本实验

9.1.1　认识计算机主要部件

1. 实验目的和要求

(1) 了解计算机硬件系统的组成结构。

(2) 能够正确识别计算机的主要部件。

(3) 了解计算机各部件的功能和工作原理。

2. 实验原理

　　按照冯·诺依曼设计思想,计算机是由运算器、控制器、存储器、输入和输出设备组成,其中运算器和控制器构成了中央处理器;存储器包括内存条、硬盘、光驱、闪存等;输入和输出设备则包括键盘、鼠标、显示器、打印机等。认识和了解计算机的各部件是学习计算机系统维护技术的基础。

3. 实验内容

　　(1) 认识计算机主机箱内的部件(主板、CPU、内存条、硬盘、光驱、电源、显卡、网卡等),记下各个部件的型号、厂家,了解各部件的基本功能。

　　(2) 认识计算机常用的外部设备(显示器、鼠标、键盘等),记下各部件名称标识、型号、厂家等,并了解各部件的基本功能。

4. 实验注意事项

　　(1) 严格按计算机维修实验室的操作规程进行操作。

（2）实验中仔细观察，做好记录。

（3）实验前后要清点实物，做到有序放置。

9.1.2 拆卸并组装一台计算机

1. 实验目的和要求

（1）熟练掌握拆卸和组装外部设备的操作顺序。

（2）熟练掌握拆卸和组装主机中各部件的操作顺序。

（3）了解计算机组装过程中的各种注意事项。

2. 实验原理

通过计算机的硬件安装，进一步理解计算机各部件之间的联系和工作原理，进一步理解冯·诺依曼计算机的组成和组装计算机的流程，为以后计算机的维修打下基础。

3. 实验内容

（1）打开机箱，在机箱底板上安装好固定主板用的金属或塑料支柱。

（2）将CPU、内存安装到主板上，将主板放置到机箱并用螺丝固定。

（3）安装驱动器，包含硬盘、光驱等。

（4）安装可选的扩展卡，包括显卡、声卡、网卡等。

（5）安装机箱电源，并连接好各部件的电源线和数据线。

（6）按主板说明书连接机箱面板的各种跳线，连接完成后整理机箱内部的各种电缆，避免影响机箱内部的散热。

（7）连接主机与外设，常用外设的连接有显示器、键盘、鼠标等。

（8）检查所有连接线是否插接有误，最后接好外部电源线，开机进行测试。

4. 实验注意事项

（1）严格按照操作规范进行操作，释放身体的静电，禁止带电拔插板卡。

（2）开始装机前，先检查一遍装机工具的数量和型号是否齐全。

（3）连接电缆、数据线时要注意方向。

（4）在安装过程中要用力均匀，避免损坏设备。

（5）计算机硬件安装完成后，经指导老师检查无误后方可进行开机测试。

9.1.3 设计多核计算机的配机方案

1. 实验目的和要求

（1）了解目前主流计算机配件的价格情况。

（2）培养通过网络了解计算机配件价格的能力。

（3）培养根据不同的用户要求，选择配机方案的能力。

2. 实验原理

设计一套完美的多核计算机装机方案是组装计算机的一个重要步骤，设计装机方案前应了解配机的需求，理性思考硬件配置，根据计算机的市场定位进行各种硬件的选购和搭配，避免出现"木桶效应"。

3. 实验内容

（1）通过网络和当地市场了解当前主流计算机配件的性能和价格情况。

（2）分别根据高级游戏、办公学习、上网冲浪等用户要求设计合理的配机方案。

（3）在给定的计算机配置总体价格限制的情况下，要求学生调查并记录当前市场主流计算机配件的厂家、型号、主要技术参数、价格等。

4. 实验注意事项

（1）选择的配件要齐全。

（2）注意各配件之间的兼容和匹配。

（3）配机的总价应在规定的总价范围内，注意各配件之间的性价比。

9.1.4　BIOS 参数的设置

1. 实验目的和要求

（1）了解计算机 BIOS 的功能。

（2）掌握计算机系统 BIOS 参数的设置方法。

（3）理解通过 BIOS 参数设置优化系统的方法。

2. 实验原理

计算机的 BIOS 程序是计算机硬件和软件之间沟通的桥梁，BIOS 程序面对计算机硬件，在计算机启动时具有承担自检和初始化的功能，并能使计算机按设置的 BIOS 参数进行工作，还能通过 BIOS 参数设置来优化系统。

3. 实验内容

（1）目前大多数主板在机器启动时，按热键进入 BIOS 设置程序来修改参数，优化系统性能，但不同类型的机器进入 BIOS 设置程序的按键不完全相同，在开机时注意屏幕提示。

（2）开机后根据屏幕提示按相应的键进入 BIOS 设置主界面，熟悉各设置项的设置方法。

（3）对新的主板进行 UEFI BIOS 设置，了解各设置项的功能和设置方法。

4. 实验注意事项

（1）注意 UEFI BIOS 与传统 BIOS 之间的区别。

（2）理解计算机常用英文的含义。

9.1.5　硬盘的分区

1. 实验目的和要求

（1）理解硬盘分区、格式化的原理。

（2）掌握硬盘分区、格式化的方法和步骤。

（3）掌握操作系统的安装方法。

2. 实验原理

新买的硬盘在安装操作系统前，必须要进行分区和格式化，分区从实质上就是将硬盘空间分成多个相互独立的子空间，方便文件的存储和空间管理。创建分区的过程是先创建主分区，然后建立扩展分区，在扩展分区上再建立逻辑分区。

3. 实验内容

（1）使用操作系统的磁盘管理功能进行分区。

（2）使用 DiskGenius 软件进行分区。

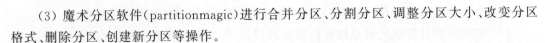

（3）魔术分区软件(partitionmagic)进行合并分区、分割分区、调整分区大小、改变分区格式、删除分区、创建新分区等操作。

4. 实验注意事项

（1）分区时注意 C 盘分区容量不能太小，也不能太大，一般用来安装操作系统和基本软件。

（2）分区个数不能太多，一般以 3～5 个为宜。

（3）使用 DiskGenius 分区时，注意 2TB 以上大硬盘的分区格式的选择。

（4）使用魔术分区软件时一定要注意，不能破坏已有数据。

9.1.6 系统维护软件的使用

1. 实验目的和要求

（1）掌握系统维护软件在计算机系统维护中的应用。

（2）了解 Windows PE 在系统维护中的应用。

（3）掌握"一键还原精灵软件"的原理、功能和使用方法。

2. 实验原理

由于 Windows 系统本身的脆弱性，造成计算机的各种故障。如计算机无法启动、系统盘数据无法备份，经常出现蓝屏、用户密码忘记导致无法登录、系统运行速度很慢等。而在这些故障中很多属于计算机的软件故障，使得用户不得不重新安装系统。重装系统这不仅浪费时间，而且各种驱动程序和应用软件的安装和设置也非常麻烦。因此可用系统维护软件解决这些问题，避免频繁的重装系统。

3. 实验内容

（1）准备好 Windows PE、一键还原精灵等系统维护软件。

（2）使用 Windows PE 软件启动系统，修改用户登录密码，备份硬盘重要数据。

（3）使用一键还原精灵备份系统分区，再恢复系统分区。

4. 实验注意事项

（1）注意系统维护软件的版本，系统备份和恢复必须使用同一版本的软件。

（2）注意各种系统维护软件的使用方法。

9.1.7 系统优化软件的使用

1. 实验目的和要求

（1）掌握系统优化软件在计算机系统维护中的应用。

（2）掌握 360 安全卫士的功能和使用方法。

（3）掌握手动优化的方法

2. 实验原理

计算机系统是一个软硬件结合的系统，其中硬件是计算机的物质基础、软件是计算机的灵魂，计算机系统随着使用时间的延长，系统的各种垃圾文件越来越多，造成系统运行的效率越来越低，为了提高系统的运行效率，需要定期对系统进行各种各样的优化工作，使得系统始终处于高效的运行状态。

3. 实验内容

（1）下载安装360安全卫士软件。

（2）使用360安全卫士对系统进行优化。

（3）使用操作系统提供的功能对系统进行优化。

4. 实验注意事项

（1）记录360安全卫士软件的各项优化功能及效果。

（2）记录手动优化的内容及方法。

9.1.8 系统安全软件的使用

1. 实验目的和要求

（1）掌握360安全卫士的功能和使用方法。

（2）掌握数据恢复软件的功能和使用方法。

2. 实验原理

由于计算机操作系统和其他应用软件的漏洞，使得计算机系统处于不安全状态。为保证系统能在正常状态下运行，保证用户的信息安全，可使用系统安全软件来保障计算机的使用安全。

3. 实验内容

（1）下载安装好360安全卫士、闪电数据恢复等软件。

（2）使用360安全卫士的"功能大全"检测系统安全。

（3）使用闪电数据恢复软件恢复硬盘丢失的数据。

4. 实验注意事项

（1）记录360安全卫士的"功能大全"修复结果。

（2）记录闪电数据恢复软件恢复数据的方法及注意事项。

9.2 计算机系统维护提高实验

9.2.1 笔记本电脑的组装与拆卸

1. 实验目的和要求

（1）了解笔记本电脑的内外部结构。

（2）掌握笔记本电脑的拆装方法。

2. 实验原理

笔记本电脑以其携带方便的特点而受到广大用户的欢迎。笔记本电脑的结构与台式机一样，通过笔记本电脑的拆卸与安装，进一步理解计算机各部件之间的联系和工作原理，为维修笔记本电脑打下基础。

3. 实验内容

（1）准备好笔记本电脑拆卸工具和零件盒。

（2）仔细观察笔记本电脑外部结构，拆卸笔记本电脑，然后再安装。

4. 实验注意事项

（1）在拆卸笔记本电脑时注意各种数据线的拆卸方法。

(2) 在拆卸笔记本电脑时要记住各种不同长度螺丝的位置。

(3) 在组装笔记本电脑时要仔细将各种螺丝按原来位置安装上去。

9.2.2 计算机硬件系统性能测试

1. 实验目的和要求

(1) 了解计算机硬件系统性能测试的意义。

(2) 掌握操作系统提供的性能监测方法。

(3) 掌握常见的计算机性能测试软件的使用方法。

2. 实验原理

计算机是由各种配件组成的整体,所以一台计算机的整体性能表现必须由组成计算机的各个配件相互配合决定,而不是由一个配件决定。想要深入全面地了解硬件性能,就要通过测试,计算机性能测试能帮助我们真正了解计算机部件的性能。测试工作是通过测试软件将系统各部件的性能用数据的形式展现出来。通过测试,往往能够找到一台计算机的系统瓶颈,从而配置出更加合理的计算机。

3. 实验内容

(1) 使用 Windows 7/10 提供的计算机性能检测工具,检测所使用计算机的性能。

(2) 下载并安装鲁大师或 EVEREST Ultimate Edition 性能测试软件,掌握其功能和使用方法。

(3) 了解硬盘、显卡、CPU 等部件测试软件的功能并掌握其使用方法。

4. 实验注意事项

(1) 理解计算机性能检测工具各项数据的含义。

(2) 理解各种性能检测软件的每个测试项目的具体意义。

9.2.3 系统维护工具 U 盘的制作与使用

1. 实验目的和要求

(1) 掌握 U 盘启动盘的制作方法。

(2) 了解 U 盘启动的工作原理。

(3) 使用网上的工具制作一张 U 盘启动盘。

2. 实验原理

U 盘启动盘制作工具,是指用 U 盘启动维护系统的软件,其制作的系统可以是一个能在内存中运行的 PE 系统。现在大部分的计算机都支持 U 盘启动。在系统崩溃和快速安装系统时能起到很大的作用。网上有很多 U 盘启动盘的制作工具,如大白菜、老毛桃、U 深度、U 大师、雨林木风、电脑店等。

3. 实验内容

选择一款 U 盘启动制作工具,制作一张 Windows XP(Windows 7、Windows 10)的系统启动安装盘。

4. 实验注意事项

(1) 制作过程 U 盘会被格式化,注意备份资料。

(2) U 盘容量最好 8GB 以上,这样可以存放多个版本的映像文件。

9.2.4 虚拟机的搭建与应用

1. 实验目的和要求

(1) 了解虚拟机的概念、掌握虚拟机的安装方法。

(2) 在虚拟机上安装 Windows 7/10 系统。

(4) 掌握虚拟机与主机之间的文件共享方法。

2. 实验原理

虚拟机软件可以在一台计算机上模拟出来若干台计算机,每台计算机可以运行单独的操作系统而互不干扰,可以实现一台计算机"同时"运行几个操作系统,还可以将这几个操作系统连成一个网络。VMWare Workstation 是一款专业的虚拟机软件,利用它可以搭建虚拟机平台,在虚拟机平台上进行 BIOS 设置、分区、操作系统安装等。因此可以利用虚拟机搭建系统维护平台,在虚拟机上完成计算机系统维护的实验。

3. 实验内容

(1) 下载安装 VMWare Workstation。

(2) 创建一个 Windows 7 系统虚拟机。

(3) 在虚拟机中完成 BIOS 设置、分区操作,安装 Windows 7 系统。

(4) 实现主机与虚拟机之间的文件共享的设置和网络设置。

4. 实验注意事项

(1) 在虚拟机中安装操作系统和在真实的计算机中安装有什么区别?

(2) 创建 Windows 7 虚拟机时,注意 Windows 7 的硬件要求。

9.2.5 计算机启动过程分析

1. 实验目的和要求

(1) 了解计算机系统启动原理。

(2) 理解计算机系统启动时各种提示信息的含义。

2. 实验原理

UEFI(Unified Extensible Firmware Interface,统一的可扩展固件接口)是一种适用于电脑的全新类型标准固件接口,可对传统 BIOS 升级和替代,其目的是为了提高软件的操作性和解决 BIOS 的局限性。要使用 UEFI 系统,必须主板和操作系统都支持 UEFI 功能,目前 Windows 7 支持 64 位、Windows 8、Windows 10 全面支持 UEFI,硬件上,2013 年以后生产的计算机主板基本都集成了 UEFI 固件。计算机启动时都要经过的一个过程,在这个启动过程中,当某个步骤不能通过时,便会表现出相应的故障,表现为系统启动过程中的提示信息,包括文字信息和声音提示信息等。因此,学习排除计算机故障,必须熟悉计算机的启动过程,了解电脑启动过程的每一步骤中电脑在进行何种操作,以此来判断电脑的许多故障原因并将其解除。

3. 实验内容

(1) 理解 UEFI 和传统 BIOS 启动流程,注意它们之间的区别。

(2) 掌握计算机启动过程中,各种提示信息在故障排除中的作用。

4. 实验注意事项

（1）仔细观察计算机启动过程,并做好记录。

（2）在启动过程中按 Pause 键,可以让屏幕暂停。

9.2.6 硬件故障的诊断与排除

1. 实验目的和要求

（1）了解计算机故障的常用诊断方法和步骤。

（2）了解各部件的故障原因,掌握简单的故障处理方法。

（3）掌握计算机故障的排除方法,培养故障分析和解除故障的能力。

2. 实验原理

计算机维护人员在进行故障诊断时,首先根据观察到的故障现象,进行例行检查,分析故障原因,初步确定发生故障的可疑部件,最终通过各种故障诊断方法确定故障部位。

3. 实验内容

（1）在实验室启动已准备好的计算机。

（2）仔细观察出现的问题并做好记录。

（3）分析出现故障的原因。

（4）依据故障类型对计算机进行相关检查。

（5）根据判断结果进行初步故障排除。

（6）如果问题仍然存在或还有新问题,重复上述步骤并重新进行检查。

（7）当所有问题解决后,进行小组之间的交流,并做好记录。

4. 实验注意事项

（1）注意观察计算机出现的各种错误信息,并且进行综合分析,逐一排除故障。

（2）仔细聆听计算机发出的各种异常声音,有利于判断故障出现的原因。

9.2.7 注册表和策略编辑器的应用

1. 实验目的和要求

（1）掌握注册表的维护方法。

（2）了解注册表和策略编辑器在计算机维护中的应用。

（3）掌握软件限制策略预防木马病毒的方法

2. 实验原理

注册表是保存所有硬件驱动程序及各种应用程序的数据库,Windows 操作系统处理硬件驱动程序时,需要从注册表中获得相关信息,同样当操作系统处理应用程序的时候,也需从注册表中提取有关信息。因此如果注册表受到了破坏,Windows 操作系统得不到它需求的信息,将无法正常工作,就会引起系统的异常,甚至会导致整个系统的瘫痪。因此维护好注册表十分重要。

策略编辑器是修改注册表的一个图形化的软件,使用策略编辑器比直接修改注册表更方便。使用策略编辑器打造一个个性化系统,其在安全性、条理性、可操作性等方面均有优势。因此,学会如何使用策略编辑器是十分必要的。

3. 实验内容

（1）在虚拟机上安装 Windows7/10 操作系统。

（2）掌握注册表的结构、注册表的备份和恢复方法。

（3）修改注册表的相关键值来优化操作系统性能。

（4）在虚拟机上进行组策略设置，如桌面隐藏、禁止访问注册表编辑器等个性化设置。

（5）使用软件限制策略（路径规则、哈希规则）预防木马病毒。

4. 实验注意事项

（1）要注意在虚拟机上安装操作系统的整个过程。

（2）修改注册表键值前要先备份，一旦出现错误再恢复注册表。

（3）在使用软件限制策略作规则时，要注意散列规则和路径规则的区别。

（4）要知道软件限制策略做错时如何恢复。

9.2.8　手工排除计算机病毒和木马

1. 实验目的和要求

（1）了解计算机病毒和木马的原理。

（2）了解计算机病毒的特征和表现。

（3）掌握排除计算机病毒和木马的一般方法。

2. 实验原理

计算机病毒指编制或者在计算机程序中插入的破坏计算机功能或者数据，影响计算机使用并且能够自我复制的一组计算机指令或者程序代码，属于黑色软件。计算机病毒的表现为不正常的提示信息；用户不能正常操作；数据文件破坏；无故死机或重启；操作系统无法启动；运行速度变慢；磁盘可利用空间突然减少；网络服务不正常等。

木马程序一般分为服务器端和客户端两个部分：服务器端程序是安装在受害者计算机中，它随计算机每次启动而自动加载，而客户端一般安装在控制者计算机中。

3. 实验内容

（1）掌握计算机病毒和木马的一般原理和特征。

（2）了解计算机病毒常攻击的文件夹。

（3）能仔细辨别系统文件与病毒、木马文件。

（4）学会用 Procexp 和 Autoruns 工具识别与删除木马程序。

（5）能够使用软件限制策略预防病毒。

4. 实验注意事项

（1）记录计算机病毒常攻击的文件夹。

（2）记录 Procexp 和 Autoruns 的功能。

小　　结

本章介绍计算机系统维护技术的基本实验和提高实验，相信通过这些实验的操作训练，可使计算机系统维护人员的维护技能得到大幅提高。

图书资源支持

感谢您一直以来对清华版图书的支持和爱护。为了配合本书的使用，本书提供配套的资源，有需求的读者请扫描下方的"书圈"微信公众号二维码，在图书专区下载，也可以拨打电话或发送电子邮件咨询。

如果您在使用本书的过程中遇到了什么问题，或者有相关图书出版计划，也请您发邮件告诉我们，以便我们更好地为您服务。

我们的联系方式：

地　　址：北京市海淀区双清路学研大厦 A 座 701

邮　　编：100084

电　　话：010-83470236　010-83470237

资源下载：http://www.tup.com.cn

客服邮箱：tupjsj@vip.163.com

QQ：2301891038（请写明您的单位和姓名）

资源下载、样书申请

书　圈

扫一扫，获取最新目录

课　程　直　播

用微信扫一扫右边的二维码，即可关注清华大学出版社公众号"书圈"。